MANUEL

DU

BOULANGER

ET DE

Pâtisserie-Boulangère

BIBLIOTHÈQUE DES ACTUALITÉS INDUSTRIELLES, Nᵒ 104

MANUEL

DU

BOULANGER

ET DE

Pâtisserie-Boulangère

Boulangerie et Pâtisserie françaises et étrangères

PAR

E. FAVRAIS

Ouvrage contenant 113 figures et planches dans le texte
et 17 planches en couleurs

PARIS

LIBRAIRIE BERNARD TIGNOL

PUBLICATIONS DE LA
LIBRAIRIE DE L'ÉCOLE CENTRALE DES ARTS ET MANUFACTURES
53 *bis*, QUAI DES GRANDS-AUGUSTINS

BIBLIOTHÈQUE NATIONALE.

DÉPARTEMENT DES IMPRIMÉS.

Paris, le   190 .

Manuel du Boulanger
par E. Favrais

L'exemplaire du dépôt légal, livré au bureau des entrées de
la Bibliothèque nationale par le Ministère de l'Intérieur, est
incomplet de :

11 planches en couleurs.

Imprimé à l'Étranger

N. B. Les publications dont les exemplaires déposés sont incomplets ne
peuvent être incorporées dans les collections de la Bibliothèque nationale,
portées sur les catalogues et communiquées dans la salle de travail qu'après
d'assez longs délais.

Bernard Tignol, Quai des Gds Augustins, 53 bis

INTRODUCTION

Ce manuel est avant tout destiné aux professionnels de la boulangerie.

Il est donc de notre devoir, avant d'essayer de développer leurs connaissances corporatives, de leur présenter au début de cet ouvrage quelques conseils préliminaires d'ordre général.

Tout citoyen doit à la Société une somme de travail qui contribue au bien-être général. C'est un devoir, une tâche, si l'on préfère, à laquelle nul n'a le droit de se soustraire.

Mais cette tâche est d'autant moins pénible, et s'accomplit avec plus de satisfaction, quand l'ouvrier, par son intelligence, sait en aplanir les difficultés.

Pour accepter avec conscience son pénible et épuisant métier, le boulanger n'a pas besoin d'être un hercule : la force se remplace par l'adresse comme la science vient avec l'étude.

Le boulanger doit s'inspirer du rôle utile qu'il remplit dans la société, et s'imprégner de l'idée qu'il tient en ses mains non seulement sa santé et son existence, mais aussi la santé de ses concitoyens.

Si le pain est mauvais, si, par une fabrication mal comprise, ou par un défaut de soins, le pain est désagréable, lourd, indigeste, s'il transporte les germes de maladies contagieuses, il devient alors, non l'élément de vie et de santé, mais un dangereux aliment.

Pénétré de son devoir le boulanger doit s'appliquer à améliorer l'hygiène de son atelier, son alimentation et son hygiène personnelle.

Il doit connaître la composition du blé et des farines, la puissance du ferment, les défauts et qualités des diverses machines auxiliaires et des fours, les procédés de panification employés en France et à l'étranger.

Il faut dans chaque métier une pratique plus ou moins longue pour obtenir de bons résultats ; le praticien manque fréquemment d'une base sérieuse et risque de s'égarer s'il ne possède pas la connaissance complète de son industrie. Il ne peut le plus souvent acquérir le côté théorique de son métier que par le livre, c'est par lui aussi qu'il peut profiter de l'expérience, des travaux et des découvertes de ceux qui l'ont précédé. En se perfectionnant par le travail, en s'instruisant par le livre, il sera plus sûr de lui-même, et il aimera davantage son métier, son travail étant moins pénible.

Il deviendra alors le travailleur intelligent, capable par ses connaissances techniques d'envisager de face tous les progrès que la science apportera à son industrie.

C'est afin de rendre sa tâche plus facile, d'augmenter son bien être et de sauvegarder sa santé que nous avons écrit cet ouvrage (1). Puisse-t-il être utile à la corporation de la Boulangerie à laquelle nous appartenons depuis trente années. C'est là notre but et notre espoir.

E. F.

(1) M. Félix Krais, éditeur à Stuttgart, a bien voulu nous autoriser à reproduire les recettes de boulangerie et de patisserie étrangères, ainsi que les belles planches de l'ouvrage de Franz Pusch « Das Bäckerbuch », nous lui renouvelons ici nos remerciments.

CHAPITRE PREMIER

LE ROLE DU PAIN DANS L'ALIMENTATION

Le boulanger doit avant tout, avons-nous dit, s'inspirer du rôle utile qu'il remplit dans la société.

Son industrie est considérée comme de première nécessité.

Des lois spéciales la réglementent dans tous les pays civilisés.

A Paris, avant 1863, c'est-à-dire avant la liberté de la boulangerie (liberté encore très limitée) le boulanger n'avait pas le droit de réduire sa fabrication.

Ces réglementations n'auraient pas raison d'être si le boulanger se rendait bien compte du rôle du pain dans l'alimentation.

La France est le pays où l'on consomme le plus de pain.

Mais dans tous les pays du monde, on s'efforce d'en augmenter la consommation parce qu'il est reconnu comme l'aliment le plus sain, le plus complet et le meilleur marché.

Le pain est un aliment sain parce qu'il ne produit point de troubles digestifs et ne fatigue pas l'estomac.

Il est complet parce qu'il renferme en lui-même, pour ainsi dire, toutes les substances nécessaires à l'entretien de notre organisme.

Mais ces qualités, il ne les possède qu'à deux conditions :

Être fabriqué de produits non falsifiés, c'est-à-dire de farine de pur froment, et, être fabriqué de façon irréprochable, c'est-à-dire : bien pétri, bien levé et bien cuit.

Le boulanger doit donc être apte à juger par lui-même si la farine, qu'il ne fabrique pas, est indemne de falsification ou d'adjonction de produits étrangers au froment.

Nous essaierons de lui en donner plus loin les moyens.

Contentons-nous ici de lui faire connaître ce que l'on entend par aliment complet.

Posons la question :

Pourquoi le pain est-il un aliment complet ?

Le pain est un aliment complet parce qu'il contient en quantités suffisantes pour nous nourrir :

de la graisse,

de l'azote,

des matières minérales

et l'eau indispensable à en activer la digestion.

La graisse produite par l'action du ferment sur l'amidon, forme l'aliment principal destiné à fournir la chaleur nécessaire à l'entretien de la vie et de la force.

L'azote, produit plus spécial du gluten, qui, comme aliment réparateur, vient aider à la reconstitution de nos tissus.

Enfin, les matières minérales servent à la nourriture de nos os.

Chez l'enfant, le pain aide à un développement particulier, parce qu'il constitue une nourriture suffisante.

Chez l'adulte, le pain entretient la santé sans fatiguer les organes de la digestion.

Le Docteur Dujardin-Beaumetz qui s'est beaucoup occupé de ces questions estime (1) que l'homme adulte perd journellement :

20 grammes d'azote,

310 — de carbone,

30 — de matières salines

et environ deux litres d'eau.

Ici, une question se pose.

Le pain peut-il suffire à remplacer cette perte journalière ?

Nous n'hésitons pas à répondre : oui, et ce, sans l'aide d'autres substances.

Les deux parties principales de la farine, celles qui intéressent le boulanger et qu'il doit pouvoir déterminer avant l'emploi, comme nous le dirons plus loin, sont : le gluten et l'amidon.

____

(1) Conférence scientifique sur l'hygiène de l'alimentation, Congrès ouvrier, 1892, Paris.

Or, le gluten contient en grandes quantités des matières albuminoïdes qui, dans la digestion, se transforment en azote.

C'est la partie active des forces de l'individu retrouvée dans sa consommation.

De son côté, l'amidon se change en sucre et en graisse dans l'organisme.

Le gluten est donc appelé à remplir dans l'être humain le rôle de force motrice, activée par le calorique du sucre de l'amidon.

L'entretien du système osseux est obtenu par les cendres et les matières minérales contenues dans la proportion de 1 à 1,5 0/0 dans la farine.

Partant de ce principe, on peut déterminer la quantité de pain qu'il faut pour nourrir un adulte sans l'addition d'aucun autre produit.

La bonne farine de froment, de première qualité, c'est-à-dire extraite entre 50 et 60 0/0 du poids du blé, doit contenir environ 25 0/0 *de gluten humide* (1) chiffre moyen, soit 250 grammes par kilogramme de farine. Le gluten produit environ 1/15 de son poids (état humide) d'azote.

Il faut à la consommation d'un adulte 1 kilo 200 grammes de farine. Si nous supposons que la farine donne un rendement en pain de 130 0/0, chiffre en rapport avec le degré de cuisson, ce serait exactement 1 kilo 560 grammes de pain qui suffiraient à eux seuls à la nourriture d'un adulte de poids moyen.

Le boulanger devrait s'efforcer, par l'organisation de conférences ou par la voie de la presse, de répandre ces vérités dans le public, pour exciter à la consommation du pain, qui lorsqu'il est bon est toujours un mets agréable, autant que sain.

D'après Grandeau (2) le nombre des habitants de notre globe est de 1.500 millions et un peu plus du tiers seulement font usage du pain, cependant l'Europe consomme à elle seule 55 0/0 du blé produit dans le monde entier, alors que sa population en représente à peine le quart.

---

(1) Le dosage du gluten est subordonné à la nature du blé ; nous prenons la moyenne du blé français.

(2) *Journal des economistes*, 1898.

Voici pour la plupart des nations européennes, la consommation annuelle totale, par habitant :

Bulgarie. . . .	264 kilos		Hollande. . . .	125 kilos	
France	248	—	Turquie	123	—
Belgique . .	238	—	Autriche	116	—
Roumanie. . .	171	—	Serbie	95	—
Angleterre . .	165	—	Allemagne. . .	79	—
Suisse	163	—	Russie	56	—
Espagne. . . .	140	—	Danemark . . .		
Italie	125	—	Suède-Norvège	52	—

Si l'on tient compte des statistiques, la France est donc le grand pays où l'on consomme le plus de pain, la valeur du blé, au prix moyen de 15 francs, qu'elle produit annuellement est de 1 milliard 800 millions à 2 milliards.

Il n'est pas consommé plus de 130.000.000 d'hectolitres (cent trente millions) qui, au maximum de 80 kilos par hectolitre, produisent en farines de toutes qualités un maximum de 7 milliards, 800 millions de kilos (7.800.000.000), ce qui équivaut à un rendement en pain de 10 milliards, 296 millions (10.296.000.000) de kilos ; si l'on y ajoute la consommation de pain de seigle, orge, sarrazin, etc., qui peut être évaluée au maximum de soixante millions de kilos, l'on arrive pour une population de 36.000.000 (trente-six millions) d'habitants à une consommation moyenne annuelle de deux cent quatre-vingt-six kilos par habitant, soit une consommation journalière de sept cent quatre-vingts grammes (0 k. 780 g.).

Si ce chiffre était réel, l'on pourrait s'estimer heureux, car tenant compte des vieillards et des enfants, au-dessous de dix ans il élèveverait la consommation de l'adulte à près de un kilogramme par jour ; il n'en est rien, car une partie des farines, les farines de troisième et quatrième qualités, sont employées à la nourriture des animaux et à la fabrication d'amidon, etc.

En réalité, la consommation journalière atteint ce chiffre dans les campagnes, mais dans les villes comme Paris, elle est réduite de moitié.

Pour une population valide de deux millions cinq cent mille habitants (2.500.000) les 2.300 boulangers de Paris ne fabriquent pas plus de sept cent cinquante mille kilos de pain (750.000), soit trois cents grammes par tête (0 k. 300).

Le boulanger a un grand intérêt à connaître ces chiffres qui lui permettent, d'après les récoltes, de déterminer, sauf les éventualités produites par les changements de température et aussi la spéculation, le prix qu'il aura à payer les farines au cours de l'année.

Si malgré une récolte abondante, il voit par un coup de bourse hausser les farines d'une façon démesurée, il se gardera d'acheter à terme, car les cours normaux reviendront bientôt.

Il en est de même lorsqu'il crée une nouvelle maison, il doit se rendre compte du chiffre de la population qui l'environne ainsi que du genre de population, faute de cette étude il s'expose à de graves déceptions.

Nous nous sommes étendus sur ces conseils préliminaires parce qu'il est reconnu que dans tous les métiers, un ouvrier ne peut bien produire que s'il sait ce qu'il doit produire ; le maçon ne pourrait construire sept étages sur des fondations construites pour n'en recevoir qu'un.

Il faut donc qu'il sache d'avance ce que le propriétaire du futur immeuble lui demande.

Le boulanger doit donc savoir aussi ce que le consommateur exigera de lui.

CHAPITRE II

LE BLÉ

Le boulanger n'emploie pas le blé à son état naturel, il n'en emploie que la partie extraite sous le nom de farine.

Quelques notes sur le blé sont indispensables dans ce livre.

Si, en général, le boulanger connaît le blé parce qu'élevé à la campagne, il a eu devant les yeux sa culture, qu'il l'a vu semer à l'automne, germer l'hiver, épier au printemps et mûrir l'été, qu'il a assisté au battage après l'avoir vu faucher, qu'il a vu vanner le grain, pour en séparer la menue paille et la poussière, il en ignore souvent l'exacte composition.

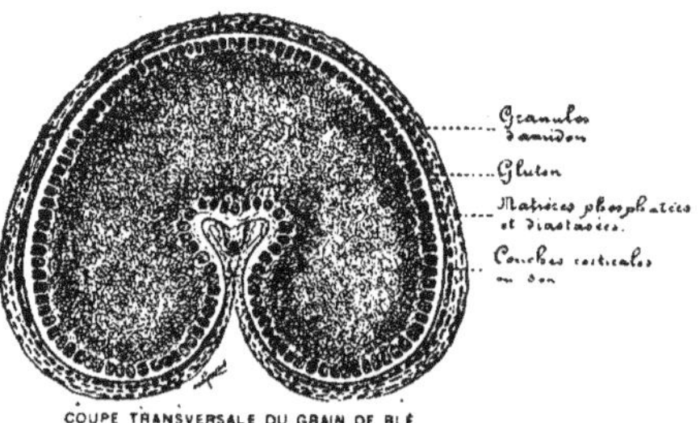

Fig. 1. — Coupe du blé.

La coupe transversale que nous en donnons (fig. 1) indication des couches, suffira croyons-nous pour le renseigner à ce sujet.

Il jugera de lui-même que l'amidon est d'autant plus blanc qu'il est placé au centre du grain, et qu'ainsi abrité des rayons du

soleil, qui a mûri le grain et formé sa croûte, il a pu garder sa
blancheur lactée, et rester la partie la plus tendre du blé ; plus le
grain sera épais et rond plus l'amidon sera blanc, et partant la
farine.

Le meunier, si bien outillé soit-il, ne pourra extraire de farine
bien blanche d'un grain de froment maigre et sec.

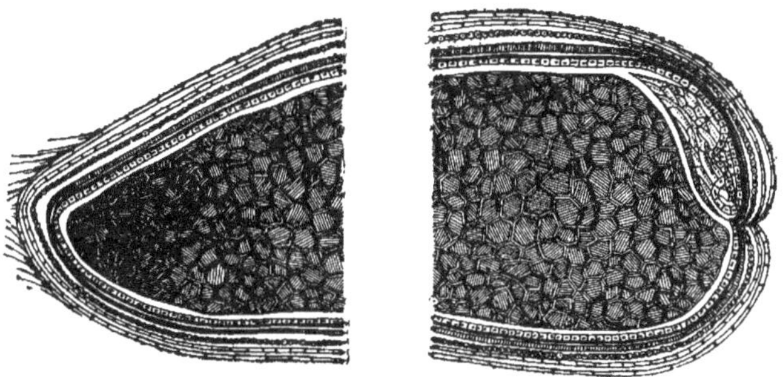

Fig. 2. — Coupe longitudinale du blé.

L'amidon est la partie la plus importante du blé, elle ne représente pas moins de 60 0/0 de son poids naturel.

Le Gluten

Le gluten, nous donne la partie essentielle du blé dans la
panification. Il part du germe et enveloppe complètement l'amidon ; il semble être le produit, de la distillation opérée par le
soleil, sur l'ensemble du grain, par compression sur l'enveloppe et
par aspiration sur l'amidon.

Nous sommes d'autant plus autorisés à nous croire dans le vrai,
qu'il est reconnu que c'est ce même gluten qui alimente le germe
dans la reproduction.

Le boulanger peut donc en déduire que la farine provenant de
blé, qui aurait commencé à germer, perdrait beaucoup de sa
qualité.

M. Fleurent, le distingué professeur du Conservatoire national des Arts et Métiers a démontré (1) que le gluten de la farine de blé tendre est formé principalement par le mélange de deux substances de propriétés physiques totalement différentes : la première, la gliadine, est une matière analogue à la colle forte qui, au contact de l'eau, se gonfle et donne naissance à une matière liante ; la seconde, la gluténine, est au contraire une poudre inerte, sur laquelle l'eau est à peu près sans action. C'est le mélange, en proportion convenable de ces deux matières, qui donne naissance au gluten de blé. Qu'une de ces matières vienne à diminuer, le gluten perd immédiatement sa cohésion, et par suite, ne peut plus être extrait par les procédés ordinaires. La méthode de dosage de M. Fleurent permet, d'ailleurs, de se rendre un compte exact de ces faits ainsi que le montre le tableau suivant :

	Gluten 0/0	Gliadine 0/0 du gluten	Gluténine 0/0 du gluten
Farine de blé	6 à 14	62 à 82	38 à 18
» seigle	8,26	8,17	92,83
» maïs	10,63	47,50	52,50
» riz	7,86	14,31	85,70
» orge	13,82	15,60	84,40
» sarrasin	7,26	13,08	86,92

Ce tableau montre, en effet, que dans le gluten des farines autres que la farine de blé, il entre une proportion exagérée de gluténine, c'est-à-dire de matière pulvérulente.

Il importe d'insister sur la propriété la plus importante du gluten des farines de blé. Cette propriété est basée sur son élasticité et sur sa manière de se comporter en présence de la chaleur. Si on chauffe le gluten humide, on le voit perdre peu à peu son élasticité, jusqu'au moment où il se coagule complètement. Cette coagulation commence au-dessus de 50°. Or, nous avons le plus grand intérêt à conserver au gluten son maximum d'élasticité et voici pourquoi :

Lorsque le boulanger a pétri sa pâte, additionnée, soit de levain,

(1) E. FLEURENT : *Sur la composition des blés durs*, Comptes Rendus de l'Académie des sciences, 1901.

soit de levure de bière, il l'abandonne ensuite dans un endroit tiède, à la fermentation. Durant cette fermentation on voit la levure attaquer le sucre de la farine et le transformer, tout comme dans la cuve du brasseur, en alcool et en gaz acide carbonique. Mais ici cet acide carbonique, ne pouvant se dégager, gonfle la matière, et l'étire en formant des millions d'alvéoles qui donnent à la pâte l'aspect d'une véritable éponge. Pendant la cuisson le volume de ces alvéoles augmente encore par suite de la dilatation des gaz, puis se fixe à un point déterminé lorsque la cuisson est complète. Si on examine de près le pain fini, on reconnaît que chacune de ces alvéoles est limitée par un réseau de gluten coagulé recouvert d'amidon transformé en empois par la chaleur en présence de l'eau.

L'élasticité du gluten est donc le facteur important de la qualité du pain, plus il sera élastique, plus le pain sera poreux, léger, plus perméable aux liquides et, par suite plus digestif.

Le gluten ne représente qu'une faible partie du grain de blé.
      Environ. . . .   10 0/0 dans le blé tendre.
      et. . . . . . .   15 0/0 dans le blé dur.

Il est pour le boulanger, de toute évidence que les farines provenant de blé dur, étant donnée la faculté du gluten de retenir par son élasticité l'eau dans le pain, donneraient un rendement bien supérieur en poids, mais par contre, le pain, étant donnée la différence de teinte du gluten à l'amidon, serait beaucoup moins blanc.

Il reste dans le blé une troisième partie utilisable en panification. Ce sont les matières phosphatées et diastasées, comme le gluten elles détériorent un peu la blancheur de l'amidon.

Nous avons parlé de leurs propriétés nutritives et digestives, elles ont donc leur entière utilité.

Le boulanger devra cependant veiller à leur emploi, car les matières diastasées ont tendance à la fermentation et en raison de leur principe huileux, produisent un goût rance, qui trop accentué deviendrait désagréable au goût.

Enfin la quatrième partie du blé, à laquelle on donne plusieurs noms, gros son, petit son, recoupettes, remoulages, etc. Nous ne parlons pas des poussières ou graines étrangères, mêlées au blé et qui, éliminées par des appareils spéciaux, n'ont plus rien à faire au point de vue des propriétés panifiables du blé. Cette quatrième partie du blé doit être éliminée de la panification, non parce qu'elle nuirait à la santé, mais parce qu'elle ne possède aucune propriété nutritive.

Elle représente l'écorce du blé, partie distillée par l'action du soleil et, par conséquent, déchet inutile, qui, si fin soit-il moulu, marquera toujours sa trace dans le pain, parce qu'il ne peut se mélanger à la farine.

Au point de vue de la nutrition le son employé à la panification possède quelques propriétés laxatives, mais il alourdit le pain, qu'il rend beaucoup plus compact.

Dans une série d'expériences faites sur deux chiens et une poule, Poggiale montra d'abord, comme l'a rapporté M. Fleurent, dans la conférence dejà citée, que le son traverse le canal digestif de certains animaux sans être digéré. M. Rathay, montra ensuite que l'enveloppe de blé ne subit pas d'altération appréciable en traversant le canal digestif de l'homme.

Enfin, Aimé Girard, par des expériences faites en prenant sa personne comme sujet, a prouvé irréfutablement que seule l'amande du blé avait une valeur alimentaire. Ayant absorbé 5 gr. 673 d'enveloppes pures, il recueillit, après digestion, 5 gr. 191, soit une perte de 0 gr. 482. Ces enveloppes contenaient avant l'ingestion 16,32 0/0 de matières azotées, et il retrouvait dans le produit de la digestion 15,62 0/0. On peut donc considérer comme inutile le son et les matières azotées qu'il contient.

La conclusion que tire M. Fleurent de ce qui précède est qu'au point de vue alimentaire il n'y a aucun intérêt, et qu'il est par suite nuisible, de mélanger pour la panification le son à la farine de blé.

Dès 1782 Parmentier rapportait, dans son Manuel de Meunerie et de Boulangerie, qu'il est prouvé qu'une « livre de pain où il n'y a pas de son sustente davantage qu'une livre et quart de pain avec du son ».

Les agronomes anglais Lames et Gilbert ont en 1873 confirmé les expériences de Parmentier et expliqué pourquoi les classes pauvres trouvent économique de préférer le pain blanc au pain bis.

Dans des expériences faites en Allemagne en 1871 Meyer montrait la supériorité évidente du pain blanc d'après le tableau suivant :

| | Quantités rejetées pour 100 ingérées | | | |
	Parties solubles	Azote	Cendres	Azote assimilé pour 100 ingérées
Pain blanc.	5—6	19—9	30—2	80—1
Pain de seigle	10—1	22—2	30—5	77—8
Seigle et froment. . .	11—5	32—2	38—1	67—6
Froment complet . .	19—3	42—3	96—6	57—7

Le poids de l'hectolitre de blé peut varier de 70 à 80 kilogrammes, exceptionnellement il atteint 82 kilos ; plus le froment a le grain petit et plus il pèse.

La composition est variable selon les variétés, le climat, les engrais et les conditions météorologiques.

Voici d'après 45 variétés la composition moyenne donnée par MM. Garala et Peligot.

| | Blés | |
	Tendres	Durs
Gluten . . . . } Albumine. . . . . }	12,44	15,9
Amidon. . . . . . { Dextrine . . . . . {	67,40	62,3
Graine	1,31	1,5
Cellulose	2,80	2,3
Sels minéraux . . .	2,05	1,7
Eau.	14,00	14,3
	100,00	100,0

Nous empruntons à M. Fleurent, l'analyse, donnée par lui au cours d'une conférence faite récemment à Mulhouse, de l'*albumen* des blés tendus de farines blanches, représentant 70 kilos d'extraction par 100 kilos de blé.

		Farine de blé Stand'up	Farine de blé d'hiver d'Odessa
Eau		14,65	12,50
Matières solubles	, gommes.	2,36	2,30
	Matières azotées. .	1,10	1,40
	Matières minérales	0,25	0,30
Matières insolubles	Gluten.	6,58	13,80
	Amidon	73,68	68,12
	Matières grasses. .	1,17	1,16
	Matières minérales	0,21	0,42
		100,00	100,00

Voici, d'autre part, l'analyse faite par lui de différents pains selon l'extraction et la production des farines par meules ou cylindres.

PAINS DE FARINES					
Cylindres			Meules métalliques		
60 0/0	70 0/0	74 0/0	60 0/0	70 0/0	78 0/0

	60 0/0	70 0/0	74 0/0	60 0/0	70 0/0	78 0/0
Eau. . . . . , . . .	34,6	34,6	35,6	36,6	36,6	36,6
Matières azotées totales	7,21	7,31	7,24	7,05	7,12	7,09
Acide phosphorique	0,164	0,174	0,182	0,199	0,232	0,235

On remarquera que les pains de farines de meules contiennent toujours une plus forte proportion d'eau que les pains des farines de cylindres.

Le grain de blé se compose de trois parties :

L'amande farineuse qui représente 84,21 0/0 du grain se compose de 12,5 0/0 de gluten et 87,5 0/0 d'amidon.

L'enveloppe qui compte pour 14,36 0/0 du grain a pour composition 11,55 0/0 d'eau, 18,98 0/0 de matières azotées 24,43 0/0 de matières ligneuses, 29,89 0/0 de matières cellulosiques, 5,06 0/0 de matières azotées, 5,60 0/0 de matières grasses et 4,49 0/0 de matières minérales.

Le germe représente 1,43 0/0 du grain total, il contient 11,55 0/0 d'eau, 39,07 de matières azotées, 9.61 de matières cellulosiques,

22,15 de matières non azotées, **12,50** de matières grasses et 5,30 de matières minérales.

Pour terminer ce chapitre, nous croyons devoir attirer l'attention sur le plus dangereux des nombreux insectes qui vivent aux dépens du blé, et en absorbe les meilleures parties.

Parmi les vingt espèces de ces insectes appartenant à hui familles différentes, visibles ou non à l'œil nu, le plus connu des parasites du blé, est le *charançon ou calendre du blé* (calandra granaria) de la famille des coléoptères.

Cet insecte est brun de couleur, il mesure de trois à quatre millimètres de long (0 m. 0035) sur un millimètre et demi de large.

Il possède l'instinct de faire le mort lorsqu'il sent le danger.

Il dépose sa larve dans le grain de blé, elle en absorbe la partie farineuse et devenue insecte à son tour, elle va produire ses ravages dans d'autres grains, et ces ravages sont énormes, car une femelle peut pondre jusqu'à six mille œufs (6.000) et elle prend soin de n'en déposer qu'un seul par grain de blé et presque toujours dans la rainure du germe.

Le boulanger doit donc tenir compte que tout grain de blé ainsi envahi ne peut plus produire qu'une mauvaise farine.

Il existe un moyen facile de reconnaître la présence de petits insectes : on dispose le soir, dans un endroit abrité, quelques petits tas de farine en forme de cônes pointus ; si le lendemain les cônes sont dépourvus de leurs pointes, ou s'ils sont traversés par des canaux, on peut être certain de la présence d'insectes dans la farine.

CHAPITRE III

LA MOUTURE

Depuis moins d'un demi-siècle, la mouture, grâce aux inventions mécaniques, a subi une transformation presque complète.

Autrefois, avec les insectes que nous avons signalés, le meunier écrasait avec le blé une quantité de graines, dont les unes pouvaient nuire à la santé du consommateur et les autres donner au pain un goût désagréable.

Il n'est pas douteux que bien des maladies ont dû être occasionnées autrefois, principalement pendant les disettes, lorsque par mesure d'économie on évitait de débarrasser le blé de toutes les graines récoltées en même temps que lui.

La farine du *lothyrus cicer* et du *lothyrus tuberculosus* occasionne une certaine raideur dans les articulations de ceux qui en consomment.

L'ail communiquait au pain une odeur désagréable ; l'*ervum civilia* pouvait déterminer la paralysie ; l'ivraie (*lolium temulentum*) agissait sur le système nerveux.

Parmentier prétendait que torréfié il perdait ses dangereuses propriétés, il n'en était rien, la torréfaction diminuait le danger mais ne l'anéantissait pas.

L'ergot (*sclerotium clavus*) est un champignon compact de forme allongée, qui prend dans l'épi la place du grain.

Il envahit plus particulièrement le seigle, mêlé à la farine et panifié, il peut occasionner une maladie que l'on désigne sous les différents noms de : ergotisme gangréneux, ergotisme convulsif, feu de Saint-Antoine, ou feu des ardents.

L'ergot est heureusement rare dans le froment.

La graine de ravenelle (*raphanus raphanistrum*) a des effets analogues à ceux de l'ivraie.

Le blé est encore exposé à d'autres maladies telles que la carie (*medo caries*), le charbon (*medo carbo*), la rouille (*medo rubigo-vera*), mais ces inconvénients sont, comme nous l'avons dit, disparus grâce aux appareils perfectionnés dont dispose aujourd'hui la meunerie.

Nettoyage des grains

Avant d'être livré aux meules ou aux cylindres, qui doivent l'écraser, le blé subit l'action de nombreux appareils qui le débarrassent de toutes ses impuretés.

Fig. 3. — Aspirateur-épierreur.

D'abord l'épierreur (fig. 3) débarrasse le blé de tous les graviers ou petits cailloux restés après le vannage. Une première aspiration enlève les parties légères des grains avariés et les impuretés dont ils sont revêtus ; le bon grain et les grains de qualités inférieures sont ensuite divisés par une aspiration plus puissante qu'on règle à volonté.

Les cribles séparent les menus grains et enfin des ventilateurs puissants chassent toutes les poussières ; les brosses complètent la toilette, de telle sorte que le grain de blé, débarrassé de toutes impuretés, comme de tous mélanges étrangers, apparaît superbe, doré et luisant.

C'est alors qu'il est prêt à produire de bonne farine.

Autrefois il eût été écrasé d'une seule fois sous les meules.

Les progrès de la science mécanique ont apporté à la meunerie des appareils nouveaux qui permettent de fabriquer des farines beaucoup plus blanches en séparant le germe.

Nous savons que le germe mélangé à la farine en altère la blancheur.

Grâce à ces appareils, le grain de blé est fendu en deux par le concasseur et le germe en est arraché par l'égermeur.

Ces opérations terminées, que le grain soit écrasé par les meules ou par le cylindre convertisseur, la farine belle et pure pourra produire de beau et bon pain.

Les préférences des boulangers sont encore très divisées entre la mouture par meule et la mouture par cylindres.

Les uns préfèrent les farines de meules, qui se travaillent beaucoup plus facilement ; les autres, principalement ceux qui fabriquent beaucoup de pain de fantaisie, préfèrent les farines de mouture par cylindre, qui supportent plus aisément l'action de la levure de grain, ce qui permet d'employer moins de levain de pâte, de travailler à l'eau plus fraîche et partant d'avoir un pain plus blanc ; en réalité l'un et l'autre ont raison.

La vérité c'est que jusqu'à ce jour, la substitution des cylindres aux meules n'a profité qu'à la meunerie.

Les cylindres convertisseurs constituent en meunerie un réel progrès, en ce sens que ne faisant qu'effleurer pour ainsi dire le blé qu'ils transforment, ils rendent la farine beaucoup plus blanche que ne pouvaient le faire les meules.

Mais ils ne peuvent réellement retirer du froment que ce qui y est contenu, et que le grain de blé, bien préparé comme nous l'indiquons plus haut, soit écrasé par les meules ou par les cylindres, la farine sera de qualité presque identique.

Autrefois, au moyen de meules, le meunier ne tirait pas plus de 50 0/0 de farine blanche supérieure du blé, le reste, entre 50 et 60 ou 70 0/0, était de la farine de deuxième qualité ou demi-blanche, et entre ce chiffre et le maximum d'extraction de 78 à 80 0/0, on obtenait des farines bises.

Avec la mouture à cylindres, le meunier extrait facilement, s'il le veut, jusqu'à 60 0/0 de farine blanche, qu'il vend encore à raison de 1 fr. 50 ou 2 francs par quintal plus cher que les farines de meules lorsque les blés sont de prix élevés.

Les petits moulins à cylindres arrivent à livrer aux boulangers des farines dites de première qualité extraites à 70 et 72 0/0, alors que pour obtenir la même blancheur avec les meules on ne pourrait extraire plus de 65 0/0.

Soit en faveur du meunier une différence de 5 à 7 0/0.

La grande meunerie prépare, en général, au moyen des cylin-

Fig. 4. — Plansichter Rose.

dres, et aussi au moyen du blutage par Plansichter (fig. 4), trois sortes principales de farines :

1° Une farine supérieure, qui ne représente pas plus de 45 à 50 parties du blé, farines les plus fines et les plus lourdes qui ne sont pas vendues moins de 3 francs par cent kilos, au-dessus des bonnes farines de meules.

Le boulanger, qui fabrique beaucoup de pains de fantaisie non pesés, a tout intérêt à employer ces farines supérieures, desquelles il peut obtenir un plus grand développement, ce qui lui permet de diminuer le poids.

2° Une farine dite première, presque aussi blanche que la supérieure, mais bien inférieure comme qualité. Cette farine, extraite entre 45 et 65 0/0 du blé, est en général d'un travail plus facile, principalement pour le pain fendu.

Elle se vend au moins aussi cher que les premières de meules, mais ne donne ni le même rendement ni la même qualité, et le boulanger, qui est à même d'avoir, au même prix que ces premières à cylindres, de bonnes farines premières de meules, fera sagement d'en profiter.

3° Une farine dite petite première qui est moins blanche, puisqu'elle est extraite entre 65 et 80 0/0 du blé, mais qui est beaucoup plus blanche que les farines équivalentes de meules, qui, elles, en raison de leur mouture, sont généralement piquetées de traces de son.

Nous allons examiner rapidement les deux systèmes de mouture.

<h3 align="center">1° Mouture à meules</h3>

Le travail s'opère au moyen de deux meules en pierre dure de 1 m. 60 à 1 m. 80 de diamètre.

La meule inférieure est fixe et traversée au centre par un pivot tournant qui supporte et entraîne la meule supérieure qui, elle, est mobile.

Meules. — Le grain tombe en quantité réglée d'après le débit

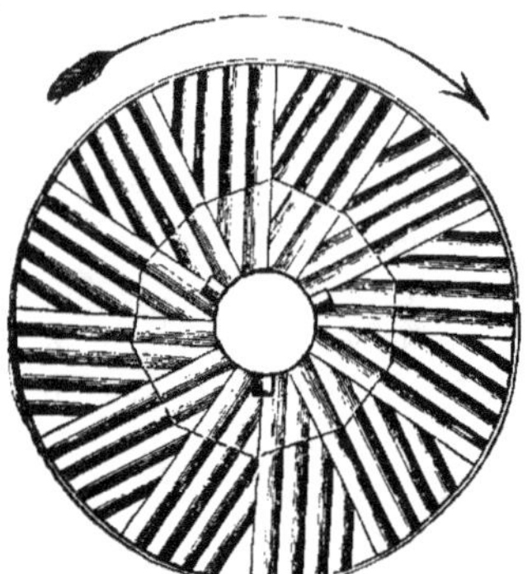

Fig. 5. — Meule à blé rayonnée.

au centre par l'ouverture pratiquée pour l'emplacement du pivot, à la meule supérieure ; cette meule est rayonnée (fig. 5), ce **qui** lui permet de prendre le grain et de l'entraîner progressivement vers sa circonférence extérieure, pour qu'il soit moulu.

Le grain de blé, dans ce voyage, ne fait pas moins de soixante-dix tours environ, l'on comprend aisément que de ce fait le gluten et l'amidon se trouvent entièrement mélangés, ce qui, comme nous l'avons démontré, nuit un peu à la blancheur de la farine et donne assez de finesse aux parties dures de l'écorce pour permettre le passage de quelques parcelles à travers les soies de bluterie où passe la farine de qualité inférieure.

Une partie de la farine, insuffisamment écrasée, parce que les meules s'échaufferaient et écraseraient trop le son si on les serrait trop, doit après le premier blutage repasser sous une meule spéciale, nommée meule à gruaux, qui n'est pas rayonnée mais simplement *blanchie* (dressée au marteau).

L'on comprendra donc facilement que la farine de meules, en raison de son mélange naturel, soit facile à pétrir.

Les meuniers, pour éviter que le son ne soit trop broyé, humectent souvent le blé d'eau, c'est au préjudice de la farine qui en restera plus humide.

Cette farine a en outre le défaut, en raison de l'usure des meules, de contenir des cendres minérales.

Les cendres et l'humidité en diminuent le rendement.

2° Mouture à cylindres

La mouture à cylindres, contrairement à celle de meules, ne mélange pas les diverses parties du grain.

Un grand avantage est de pouvoir broyer le grain très sec.

Un autre, non moins sérieux, est d'éviter l'échauffement pendant la mouture ; le grain avant d'être complètement converti en farine ne subit pas moins de huit opérations de convertissage, ce qui permet la séparation des diverses qualités de farines et un refroidissement suffisant entre chaque opération.

Lorsque les farines sont blutées, les diverses catégories sont conduites dans des mélangeurs spéciaux suivant la qualité de farine que le meunier veut obtenir.

Mais ces mélanges n'en laissent pas moins séparées les unes des autres les parties plus ou moins glutineuses du blé.

C'est pour cette raison que les farines de cylindres sont plus dures à travailler que les farines de meules et beaucoup plus lentes à absorber l'eau.

Il en résulte que si le pétrissage n'est pas suffisant, le boulanger

Fig. 6. — Moulin à cylindre.

subira avec les farines de cylindres une perte de rendement plus importante qu'avec les farines de meules.

Rien de surprenant donc que bon nombre de boulangers regrettent encore les farines de meules, là surtout où l'on produit le gros pain fendu et où les fournées sont fortes à pétrir.

Partout où la farine de cylindres domine, le consommateur a modifié ses goûts, la consommation du pain fendu diminue chaque jour et se porte sur les pains boulots roulés, principalement les pains plats, dits polkas et les pains longs, dits jokos.

Le pain de fantaisie se substitue au gros pain d'autrefois.

Le public trouve-t-il moins nutritif le pain plus blanc mais plus pauvre de gluten ? Tout semble le démontrer, c'est pourquoi il recherche dans un supplément de croûte, c'est-à-dire de cuisson, ce qu'il perd d'azote par la blancheur.

Il en résulte pour le boulanger, la concurrence aidant, qu'il se voit contraint de livrer au poids les pains jokos et pains polkas, perte de rendement qui peut être évaluée à 4 0/0.

De là cependant à mener une croisade en faveur du *pain complet* il y a loin, très loin.

Les farines de cylindres ont une supériorité incontestable sur les farines de meules, mais cette supériorité n'existe qu'autant que

Fig. 7. — Convertisseur.

la farine est extraite au même taux, et que le boulanger la soumet au travail approprié.

L'infériorité de gluten pourrait facilement être compensée par un mélange de farines spéciales, dites farines de force, qui proviennent de blés étrangers beaucoup plus riches en gluten que le blé français.

Une tentative fut faite en 1900 par la *Revue générale de la boulangerie française* en faveur d'une farine spéciale (Le Champion), très riche en gluten, *plus de 90 0/0 de gluten humide*, ou **31 0/0** de gluten sec.

La composition de cette farine, dont suit l'analyse, dit à elle seule l'avantage qu'en pouvait tirer le boulanger.

Composition des farines : Le Champion

Humidité. . .	9,13 0/0	
Gluten sec. . .	31,68	humide 90 0/0
Amidon . . .	56,08	
Matières grasses.	2,06	
Cendres . . .	0,60	
Ligneux et perte.	0,45	

La boulangerie marseillaise et même la meunerie avaient déjà adopté ces farines comme mélange dans les proportions de 8 à 12 0/0 ; elles y trouvaient un grand avantage.

Elles eussent pris à Paris si le patron boulanger les eût employées lui-même, car il se serait rendu compte de l'avantage qu'il en pouvait tirer pour son pain de fantaisie.

L'Ecole de boulangerie de Paris montra à l'Exposition universelle (groupe 1, classe 6, enseignement technique), toutes sortes de pains de fantaisie obtenus avec les mélanges de ces farines qui remplacent avantageusement le gruau.

Ces farines rendaient à nos farines françaises, de blé tendre qui sont très blanches, le gluten qui leur manquait, de là augmentation de rendement et de développement, avec plus de finesse de goût.

La *Revue générale de la boulangerie française* donnait les résultats suivants obtenus sur plusieurs mélanges :

Farines Fleurs de Paris	Farines Le Champion	Rendement en pain
100	000	132
97	3	135
95	5	135,5
92	8	138,5
90	10	140

Ces résultats, obtenus à l'Ecole de boulangerie de Paris étaient concluants.

Si nous avons cru devoir les reproduire dans ce manuel c'est afin de bien démontrer au boulanger qu'il doit rechercher de préférence des farines riches en gluten.

Il en obtient un travail plus facile, un pain d'aspect plus séduisant et d'un goût plus agréable au palais, en même temps qu'il en retire un rendement plus avantageux.

CHAPITRE IV

FALSIFICATIONS DES FARINES

Le boulanger est fréquemment victime de fraudes dans les farines.

Nous ne rappellerons ici que pour mémoire les mélanges de plâtre ou même de sciure de bois, ces faits sont fort heureusement excessivement rares.

Il faut un boulanger bien peu compétent pour ne pas s'en apercevoir au pétrissage, le plâtre étant beaucoup plus lourd que la farine, se dégage des levains lors du coulage d'eau pour se précipiter au fond du pétrin, la sciure de bois plus légère ne se marie pas complètement à la farine.

Mais en dehors de ces fraudes, que les lois ne punissent pas assez sévèrement, il est de nombreux mélanges, qui sans avoir les mêmes inconvénients n'en sont pas moins nuisibles autant à l'intérêt du boulanger, qu'à celui du consommateur. Nous laissons de côté comme les précédents l'addition d'alun, qui produit la blancheur.

Il existe principalement deux sortes de fraudes, si usitées que le boulanger même qui en est victime les accepte et se contente, tout au plus, s'il s'en assure, de réclamer une réduction sur le prix de sa farine.

La première de ces fraudes, c'est l'addition, peu profitable au meunier, du reste, de farines de fèves, dans les années où le marché de Paris, marché dit des douze marques, accepte, comme fleurs, des farines contenant moins de **22 0/0** de gluten humide (**21,90 en 1902**).

Dans les marques secondaires, le boulanger est exposé d'avoir des farines ne contenant pas plus de 20 0/0 de gluten, ces farines sont très difficiles à travailler, parce que manquant d'élasticité, elle ne peuvent produire un pain suffisamment développé que par un pétrissage excessif, au-dessus des forces humaines. Très souvent, pour que le boulanger leur trouve plus de corps, c'est-à-dire de résistance, le meunier mélange des farines de fèves (féverolle).

Quoique ces farines soient grises, comme il suffit d'en ajouter 1 à 2 0/0, la blancheur de la farine n'en parait pas altérée ; la pâte est bien plus coriace, mais non résistante comme avec le gluten.

Au four ces farines se dégagent en gaz, sans retenir l'humidité comme le fait le gluten, qui lui est réellement résistant.

C'est alors que le boulanger qui espérait un beau pain, voit qu'il est trompé en produisant un pain vilain, d'un aspect rouge et mal cuit.

Une autre fraude se pratique lorsqu'il y a pénurie de blé, quand ce n'est pas la spéculation qui en fait hausser les prix. Le meunier tire le plus qu'il peut de farine du blé, et pour maintenir la blancheur, il additionne à sa farine de blé pur, des fécules blanches de pommes de terre, de haricots, etc., voire même de marrons d'Inde, mais plus généralement de la farine de riz.

La farine de riz est très blanche et généralement meilleur marché que la farine de blé.

Les boulangers, qui font des fournitures aux administrations, achètent des farines dites petites premières. Ces farines sont riches en gluten, mais bises : pour les rendre plus blanches et faire accepter le pain (car dans presque toutes les administrations on a plus souci de la blancheur que de la qualité), on y mélange en assez grande quantité (18 à 20 0/0) des farines de riz.

Le pain est défectueux comme qualité, la mie en est maigre et sèche, mais il est blanc, et cela suffit à l'agent chargé de sa réception.

C'est ce procédé que le meunier emploie vis-à-vis du boulanger, il lui livre par ce moyen des farines de qualités inférieures mais blanches.

Le boulanger est trompé, son travail est plus pénible au pétrin, son pain cuit mal, la croûte en est d'un jaune gris mat ; la mie en est sèche et âcre au palais, enfin il mécontente sa clientèle. Les mélanges d'autres farineux, tels que haricots, pommes de terre à l'état de fécules, sont aussi nuisibles à ses intérêts ; son rendement baisse en proportion de la quantité mélangée, il n'est pas rare que lorsqu'il croit obtenir 132 0/0 de ses farines le rendement se trouve réduit à 128 0/0, voire même 126 0/0.

Le boulanger soucieux de ses intérêts ne se laisse pas facilement tromper par l'analyse sommaire, il se rend compte de la valeur des farines qu'il doit employer.

Moyens de s'assurer de la qualité des farines

Un ancien procédé connu de tous les boulangers est de comparer la farine sur la qualité de laquelle il veut se renseigner, avec une autre farine dont il est satisfait. Il place alors sur une feuille de papier blanc, aussi lisse que possible, deux petits tas de farine se touchant presque, composés l'un de la farine dont il est satisfait et l'autre de celle qu'il veut examiner, il ploie la feuille de papier par dessus, et lisse avec la main en la glissant aussi légèrement que possible sur la feuille de papier.

Il relève ensuite la partie supérieure de la feuille et compare, autant que possible à la lumière du jour ; si la différence de teinte est sensible, si la farine est d'un grain plus gros ou piqueté de son, il le juge facilement à l'œil nu.

Il est toutefois préférable qu'il se munisse d'une loupe, qui grossissant le grain de farine lui permet de mieux juger.

Un autre procédé très simple et encore plus pratique, consiste à se munir d'un rectangle de liège, dans lequel on creuse deux carrés d'égale grandeur séparés par une mince cloison, que l'on ménage. On remplit les carrés avec les deux farines ; après avoir bien tassé, bien lissé, l'on trempe le tout dans de l'eau claire ; l'eau forme sur la farine comme une couche de glace qui fait mieux ressortir toutes les impuretés. Il est un troisième procédé plus compliqué, mais qui renseigne d'une façon presque complète ; ce procédé est dû à un ancien boulanger, M. Léneuf.

Le procédé de M. Léneuf consiste à pratiquer l'expérience non sur la farine, mais sur la pâte, ce qui permet d'en juger non seulement la blancheur mais aussi son développement et déterminer en même temps la puissance de ferment naturel.

Pour assurer la régularité de l'opération, il faut une égale manipulation.

Il est indispensable de se munir d'un petit pétrin mécanique à compteur.

La maison Werner et Pfeiderer possède de minuscules pétrins mécaniques qui répondent avantageusement à cette expérience ; ils contiennent quarante grammes de farine et sont munis d'un appareil compteur qui indique le nombre de tours opérés.

On fixe ce pétrin sur une table quelconque, au moyen d'une vis à pression, l'on introduit dans le pétrin 40 grammes de farine, auxquels on ajoute 20 grammes d'eau.

L'on donne 100 tours de manivelle, nombre suffisant pour pétrir convenablement la farine.

On retire le pâton et on le place dans un petit plat quelconque, petite soucoupe, petit moule à tartelettes par exemple.

L'on recommence la même opération autant de fois que l'on a d'échantillons de farine à comparer. Dès ce moment l'on peut juger par la fermeté du pâton, de la puissance d'absorption d'eau de la farine.

Ces opérations terminées, l'on place à l'abri de l'air et des poussières les pâtons obtenus. Au bout de vingt-quatre heures, le ferment naturel de la farine a opéré son action, les pâtons ont gonflé en raison de la puissance de résistance du gluten.

Si le gluten est bon, et partant la farine, le pâton s'est bien développé et forme un beau champignon rond et lisse.

Si au contraire la farine est pauvre en gluten, arrivé à son degré de fermentation, le champignon s'est aplati, présente des gerçures. Enfin plus la farine sera additionnée de fécule, moins le champignon se développera ; en laissant ces pâtons plus longtemps on les verra se désagréger, se décomposer d'autant plus vite que la qualité sera inférieure.

Il suffira d'en enlever la tête croutée pour voir le degré de décomposition. Ces opérations sont aussi agréables à faire qu'instructives, et le boulanger qui les pratique devient vite connaisseur en farines. Ce procédé très simple, ne renseigne cependant que si les différences de qualités sont assez sensibles.

Nous croyons devoir signaler un autre procédé peu connu, qui, sans être extrêmement sensible permet de se rendre, presque instantanément compte de la résistance de la farine.

Ce procédé que quelques boulangers emploient est la *Pouliche*.

Pour comparer deux ou plusieurs farines, il suffit de mettre dans des récipients un kilo de chacune d'elles avec un litre d'eau ; l'on mélange également et graduellement au moyen d'une spatule ou cuiller de bois quelconque ; plus la farine sera riche en gluten, mieux la pâte se tiendra ; en versant le récipient elle filera sans solution de continuité ; si, au contraire, elle est pauvre, elle se séparera et formera des vides ; en laissant cette bouillie **24** heures, elle gonflera en proportion de sa puissance de gluten.

Un autre procédé consiste surtout à renseigner le boulanger sur la richesse en gluten des farines qu'il doit employer.

Ce procédé n'est autre que la séparation du gluten et de l'amidon.

Il est usité en général dans les administrations, et au laboratoire d'analyse de la Bourse du commerce de Paris.

L'on prend 50 ou **100** grammes de farine que l'on pétrit aussi ferme que possible.

L'on prend ensuite le pâton obtenu dans ses mains.

On le triture en laissant couler dessus un léger filet d'eau, on aura eu soin préalablement de placer au-dessous soit un tamis soit un linge fin de façon à recueillir les parcelles de gluten qui pourraient s'échapper des doigts pendant la manipulation.

L'amidon se trouve entraîné par le filet d'eau, et lorsque l'on arrive au point où l'eau après avoir passé à travers la matière ainsi triturée, sort absolument claire, c'est que l'opération est terminée, et que seul le gluten reste dans les mains.

A ce moment le gluten est encore tout humide, il faut le sécher le plus possible avant de le peser.

Il suffit de prendre un linge sec, sur lequel l'on s'essuie les mains successivement, jusqu'à ce que le gluten ne mouille plus, éviter surtout que le gluten ne touche le linge, car il y adhérerait et il serait impossible de l'en détacher complètement.

Le gluten ainsi obtenu n'est encore que le gluten humide.

L'usage veut que l'on s'en contente ; séché complètement à la température de 120 degrés et réduit en poudre, il perd en général les deux tiers de son poids.

Une farine contenant en bonne qualité 26 0/0 de gluten, contient au maximum 9 0/0 de gluten humide et environ 1 1/2 d'azote.

Humidité

Il ne suffit pas pour être bien renseigné de connaître la quantité de gluten, contenu dans la farine, il faut aussi connaître la quantité d'humidité.

Nous avons signalé le mouillage des blés.

Il peut donc arriver que pour deux farines d'égale richesse en gluten, l'une sera beaucoup plus humide que l'autre.

Une bonne farine ne doit pas contenir moins de 25 0/0 de gluten humide, elle ne doit pas non plus contenir plus de 15 0/0 d'humidité.

Plus elle est humide moins elle se conserve et moins elle donne de rendement au boulanger.

Les farines supérieures produites par cylindres et extraites à 50 0/0 du blé arrivent à ne contenir que 12 0/0 d'humidité.

Le boulanger comprendra qu'entre une farine de 12 0/0 d'humidité et une de 17 0/0, il y aura une grande différence de rendement.

Comment le boulanger, peut-il, sans appareil spécial, se rendre compte de la quantité d'humidité contenue dans sa farine ?

Rien n'est plus simple, à défaut d'un petit fourneau-séchoir spécial, il pourrait avoir dans le mur de son four, une petite étuve qui arriverait à la température de 100 à 130 degrés suivant qu'elle serait éloignée des parois du four.

Ce serait une sage précaution de posséder ainsi une étuve peu coûteuse, soit dessus, soit dessous soit sur un des côtés du four.

Mais à défaut, le boulanger n'aura qu'à laisser reposer son four quelques heures après la dernière fournée cuite.

Il placera entre deux assiettes assez épaisses 100 grammes de farine, l'épaisseur des assiettes modère la température du four, qui est encore trop élevée pour que l'on puisse y mettre la farine sans l'isoler, le four trois ou quatre heures après la cuisson du pain, possédant encore de 140 à 160 degrés ; entre les assiettes, la farine se trouve suffisamment isolée, pour ne pas arriver à plus de 110 à 120 degrés.

Il faudra la peser environ toutes les demi-heures, jusqu'à ce qu'elle ne perde plus de poids.

On aura soin à chaque pesée de la remuer pour qu'il ne se forme pas de croûte.

Au bout de deux heures environ l'opération sera terminée.

Comme on le voit par ces divers procédés très simples et à portée de tous, le boulanger peut être son propre chimiste, capable de se renseigner par lui-même sur la valeur des farines qu'il achète, et régler avec compétence son travail de panification.

CHAPITRE V

LE FOURNIL

Le milieu dans lequel l'ouvrier opère a toujours une très grande influence sur sa santé.

La plupart des maladies dites professionnelles ne sont dues qu'au manque d'hygiène de l'atelier ou de l'usine.

Pour le boulanger, l'atelier c'est le fournil.

Les deux mesures principales d'hygiène qui s'y rattachent sont :

La propreté et l'aération.

Dans les campagnes, si la propreté fait souvent défaut, en général, l'aération ne manque pas, car presque tous les fournils sont construits au niveau du sol.

Il n'en n'est pas de même dans les villes, à Paris surtout, où en raison du prix des loyers et de l'exiguïté des locaux, l'on a depuis longtemps la funeste habitude d'établir les fournils dans les sous-sols des maisons.

L'on installe aujourd'hui dans les constructions modernes des sous-sols très sains, bien cimentés et bien aérés.

Si cependant ces sous-sols peuvent être utilisés dans beaucoup d'industries, il n'en n'est pas de même pour la boulangerie, car si secs et si bien installés qu'ils soient, l'aération y sera toujours diffi-cile, les poussières s'y agglomèrent et donnent naissance à des foyers de culture microbienne.

Le nettoyage du fournil est en général abandonné aux soins de l'ouvrier boulanger, c'est imposer à un homme déjà fatigué par un travail pénible et une journée généralement longue, un surcroît de besogne qu'il n'accepte qu'à contre-cœur et ne fait presque jamais convenablement.

Ce travail de nettoyage du fournil est réparti généralement entre le brigadier et l'aide (ou geindre) (ancien terme de boulangerie) ; il incombe au second-aide si le travail est à trois, enfin à l'apprenti, s'il en est un dans la boulangerie.

Personne ne le commande ou le surveille.

De temps en temps le patron se plaindra, mais il se gardera bien de renvoyer un ouvrier pour une question qui lui paraît futile.

Lui-même, du reste, lorsqu'il travaille au fournil, ne fait pas mieux.

Le fournil en sous-sol est à l'abri des visiteurs ; s'il en vient, c'est au moment du travail, lorsque le désordre cache la malpropreté. Il suffit que la boutique, le magasin où l'on débite pains et gâteaux, soit luxueux, orné de marbres, glaces et peintures de façon à flatter l'œil de la clientèle, la propreté du fournil reste secondaire.

Le boulanger, par une incroyable négligence subit, comme s'il ne pouvait l'éviter, l'inflammation du larynx, des bronches et des poumons, son cerveau s'atrophie ; alors il fait appel au seul remède qui semble le soulager : la boisson.

A quarante ans, souvent plus tôt, il est alcoolique, asthmatique ou tuberculeux.

Les statistiques des hôpitaux démontrent que 80 pour 100 des ouvriers boulangers meurent ainsi.

Toutes ces maladies considérées comme inévitables dans l'industrie boulangère, disparaîtraient si l'hygiène de l'atelier était rigoureusement appliquée aux fournils de boulanger.

Dans les fournils en sous-sols, le four entretient une température très élevée qui oblige l'ouvrier à travailler presque entièrement nu.

Les poussières de la braise ou du charbon se répandent dans cette atmosphère surchauffée et se mêlent aux poussières qui se dégagent de la farine au cours du pétrissage.

La buée ou vapeur formée par le pain les fixent dans le local même.

Le pétrisseur courbé sur la pâte, respire plus particulièrement la poussière volatile des farines, elle s'introduit dans les poumons et y détermine l'asthme.

Le brigadier, à la bouche du four, respire les poussières de braise, de charbon et de fleurage qui obstruent les voies respiratoires et favorisent la laryngite et la tuberculose.

Ces dangers disparaissent ou sont au moins largement atténués par l'aération du fournil, qui bien comprise, chasse toutes ces dangereuses poussières et ramène l'oxygène indispensable à la respiration normale.

Mais, comment aérer suffisamment un sous-sol ? Il peut l'être par des soupiraux ou des ventilateurs. Les ventilateurs ne sont pas encore mis en pratique.

Par crainte de bronchite le boulanger s'empresse de boucher les soupiraux ; cela se conçoit d'autant mieux que, travaillant péniblement à une température très élevée (environ 30 à 50 degrés), il est continuellement en sueur ; le moindre courant d'air venant de la rue, frappe son corps comme une douche glacée et peut déterminer facilement la bronchite, la pleurésie et autres maladies des voies respiratoires.

Les soupiraux restent donc fermés, les poussières s'entassent sur les poussières, se mélangent au salpêtre des murs, au point que, fréquemment, elles prennent feu au contact de la moindre étincelle.

Enfin, il est d'usage, même lorsqu'existe l'écoulement de l'eau de tremper l'écouvillon (1) dans un seau ou baquet, la cendre chaude qui s'en détache et dépose dans l'eau, la surchauffe au point qu'il s'en dégage une odeur nauséabonde qui prend à la gorge.

Trop souvent encore, dans les sous-sols, un simple seau mal couvert remplace les cabinets d'aisances, ce qui vient augmenter l'insalubrité de l'air déjà empoisonné.

Ajoutons à cet exposé déjà long, le mauvais entretien des bannetons au fond desquels se forme une croûte de poussière qui, souvent, détermine l'éclosion d'insectes, ainsi que le défaut de lavage des murs, qui rarement sont enduits, et l'on comprendra que le

---

(1) L'écouvillon est un vieux sac, attaché au bout d'un manche, que l'on promène dans le four pour enlever les cendres.

sous-sol devrait être abandonné pour le fournil de plain-pied qui s'aère naturellement, s'entretient facilement en état de propreté, et qui, étant plus exposé aux visites, oblige son propriétaire à le tenir présentable au public.

Là où le fournil de plain-pied ne peut s'établir, il serait de toute nécessité de pratiquer l'aération au moyen de ventilateurs qui dégageraient le fournil de toutes ses poussières, sans occasionner de refroidissement aux ouvriers.

Ces mesures d'hygiène seront peut-être un jour imposées par les pouvoirs publics. Il serait préférable d'aller au-devant.

Emplacement des farines

La température des farines joue un grand rôle dans la fabrication du pain. Si la farine se trouve placée dans un local trop sec, au-dessus du four, par exemple, elle devient trop chauffée et trop sèche, les **12** ou **15** parties d'humidité qu'elle contient sont absorbées par la chaleur, d'où difficulté dans le pétrissage, car, pour retrouver le rendement normal, il faudra faire la pâte plus douce et lui donner plus de travail pour réintégrer dans la farine l'humidité disparue.

Il est de première nécessité de placer la farine dans un local suffisamment sec pour que l'humidité n'y pénètre pas et qui soit, en même temps, à l'abri d'une température élevée qui la sécherait trop.

Très souvent, le magasin à farine, en raison de ce que les fournils sont au sous-sol, se trouve au rez-de-chaussée, la farine s'y trouve très bien, si le magasin n'est pas au-dessus du four. Si le fournil est au rez-de-chaussée, le magasin se trouve au premier, les conditions sont presque identiques ; au-dessus du four, la farine sèche trop. Si l'hiver elle est trop refroidie, le boulanger doit la descendre d'avance dans le fournil, à défaut, il est obligé de couler l'eau très chaude au pétrissage pour compenser la différence de température.

A Paris, l'exiguïté des locaux, la cherté des loyers sont souvent causes déterminantes des inconvénients que nous signalons. L'emploi des sous-sols comme magasins à farine donne des résultats favorables.

Les sous-sols sont souvent très secs, la farine isolée des murs par des lattes de bois se trouve complètement à l'abri de l'humidité et la température reste à peu près invariable. On objectera la difficulté de garnir le pétrin ; elle peut être tournée par l'établissement d'un élévateur dont la dépense est vite compensée par l'avantage que l'on retire d'une farine bien conservée à l'abri des variations de température. On aurait grand intérêt à utiliser en pareil cas le mélangeur Rollier.

Fig. 8. — Mélangeur Rollier

Cet appareil se compose d'une cuve à compartiments mobiles, ce qui permet d'y placer les proportions de farine que l'on désire. Une sorte de vis d'Archimède graduée prend les farines pour les conduire à l'extrémité de la cuve, d'où elles tombent dans une bluterie ; au-dessous, au lieu de poche de descente de farine dans le pétrin, peut être placé un élévateur qui conduirait la farine dans le pétrin. L'opération est aussi vite pratiquée que s'il s'agissait de garnir à la pelle au moyen d'une bluterie.

L'on peut se rendre compte de l'économie apportée par cet appareil peu coûteux: propreté de la farine et aucune perte d'évaporation à subir.

Un dernier point, secondaire il est vrai, mais qui doit néanmoins être signalé.

Le fournil de plain-pied permet plus facilement la surveillance du travail, la farine au sous-sol évite l'évaporation qui se communique aux pièces d'habitation et abîme le linge, le mobilier et les vêtements.

Nous proposons donc, toutes les fois que cela est possible, la suppression des fournils de sous-sols, et l'emploi de ces derniers comme magasin à farine.

CHAPITRE VI

LAIT, BEURRE, ŒUFS ET EAU (1)

Le lait

Le lait s'emploie dans la préparation des petits pains de déjeuner et des pâtisseries. Il importe donc que nous en disions quelques mots.

Normalement, le lait est composé comme suit :

	Densité	Eau	Caséine	Beurre	Lactone	Extrait sec	Sels
Vache . .	1031,8	872,05	31,40	41,45	50,50	127,95	4,60
Chèvre . .	1032,3	876	37	42	40	124	5,60
Brebis . .	1038	820	61	53,30	42	180	7
Anesse . .	1033	907	17	15,50	58	93	5
Jument. .	1031	890	27	25	55	110	5

Le poids spécifique du lait de bonne qualité est 1.031 ; son degré d'ébullition et son degré de congélation sont approximativement les mêmes que ceux de l'eau.

Pour éprouver la qualité du lait, le moyen qui est à la portée de tout le monde est le pèse-lait. Mais cet appareil ne donne pas un résultat absolument exact, attendu qu'il ne permet pas de juger de la présence d'eau, même jusqu'à 20 0/0. Cela provient de ce

(1) Nous plaçons ici ce chapitre, secondaire en boulangerie, afin de donner au lecteur les connaissances générales, qui sont nécessaires aussi bien au boulanger qu'au pâtisssier.

que l'écrémage augmente le poids spécifique du lait et que l'addition d'eau le ramène à sa proportion normale.

L'habitude permet de reconnaître le lait étendu d'eau à sa teinte bleuâtre. En pratique, on éprouve aussi le lait en en mettant une goutte sur l'ongle. Si c'est du lait de bonne qualité, la goutte reste ; si le lait est additionné d'eau, elle coule aussitôt.

Plus que la plupart des produits, le lait se gâte avec une extrême facilité lorsqu'on reste un peu de temps sans l'employer surtout par une température élevée.

La plupart du temps, le lait se gâte sous l'influence de bacilles qui proviennent du lait même ou bien aussi du dehors.

On peut combattre presque toutes les altérations du lait en nettoyant au préalable, avec une solution de permanganate de potasse ou de sulfate de chaux, les vases destinés à contenir le lait.

Une pâte ne réussit réellement bien que par l'emploi de lait sain.

On empêche le lait de s'aigrir en y ajoutant une cuillerée à café de carbonate de soude ou quelques milligrammes de carbonate d'ammoniaque par litre.

Beurre et margarine

En laissant reposer le lait, la crème s'en sépare. Un autre moyen de séparation de la crème est l'emploi de la force centrifuge. La crème contient environ 25 0/0 de substance grasse, tandis que le lait n'en contient que 3 à 3 1/2 0/0.

Pour faire un kilo de beurre, il faut 26 à 33 litres de lait.

Un beurre de bonne qualité doit contenir 80 0/0 de substance grasse. Les 20 0/0 restants se répartissent en eau (pas plus de 15 0/0), en substance caséeuse, en sucre de lait, en substances minérales et en sels.

La couleur naturelle du beurre dépend de la nourriture des vaches. En hiver, le beurre a une couleur plus claire qu'en été. Il doit être d'aspect brillant, égal dans toute sa masse, ni strié, ni maculé.

Le beurre salé ne doit pas laisser apparaître des grains de sel.

Le goût du beurre dépend des régions de production. Jamais le beurre ne doit être rance La rancissure se combat aisément par un lavage à l'eau légèrement salée.

Le meilleur moyen de conservation des beurres consiste à l'introduire dans des pots de grès bien nettoyés, déposés en un endroit frais et aéré.

Margarine

La margarine comme matière première a pris une place importante en boulangerie ; elle remplace le beurre de plus en plus. L'industrie de la margarine a pris une telle extension qu'il importe que nous lui consacrions quelques mots.

L'origine de la margarine remonte aux années 1860 à 1870. Napoléon III eut l'idée de trouver pour l'armée française une substance comestible remplaçant avantageusement le beurre. Que fit-il ? Il soumit le cas, sans concours préalable, au chimiste Miège Mouriès. Ce dernier trouva que tout en laissant jeûner des vaches un temps assez long, elles n'en donnaient pas moins un lait chargé de substance grasse. Il en conclut que le contenu en substance grasse du lait ainsi sécrété provenait de l'animal lui-même ; que la partie contenant de la stéarine était éliminée par la respiration et que le reste, la margarine oléagineuse, passait dans le pis de la vache, c'est-à-dire dans le lait. En abattant ces bêtes, on trouva que tous leurs organes étaient dans leur état normal, que seul les parties graisseuses manquaient. Le chimiste se dit alors que ces parties graisseuses pourraient très bien être transformées en beurre, et cela par un moyen mécanique.

La partie la plus molle, la margarine oléagineuse, fut extraite par caléfaction et transformée en beurre par addition de beurre, de lait et quelques substances aromatiques. C'est ainsi que fut trouvé un produit nouveau, la margarine, ressemblant beaucoup au véritable beurre de vache.

Actuellement, il existe dans tous les pays du monde civilisé des fabriques de margarine ; sa consommation augmente d'année en année.

Des œufs

Le poids d'un œuf de poule varie entre 50 et 60 grammes. Un œuf se compose en moyenne de :

6 gr. de coquille ;
33 gr. de blanc d'œuf ;
16 gr. de jaune d'œuf.

Composition du jaune d'œuf et du blanc d'œuf :

	Eau	Mat. azotées	Graisse	Mat. non azotées	Sels
Blanc d'œuf:	85.75 0/0	12,67 0/0	0,25 0/0	—	0,59 0/0
Jaune d'œuf:	5,82 0/0	16,24 0/0	31,75 0/0	0,13 0/0	1,09 0/0

D'après ce qui précède, un œuf de poule moyen de 55 gr. contient en matières nutritives importantes :

6,8 gr. de substances azotées (4,2 gr. dans le blanc, 2,6 gr. dans le jaune ; 5,1 gr. de graine.

Pour déterminer l'âge des œufs, on a recours à leur poids spécifique. Des œufs frais ont un poids spécifique de 1.0784 à 1.0942, en moyenne 1.080. Un poids spécifique de 1.050 dénote un œuf de trois semaines ; à 1.015, il s'agit d'un œuf pourri. Dans une solution de sel de cuisine de 10 0/0, les œufs frais descendent au fond ; plus les œufs sont vieux, plus ils se rapprochent de la surface.

Un œuf exposé à l'air libre perd journellement en eau environ 0 gr. 010 et 0 gr. 018 pendant les fortes chaleurs de l'été.

Pour conserver les œufs, il faut d'abord bien les nettoyer, puis les couvrir hermétiquement, ou bien les plonger dans un liquide antiseptique. L'on fait aussi des conserves d'œufs en privant leur contenu de l'eau par évaporation dans le vide à une température basse, après quoi il est transformé en une masse sèche.

Un excellent procédé de conservation, que l'on préfère généralement à l'huile, au sable fin, à la paraffine, à la gomme, à la gélatine, etc,, consiste à mettre les œufs dans du silicate de soude.

Le silicate forme, avec la substance calcaire des coquilles d'œufs, une masse compacte et hermétique.

Le mode de conservation par antiseptique, qui est le plus répandu, est celui qui consiste à se servir d'eau de chaux. Mais dans ce cas, les œufs gardent fréquemment un goût de chaux désagréable et les coquilles se fendent facilement à la cuisson. Les œufs conservent leur goût naturel et restent bons dans une solution à 10 0/0 de borax, 10 0/0 de salpêtre et 20 0/0 de sel de cuisine.

On fait des conserves d'œufs, soit le jaune et le blanc mélangés, soit chacun à part. Les conserves d'œufs sont principalement employées dans la boulangerie et dans la teinturerie.

De l'eau

L'eau joue un rôle très grand dans la préparation du pain. Avant tout, il faut qu'elle soit claire (1). Les bacilles se répandent et se transmettent facilement par l'eau. L'emploi d'eau mauvaise, non seulement donnera au pain un goût mauvais, mais sera aussi nuisible à la santé. Certains chimistes prétendent que l'eau qui contient du carbonate de chaux et du carbonate de magnésie est à préférer, à cause de son action favorable sur la dissolution du gluten.

(1) C'est un préjugé faux de croire que l'eau ayant subi l'ébullition ne peut être employée en boulangerie.

CHAPITRE VII

L'ÉVOLUTION HISTORIQUE

La Boulangerie

Chercher à reconstituer l'histoire de notre profession serait un travail difficile, car elle a traversé les diverses périodes de notre civilisation en ne laissant que peu de traces de son passage ; cette histoire serait enfin d'intérêt secondaire dans un manuel plus spécialement destiné à l'enseignement pratique de la boulangerie.

Il est probable que sous une forme ou sous une autre, l'usage du pain était connu des peuples les plus primitifs.

Dès que l'être humain reconnut par instinct les qualités nutritives du grain que la nature mettait à sa disposition, il rechercha les moyens de l'assimiler par la cuisson à son alimentation ; c'est, d'abord, sous forme de galette cuite, tantôt sous des pierres ou de l'argile chauffé que se cuisait cet aliment qui était préparé le plus souvent par les femmes.

La civilisation grecque connaissait le pain industriel, le boulanger existait à cette époque, cuisant dans les fours le pain fermenté.

Les Romains développèrent un peu plus cette industrie, leur histoire nous apprend que six siècles avant notre ère, il existait à Rome, réparties dans ses divers quartiers plus de 300 boulangeries, ce qui prouve que l'usage du pain commercial était déjà largement répandu.

Les Romains avaient emprunté cette industrie aux Grecs et les boulangeries de Rome étaient en général tenues par des Grecs.

Les boulangers de la Rome antique formaient une corporation unie et organisée.

C'était une sorte de noblesse utile, à qui les mésalliances n'étaient pas permises.

On leur imposait le prix et le poids des pains nets, on leur interdisait de marier leurs filles à des comédiens !

Par contre, ils ignoraient la concurrence corporative mais, comme de nos jours, les portes du Sénat leur étaient ouvertes.

A cette époque, et plus tard même, le boulanger était à la fois meunier, boulanger et pâtissier.

La meunerie en tant que corporation n'existait pas et la pâtisserie moins encore.

C'était à la boulangerie que le blé s'écrasait, d'abord au pilon, dans des récipients de granit ou de marbre, puis au moyen de meules tournées par des esclaves.

La corporation se divisait en deux catégories, boulangers de gros pains et boulangers de petits pains, ces derniers, grâce à des mélanges de miel, de fruits, etc., confectionnaient des gâteaux.

Au commencement de notre ère, lorsque la civilisation romaine s'est implantée dans les Gaules, l'âne, le cheval, succédèrent à l'esclave, pour la mouture des grains.

Les monuments funéraires servent à merveille les historiens pour la reconstitution de l'histoire des peuples.

Les Romains décoraient les bas-reliefs de leurs monuments funéraires par des sculptures reproduisant la vie du défunt.

M. Jules Martha a décrit d'une façon remarquable les bas-reliefs du tombeau d'un célèbre boulanger-meunier de Rome, décédé vers le troisième siècle.

Ces dessins, qui concordent avec les boulangeries retrouvées dans les ruines de Pompéï, nous montrent entièrement reconstitué le travail du boulanger romain.

A gauche (fig. 9), des marchands de grains livrent le blé, après l'avoir mesuré on leur en paye le montant ; des ouvriers se disposent à verser le grain dans des moulins coniques que tournent des ânes, d'autres ouvriers surveillent le travail des moulins en dirigeant les ânes ; plus loin, un employé prend la commande de trois clients venant acheter pain ou farine, puis un autre ouvrier tamise la farine.

Fig. 9. — Boulangerie romaine.

A droite de la figure 10, un cheval tourne le manège d'un puits, un aide recevant l'eau la passe à d'autres ouvriers en train de pétrir dans une table creuse ; à l'extrémité de cette table, le chef, le maître

Fig. 10. — Boulangerie romaine.

plutôt, donne ses ordres. Il est seul vêtu, les ouvriers sont nus. A l'autre table, les façonneurs sont légèrement habillés, vient enfin le four où l'ouvrier (brigadier) est occupé à remuer le bois qui brûle.

A gauche du troisième bas-relief (fig. 11) des ouvriers sont chargés de corbeilles de pains ronds, semblables au pain de nos sol-

Fig. 11. — Boulangerie romaine.

dats et de la forme la plus répandue encore de nos jours. Un fléau ou des employés pèsent des corbeilles de pain, puis apparaît la boulangère qui, son carnet à la main, inscrit le poids des corbeilles pesées. Enfin, les clients viennent faire leurs achats et, pour terminer, deux porteurs partent chargés pour livrer dans la ville.

Comme on le voit, nous agissons encore de la même façon ; un boulanger romain revenant après 24 siècles, visiter une de nos boulangeries ne manifesterait qu'un étonnement très minime.

La civilisation romaine a fait place à la civilisation européenne, les siècles se sont écoulés sans changer beaucoup le sort du boulanger.

On peut suivre en France notre évolution depuis le huitième siècle par les diverses réglementations auxquelles fut soumise la boulangerie.

Au début de notre civilisation, les institutions romaines servirent à réglementer les boulangers qui en France se nommaient talmetiers, ce nom leur venait, de ce qu'ils tamisaient la farine avant de la transformer en pain, alors que le particulier fabriquait son pain avec la farine et le son tels qu'ils sortaient du moulin.

Il existe encore des traces de règlements qui remontent à Charlemagne (an 800) et même à Dagobert (an 620).

Mais les plus anciens statuts existants remontent au treizième siècle, ils firent loi jusqu'au dix-huitième siècle. Ce fût le temps des maîtrises et des jurandes.

Avant de pouvoir acquérir une maîtrise ou fonds de boulangerie, il fallait avoir fait un stage et ses preuves de capacité ; de nos jours, le premier venu, grâce à la liberté, sans avoir jamais touché ni farine, ni pain, peut devenir maître boulanger.

Un officier royal était jadis chargé de la surveillance de la corporation.

Il choisissait un lieutenant, qui lui suppléait, c'était le prud'homme du métier, presque le grand maître de la corporation.

Charles V créa la taxe du pain en décidant que le prix en serait fixé d'après le prix du blé.

Cette taxe devint permanente sous Charles VI.

Sous Charles VII, les boulangers devinrent de véritables esclaves, ils étaient punis de prison et de peines corporelles, s'ils se permettaient de sortir d'autres jours que les dimanches et jours de chômage.

Ils devaient être continuellement en tenue de travail : chemise, caleçon et bonnet.

Richelieu qui s'est occupé de tout ne pouvait manquer de s'occuper des boulangers.

Après avoir défendu aux marchands de blé d'acheter à plus de dix lieues à la ronde, il interdit aux boulangers de faire leurs achats de blé au marché, avant onze heures l'été et midi l'hiver afin que les particuliers soient approvisionnés avant eux ; pour éviter la concurrence, il leur interdit de faire vendre leur pain par d'autres personnes que leurs femmes ou enfants.

Il faut être privé de liberté, pour s'efforcer de la conquérir.

Les boulangers pressurés, bridés de toutes façons cherchèrent, pour échapper à la censure, à inventer des pains de luxe, ils y réussirent.

Il y eut alors des boulangers de petits pains et des boulangers de gros pains, comme jadis à Rome.

Les boulangers de petits pains, grâce à l'emploi de la levure de bière comme agent de fermentation, fabriquèrent des pains dits pains mollets, qui plurent aux bourgeois parce qu'ils étaient plus légers et plus délicats.

Les autres boulangers prétendirent que ce pain était nuisible à la santé ; une commission spéciale par 45 voix contre 30, approuva cette stupidité. Un arrêté confirmait cette décision en 1670.

Il est vrai que c'est avec peine qu'à la fin du dix-neuvième siècle on arriverait à prouver la supériorité de la levure sur le levain.

Il fallut le règne de Louis XIV pour supprimer en 1678, la juridiction du grand panetier.

Le maître boulanger obtenait la liberté d'exercer sa profession en payant les charges, où bon lui semblait.

Il était, il est vrai, indispensable d'obtenir la maîtrise, cette restriction, toute corporative, aurait, encore aujourd'hui, le grand avantage d'empêcher les boulangeries de se multiplier outre mesure et de garantir la capacité professionnelle.

Actuellement, on est boulanger après trois ou six mois d'apprentissage. Jusqu'à la Révolution il fallait faire preuve de 5 années d'apprentissage, de 4 années de travail en qualité de compagnon afin de pouvoir passer maître, il fallait, enfin, fabriquer un chef-d'œuvre et payer une maîtrise qui variait de 50 à 900 livres.

En supprimant les jurandes et les maîtrises, la Révolution avait, en mars 1791, rendu la liberté aux boulangers. Cette liberté qui subsiste pour presque toutes les autres corporations, dura à peine 4 mois pour la boulangerie.

Par une loi en date des 19-22 juillet 1791 la liberté fût retirée aux boulangers, provisoirement il est vrai, mais ce provisoire dure depuis plus d'un siècle.

En en effet l'article, le 30e d'une loi sur l'organisation de la police municipale, est ainsi conçu :

La taxe des subsistances ne pourra provisoirement avoir lieu dans aucune ville ou commune du Royaume que sur le Pain *et la* Viande *de boucherie sans qu'il soit permis en aucun cas de l'étendre sur le vin, sur le blé, les autres grains, ni aucune autre espèce de denrée, et ce sous peine de destitution des officiers municipaux.*

La Royauté était à son agonie, elle cherchait, un peu tard, à s'attirer les sympathies du peuple, qui avait subi les horreurs de la famine, et à conserver l'appui des politiciens bourgeois, gros marchands de grains et autres.

L'avènement de la première République, suivie de deux autres n'a jusqu'à ce jour rien changé à cette loi.

Un arrêté du 3 brumaire an IV, de la République 1er (25 octobre 1795, dit :

Code des débits.

Art. 605. — Sont punis de peine de simple police :

6° Les boulangers et les bouchers qui vendent le pain et la viande au delà du prix fixé par la taxe légalement faite et publiée.

Depuis que la Révolution de 1848 a donné au peuple français le suffrage électoral, beaucoup de maires se sont fait aux dépens et par la ruine des boulangers une popularité factice en taxant le pain d'une façon toujours acceptée avec joie par le consommateur.

Au cours du xixe siècle la boulangerie s'est dédoublée.

D'une part, le boulanger style moderne qui n'est plus le vieux praticien peinant et suant avec ses aides aux durs travaux des fournils.

C'est un industriel quelconque, boulanger aujourd'hui, peut être cafetier demain, courant aux honneurs, aux décorations, jouant à la Bourse, spéculant sur la hausse ou la baisse, cherchant la clientèle, se souciant assez peu des bénéfices réels que peut procurer la vente du pain, mais vendant pâtisseries, confiseries, etc., pour augmenter son chiffre d'affaires et trouver un gros profit de la revente de son établissement.

Ce boulanger ne descend guère au fournil, ignore souvent jusqu'au nom de ses ouvriers, mais il possède : livreurs, demoiselles de magasin, caissière et gérant.

Le but de ce livre n'est pas de faire ressortir cette évolution qui est en réalité un effet de l'abondance des capitaux, car à côté de ces commerçants, il reste le véritable boulanger qui tire sa vie et celle de sa famille de son travail personnel, et ceux-là sont encore nombreux. Ce qui intéresse le boulanger, c'est l'évolution industrielle et scientifique.

Le moment est proche où même les capitaux personnels seront insuffisants pour permettre de lutter contre cette évolution qui se produira inévitablement en France à l'exemple des autres pays d'Europe et d'Amérique.

Le petit boulanger restera le seul à lutter contre la concurrence de la boulangerie industrielle instituée sous forme de sociétés anonymes.

Déjà en Angleterre, en Allemagne, en Autriche, en Belgique et même en Amérique, la boulangerie industrielle existe ; l'art mécanique venant en aide à la chimie vient assurer une production économique et rationnelle.

Seul, celui qui par son travail personnel et par ses connaissances acquises à force d'études, arrivera à améliorer sa production et réduire ses frais généraux pourra tenir tête à ces grandes industries.

La meunerie et la boulangerie, dans un avenir très rapproché, seront concentrées dans une seule usine productrice, on obtiendra alors des prix de revient qui résoudront la question économique.

D'après M. Fleurent, auquel nous empruntons les lignes suivantes la statistique officieuse montre que les frais de panification s'élèvent à Paris à 9 fr. 60 par 100 kilos de blé. La boulangerie est, au moins à Paris, une industrie excessivement morcelée dont les frais généraux, par suite, se répartissent, sur une production très minime. De plus, la boulangerie est restée réfractaire ou à peu près, à tous les progrès ; rares sont les boulangers qui ont profité des pétrins mécaniques, qui donnent des pains en tous points comparables à ceux qu'on obtient par le pétrissage à bras, et des fours à chauffage économique, dont il existe des modèles variés, de valeur indiscutable.

M. Fleurent estime que l'abaissement du prix du pain est lié pour une grande part à la transformation qui s'opérera certainement avant peu et fera de la boulangerie une véritable industrie. M. Fleurent exhorte les boulangers à devenir de simples dépositaires du pain qui sera fabriqué par une usine centrale montée à l'aide de leurs capitaux.

Cette transformation affranchira l'ouvrier boulanger, lui conservera une santé qu'il use à triturer péniblement dans un pétrin, une masse de farine qui quelquefois s'élève jusqu'à 250 kilogrammes ; elle permettra de fabriquer cet aliment essentiel avec tous les soins de propreté désirables et apportera dans les frais de fabrication une sérieuse économie.

Nous pensons que le boulanger des villes, le seul dont la fabrication puisse être atteinte par la création des usines-boulangeries pourrait dès à présent obtenir presque tous les avantages de la fabrication intensive en sortant de la routine et en acceptant sans hésiter les ingénieux appareils que l'industrie mécanique a mis à sa disposition et dont nous donnerons la description dans les chapitres qui suivent.

Il sera donc nécessaire que le boulanger privé de la fortune qui pourrait lui permettre d'être un des associés de cette nouvelle concentration en devienne le collaborateur, car il succombera à la concurrence s'il n'est pas en état de produire dans les mêmes conditions de prix. C'est pour lui que nous rassemblons dans ce Manuel toutes les connaissances qui lui permettront d'être, avec sa pratique personnelle à la hauteur, de la tâche que la société attend de lui.

C'est pourquoi nous passerons rapidement sur les progrès de notre industrie au cours du siècle passé pour aborder ensuite la description des moyens les plus modernes du travail de la boulangerie.

＃ CHAPITRE VIII

ÉVOLUTION MÉCANIQUE

Les premiers pétrins mécaniques

Si l'on est obligé de reconnaître aux Français le génie inventif,
la France est le pays où l'évolution mécanique est la plus lente à
trouver son emploi effectif.

Cela tient, dans notre industrie, à l'animosité du boulanger pour
la boulangerie industrielle par suite de son manque de connaissances techniques.

Le boulanger est, comme tout Français, un peu routinier ; son
travail est tantôt bon, tantôt médiocre, cela lui importe relativement peu, il ne cherche pas à faire mieux avec moins de peine.

Très rares sont ceux qui étudient la mécanique, la chimie et
l'hygiène de leur industrie. Cet état de choses est assez découra-
geant et arrête ceux qui auraient pu se dévouer à la recherche
d'améliorations dans leur travail.

Les premiers essais d'application de la mécanique à la boulangerie sont néanmoins dus à des professionnels.

La première tentative fut, en France, celle d'un nommé Lambert
qui, dès 1810, c'est-à-dire au début du xixe siècle, se servait d'un
pétrin de son invention, dont le modèle existe au Conservatoire des
arts et métiers de Paris.

Vers 1825, parut le pétrin Fontaine.

Un peu plus tard le pétrin Mouchot suivi par les pétrins Haize
et Besnier, Duguet et Noverre, Lahore, Mougeret, Lagorseix,

Ferrand, Corrège, et nombre d'autres inventés dans la première moitié du siècle, ils n'eurent peu ou pas d'applications ; ni les uns ni les autres ne trouvèrent de débouchés en boulangerie, ils ne furent guère employés que par leurs inventeurs.

En Angleterre paraissait le pétrin Edwin Clayton ; de ces essais il en est resté l'idée qui a pu donner naissance aux pétrins usités à la fin du XIX⁰ siècle ; ceux dont les principes se retrouvent appliqués dans le pétrin David et le pétrin Rollet.

M. Auguste Rollet publia en 1847, sous les auspices du ministre de la Marine et des Colonies, un mémoire très détaillé de la meunerie et de la boulangerie (1).

Malheureusement ce mémoire, comme à peu près tout ce qui a été écrit sur la boulangerie. se résumait dans l'installation et le travail des boulangeries administratives de la marine, qui n'ont et ne peuvent avoir aucun rapport avec la boulangerie civile.

La boulangerie militaire se résume au pain de troupe (vulgairement boule de son) et au biscuit de mer.

Depuis longtemps les pétrins et fours mécaniques, bons ou mauvais, ont pu être utilisés par les administrations, parce que le pain et le système de panification y sont uniformes.

Il en est résulté, pour ceux qui ont voulu appliquer prématurément ces appareils aux nombreuses variétés de pain employées par la clientèle civile, de graves erreurs qui ont fait sombrer toutes les boulangeries industrielles installées en France, quelle que soit la puissance des capitaux dont elles disposaient.

En outre les ingénieurs et directeurs de ces usines étaient souvent incompétents dans la fabrication du pain.

Le résultat ne répondait pas à leur attente, ils s'en prenaient aux ouvriers qui, de leur côté, n'ayant pas de connaissances mécaniques, attribuaient à l'outillage les défauts de fabrication ; l'insuccès était donc inévitable. Nous croyons utile, avant d'aborder l'étude des pétrins actuellement en usage et que nous examinerons en enseignant le moyen de s'en servir, de faire revivre sous les yeux du lecteur, l'enfance du pétrin mécanique.

Le premier appareil qui fut honoré du nom de pétrin mécanique,

(1) Rollet, *Meunerie et Boulangerie.*

et qui n'était en réalité qu'un outil tout primitif destiné à briser et terminer la pâte et que l'on commençait avec les bras. C'est ce qui est encore usité dans les pays à pâte ferme, en Normandie par exemple, où l'on broye la pâte, après l'avoir pétrie, au moyen d'un long morceau de bois fixé sur un chevalet. Cette invention était due à Giovanis-Branca.

Le Bréga consistait en une table composée de trois planches, dont celle du milieu avait 1 m. 10 centimètres de longueur et celle de côté 1 mètre seulement, les 10 centimètres supplémentaires de la table du milieu étaient encastrés dans la muraille pour consolider la table (Fig. 12-13).

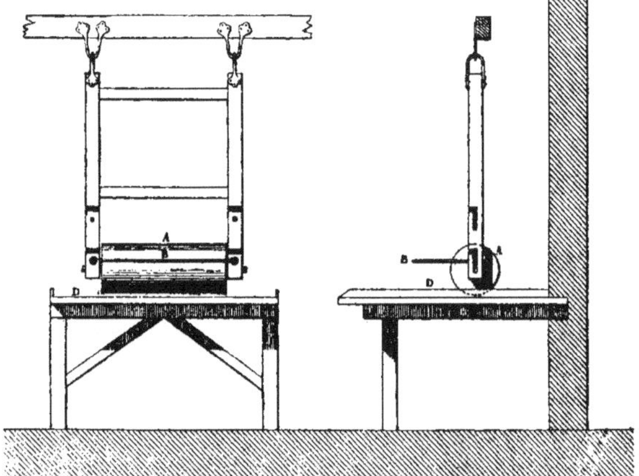

Fig. 12-13. — Pétrin Bréga.

Puis deux montants suspendus aux poutres du plafond supportaient un cylindre fixé à leur extrémité inférieure au moyen de deux boucles.

La pâte frasée à bras était étendue sur la table, l'ouvrier imprimait le mouvement au cylindre au moyen de deux poignées fixées aux montants. Comme on le voit si ce n'est pas tout à fait le broyage c'est au moins le cylindrage de la pâte, et cet appareil a dû donner naissance aux cylindres laminoirs que l'on emploie de nos jours pour la fabrication du biscuit.

Ce n'est donc pas encore le pétrin mécanique qui frase, bat et découpe la pâte sans le secours des bras de l'homme.

Le premier pétrin inventé en France, le fut au commencement de ce siècle : c'était le pétrin Lambert ou la Lambertine.

M. Lambert était un boulanger de Paris, c'est en 1810 qu'il commença à se servir de son appareil (Fig. 14-15).

Il est certain qu'il n'arriva pas à convaincre ses collègues ; son appareil n'était point la perfection, il s'en fallait de beaucoup, c'était plutôt le précurseur de la baratte à beurre que du pétrin à pâte.

Tel quel, il mérite cependant d'être signalé, car M. Lambert n'avait pas à sa disposition les progrès réalisés de nos jours par la mécanique.

Ce pétrin n'était autre qu'une caisse mobile quadrangulaire en

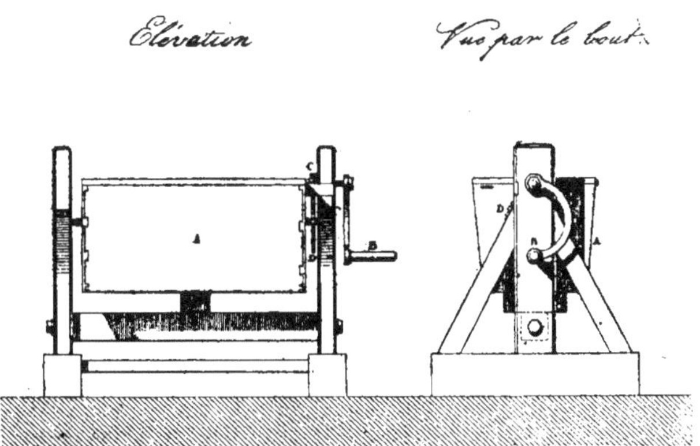

Fig. 14-15. — Pétrin Lambert.

chêne, la partie supérieure se fermait au moyen d'un couvercle qui se fixait à la cuve au moyen de vis.

A l'intérieur, ni hélices, ni barres, ni agitateurs.

Comme on le verra c'est de loin, que l'on applique aujourd'hui.

A chaque extrémité de cette cuve des tourillons, placés dans des collets encastrés dans des bâtis en bois, l'un de ces tourillons était muni d'une roue dentée engrenant dans un pignon, monté sur l'axe de la manivelle.

On pouvait le rendre immobile au moyen d'une sorte de clavette en bois placée au-dessous du pied du bâti.

Il fallait délayer le levain à la main, dans une partie de l'eau, l'on y introduisait ensuite le reste avec la farine.

Pour fraser l'on imprimait pendant quelques minutes un mouvement de va-et-vient à la cuve.

Ce premier travail opéré, lorsque la farine avait absorbé l'eau, l'on tournait en ayant soin, environ toutes les cinq minutes, d'ouvrir pour détacher la pâte des parois, sans quoi elle y restait adhérente et ne se travaillait pas.

Comme on le voit en fait de découpage il n'en existait pas, cet appareil manquait donc de l'agent principal qui doit remplacer les bras de l'homme.

Il n'en constituait pas moins un effort d'intelligence poussant au progrès et le désir d'épargner les fatigues excessives du boulanger.

Quinze ans plus tard paraissait le pétrin Fontaine, qui a fonctionné à Montrouge et à Bruxelles.

Ce pétrin consistait en un cylindre long de 2 m. 30, sur un diamètre de 0 m. 67 ; ce cylindre était divisé en trois compartiments contenant chacun deux barres mobiles disposées en croix, comme on le voit c'était une amélioration pratique.

Lorsque l'on tournait le cylindre qui, comme celui du pétrin Lambert, était mobile, la pâte venait en retombant sur ces barres se découper d'elle-même.

Il fallait arrêter aussi de temps en temps, pour ratisser les parois.

Dès ce jour le principe du découpage était trouvé, la cuve avait également changé de forme.

L'on pouvait donc dès lors espérer voir se propager le pétrin mécanique.

Il n'en fut rien en tant que généralité.

Les frères Mouchot de Montrouge qui avaient employé le pétrin Fontaine, purent en étudier les défauts et s'en inspirer pour, aidés d'un mécanicien, en construire un nouveau.

Ce qui tendrait à prouver qu'ils avaient pu apprécier l'utilité du pétrin mécanique.

Ils voulurent diviser le travail.

Leur pétrin se composait également d'un cylindre, mais en fonte au lieu d'être en bois ou en tôle.

Il se divisait en deux compartiments, non dans la longueur comme le précédent mais bien dans la hauteur (Fig. 16-17).

Dans l'un l'on frase, dans l'autre l'on pétrit.

Le travail s'opérait au moyen de barres de fer.

A noter, cependant, un treuil qui permettait de soulever facilement le lourd couvercle en fonte, et aussi une sorte de compteur

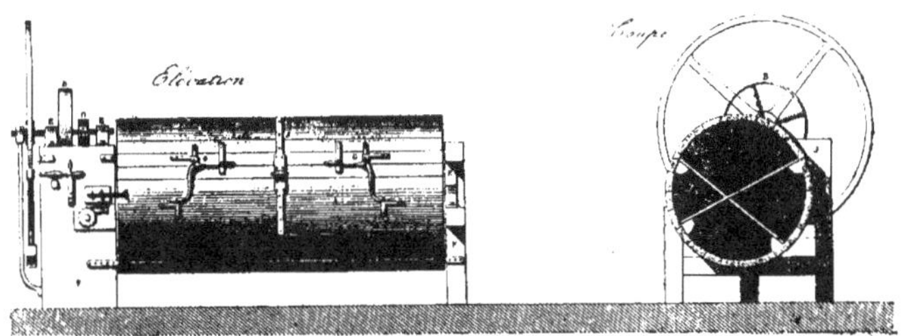

Fig. 16-17. — Pétrin Moret et Mouchot.

qui au bout d'un certain nombre de tours mettait une sonnette en mouvement.

Ce pétrin de grande dimension était mis en marche par une force motrice. Sa contenance étant d'environ 600 kilos de pâte à ajouter au poids de la fonte.

Le pétrissage était à peu près rendu.

Voici comment opéraient MM. Mouchot frères avec leur pétrin :

Levain	125 kilos
Farine	67 »
Eau	33 »
Total . .	225 kilos

ceci pour chacun des compartiments du pétrin, ce qui pour les deux donnait un total de 450 kilos.

Après 150 tours donnés au pétrin, on ouvrait les couvercles pour voir si la pâte était assez ou trop ferme, on ajoutait, s'il était nécessaire, eau ou farine, et l'on continuait le pétrissage, jusqu'à ce que la pâte soit finie.

Des 450 kilos de pâte obtenue on retirait 300 kilos pour alimenter les deux fours, d'une première fournée, il restait dans chaque compartiment 75 kilos de levain.

L'on pouvait alors continuer le travail alternativement ou ensemble, suivant que l'on désirait produire plus ou moins de fournées.

Alternativement le travail s'opérait assez bien ; lorsque dans un des compartiments les 150 premiers tours étaient faits, l'on préparait le deuxième ; la pâte, frasée dans le premier, se reposait un peu.

L'on remettait en marche et tandis que la pâte se finissait dans le premier, dans le second la frase s'opérait à son tour, elle se reposait pendant que l'on retirait la pâte du premier et que l'on préparait pour une autre fournée et ainsi de suite.

L'inventeur de ce pétrin était, comme nous l'avons dit, un nommé Fontaine ; un brevet de dix ans fut pris aux noms de Moret, ingénieur à Paris, et Mouchot frères, boulanger.

La boulangerie n'était pas encore préparée à l'outillage mécanique, l'appareil était trop puissant et trop cher pour trouver un débouché. Eût-il été bon marché qu'il n'eût peut-être pas trouvé grâce devant la routine.

Il serait trop long de retracer ici toutes les inventions brevetées au xixe siècle, nous nous contenterons de signaler les principales, en insistant seulement sur celles qui présentent des particularités dignes de s'y arrêter.

Un ingénieur anglais, M. Hébert, avait repris l'idée de Lambert, en transformant la forme polyédrique de la cuve, en forme cylindrique.

Cet appareil était muni à l'intérieur d'un racloir nettoyeur mû par un arbre d'axe.

Le travail anglais s'opérant sur levure, tant que la pâte était à l'état demi-liquide le mouvement imprimé à la cuve la rejetait l'une sur l'autre, mais lorsqu'elle devenait homogène, elle s'enroulait autour de l'axe et ne se travaillait plus.

Un peu plus tard parut le pétrin de MM. Haize et Besnier. (Fig. 18-19).

Ce pétrin, contrairement à ses prédécesseurs, abandonne le principe de la cuve mobile.

Il consiste en un cylindre immobile traversé dans la longueur par un axe armé d'agitateurs en forme de cadres et de rayons en fer plat.

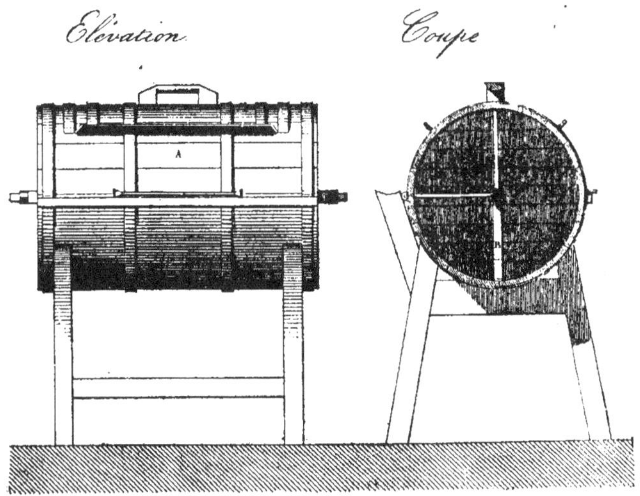

Fig. 18-19. — Pétrin Haize et Besnier.

Il constitue de ce fait un réel progrès car ce principe prévaut encore de nos jours.

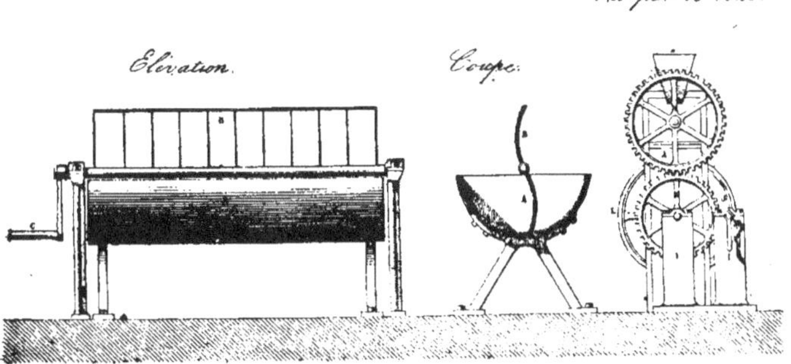

Fig. 20-21-22. — Pétrin Duguet et Noverre.

Comme ses prédécesseurs il conserve la fermeture du cylindre.

Ce pétrin avait un inconvénient, c'était d'être très dur au fonctionnement en raison de sa trop forte armature de fers plats.

Ce pétrin trouva placement dans les navires de l'Etat.

C'est sans doute pour cela qu'on avait gardé la fermeture afin d'éviter que le mouvement de tangage et de roulis ne rejette la pâte hors du pétrin.

Le premier pétrin qui entra réellement dans la période d'application fut le pétrin de MM. Duguet et Noverre (Fig. **20-21-22**).

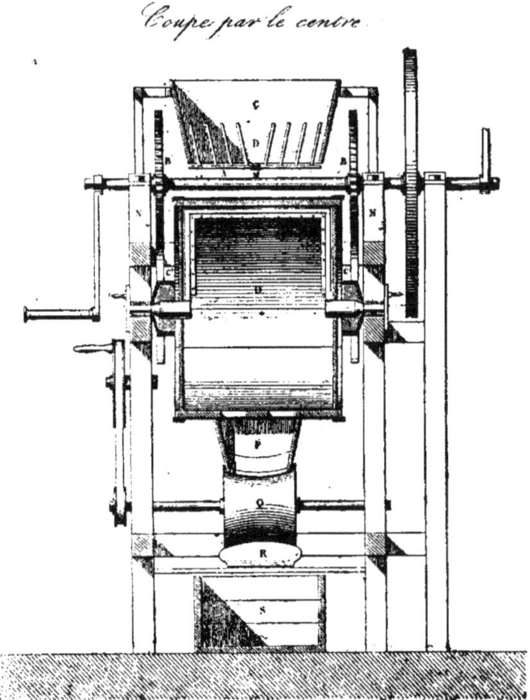

Fig. 23. — Pétrin Lahore.

Il innove un principe que nous retrouverons dans les pétrins actuels.

La cuve demi-cylindrique est traversée par un axe armé de couteaux courbés placés perpendiculairement à l'axe et faisant fonction de pétrisseurs, sa longueur était de 2 mètres, son diamètre de 80 centimètres.

Il fut utilisé à la manutention de Bercy, mais abandonné parce que le pétrissage était trop lent.

Nous passerons sous silence le pétrin Poissand, Besnier et Duchaussais, dont les malaxeurs ne donnèrent pas de bons résultats.

Ce dernier pétrin avait été muni d'une sorte de bluterie qui l'alimentait de farine par petites quantités.

Plus tard MM. Besnier et Duchaussais supprimèrent ce distributeur comme cause de lenteur du pétrissage, mais leur·pétrin n'eut pas plus de succès.

Le premier pétrin de M. Lahore, d'une. complication beaucoup trop grande, n'eut pas non plus d'application générale (Fig. 23).

Il se composait de trois appareils à la partie supérieure, une sorte de trémie dans laquelle l'on versait eau, farine, etc., commençait le frasage, au moyen de barrettes ; de là la pâte tombait dans un cylindre où fonctionnait circulairement un agitateur rectangulaire, elle tombait ensuite dans une autre trémie qui là conduisait sur un cylindre qui à son tour l'entraînait dans la caisse où elle devait fermenter.

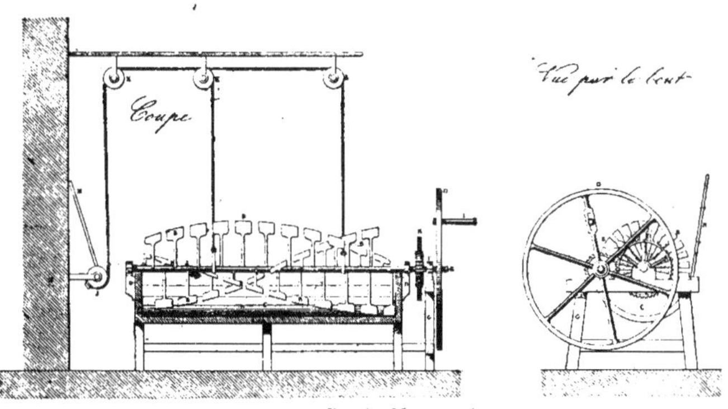

Fig. 24-25. Pétrin Maugeret.

Plus tard M. Lahore construisit un pétrin triangulaire à chariot ; cette idée a donné naissance à d'autres inventions que nous retrouverons.

M. Maugeret, dans la construction de son pétrin, apporta le principe de la vis d'Archimède, l'axe du malaxeur est muni de 34 palettes, disposées en hélice, la pâte se trouvait agitée et soulevée dans toutes ses parties, son défaut était la difficulté du nettoyage, cette hélice avait le tort de ne pas être mobile (Fig. 24-25).

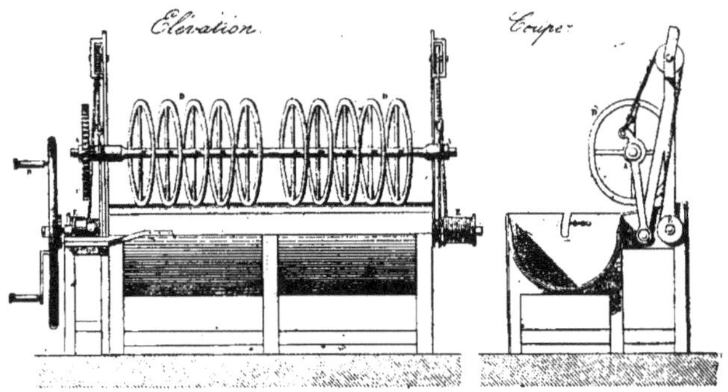

Fig. 26-27. — Pétrin Lagorseix.

Dans ce pétrin, les lames du pétrisseur étaient demi-cylindriques ; ces lames minces et tranchantes déchirent et étirent la pâte ; comme le mouvement peut s'imprimer en arrière comme en avant, la pâte se trouve repoussée sur l'un ou l'autre bout de la cuve.

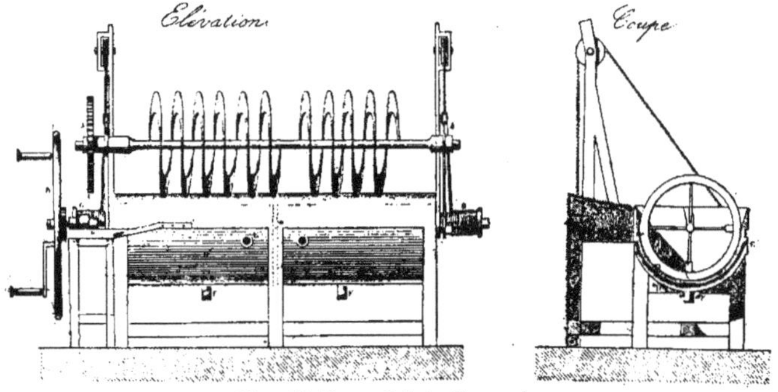

Fig. 28-29. — Pétrin Ferrand.

Le principe de la cuve demi-cylindrique se trouve définitivement adopté et prévaut de nos jours. Une amélioration à citer sur le précédent, c'est que le pétrisseur peut être soulevé au-dessus du pétrin.

Le pétrin Ferrand ne diffère guère du pétrin Lagorceix (fig. **26-27**) ; ce sont les mêmes principes, sauf qu'à l'extrémité des branches du pétrisseur l'on a fixé une lame de fer se développant

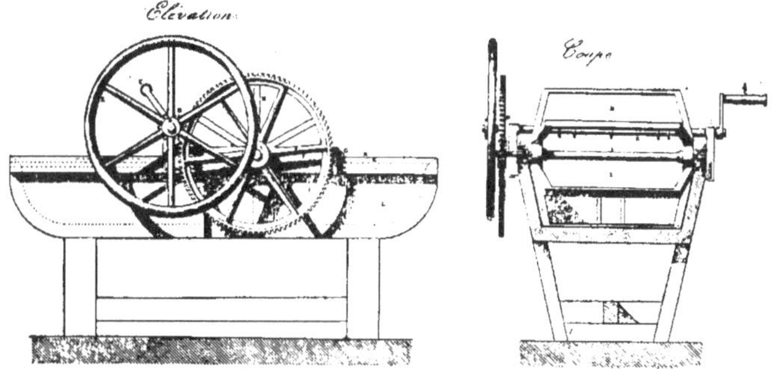

Fig. 30-31. — Pétrin Corrège.

en hélice ; en outre, M. Ferrand avait adapté à son pétrin un double fond dans lequel on introduisit de l'eau chaude pour maintenir à la pâte une température assez élevée (Fig. **28-29**).

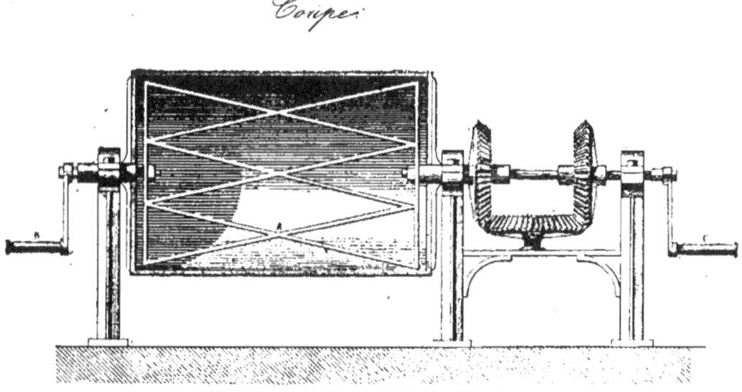

Fig. 32. — Pétrin Edwin Clayton.

Le pétrin Corrège diffère des précédents en ce sens que l'axe du pétrisseur est muni d'une crémaillère qui existait dans le pétrin Lahore, mais que M. Lahore a remplacé par des rails sur lesquels chemine la cuve, l'agitateur ou pétrisseur restent fixes.

Un pétrin mécanique qui, en raison des levains, n'aurait pu être usité en France et qui demandait une force motrice déjà considérable pour le travail anglais est le pétrin à mouvement rotatif inventé par un boulanger de Nottingham : M. Edwin Clayton.

Son idée était ingénieuse (Fig. 32).

La cuve tournant dans un sens et les agitateurs de l'autre, il en résultait un travail bien supérieur à celui obtenu à cette époque.

Ce pétrin exigeait beaucoup de force, ce qui en arrêta l'emploi.

Le pétrin Selligue ingénieux comme mécanisme, ne donna pas de bons résultats; le mécanisme imprimait à la cuve, sorte de berceau,

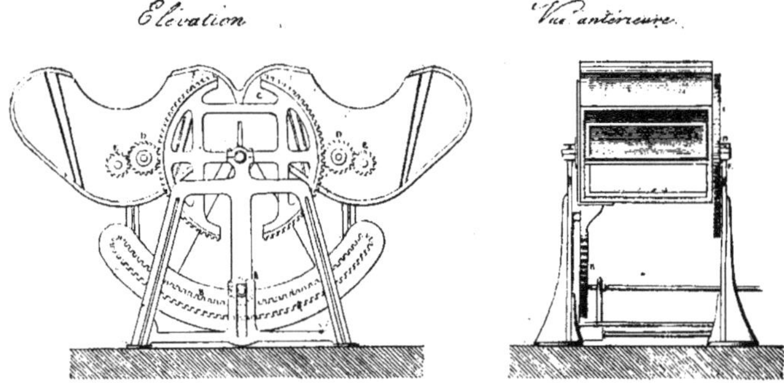

Fig. 33-34. — Pétrin Selligue.

un mouvement d'oscillation pendant que les agitateurs divisaient la pâte (fig. 33-34).

Le pétrin David a donné sans aucun doute naissance au pétrin qui depuis vingt-cinq ans a eu le plus de vogue, le pétrin Deliry.

Le pétrin David (fig. 35-36) se composait d'une cuve tournante, au centre de laquelle se trouvait un cône solidaire d'un axe vertical.

Des barrettes en fer étaient disposées autour du cône, parallèlement au fond du pétrin, de manière à partager en deux parties égales l'espace que séparent d'autres barrettes fixées aux parois intérieures de la cuve. Un mouvement de rotation dirigeait en sens inverse les barrettes fixées au cône et à la cuve.

Les barrettes avaient été la première invention, mais le pétrissage étant insuffisant, M. David les remplaça par des agitateurs en forme de trépieds se mouvant en cercles ; la marche de la cuve dirigeait donc la pâte vers les agitateurs ou pétrisseurs, de sorte qu'elle subissait un temps de repos, comme dans le pétrissage à bras.

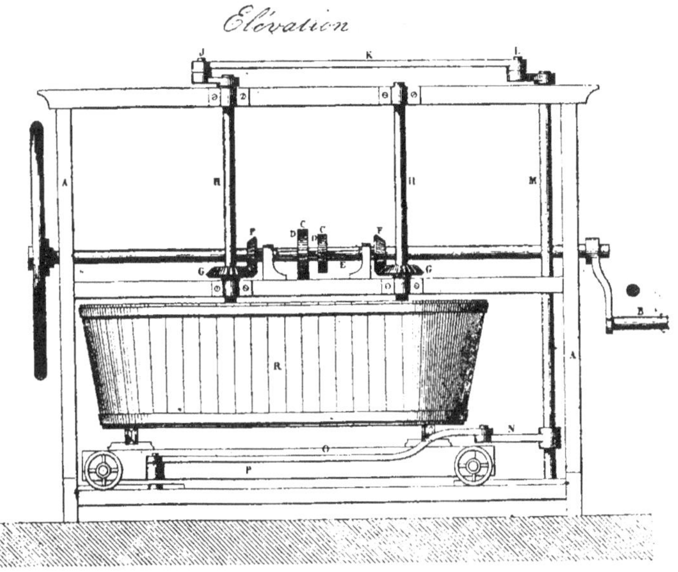

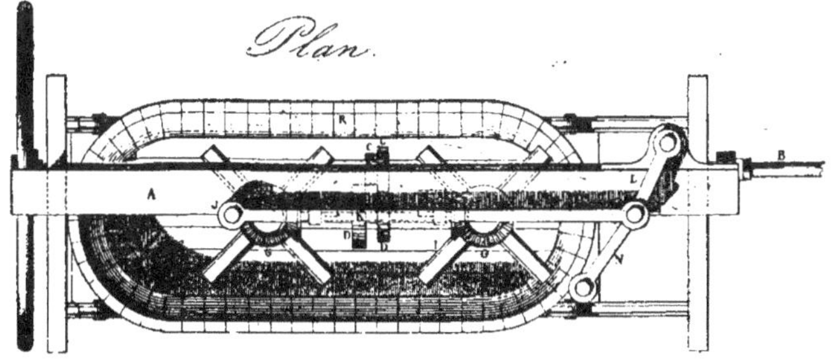

Fig. 35-36. — Pétrin David.

Dans son ouvrage publié en 1847, Rollet, directeur des subsistances de la Marine, dit que c'est en suivant et étudiant les principes du pétrin David qu'il a été conduit à construire, aidé de M. Aubouin, un excellent pétrin à biscuit.

Ce pétrin consiste en une cuve circulaire ayant 0 m. 90 de largeur et 0 m. 60 de profondeur, tournant sur un pivot et traversée

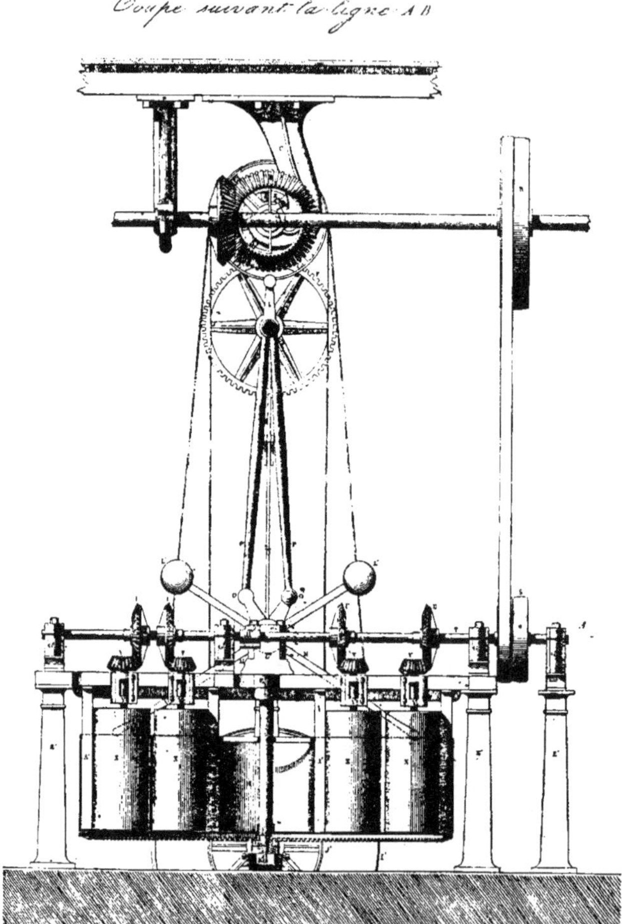

Fig. 37. — Pétrin Rollet.

suivant l'un de ses diamètres par un axe porteur de quatre roues
d'angle qui font mouvoir ou des agitateurs mélangeurs ou des

cylindres compresseurs, enfin dans un des segments du pétrin se meuvent, à l'aide d'une manivelle, des batteurs qui traversent la pâte, la développent et la soulèvent en nappe, y introduisant ainsi l'air comme au soufflage à bras (fig. 37).

Le pétrin se nettoie à mesure qu'il fonctionne au moyen de parties dormantes fixées aux pièces du bâti qui traverse le pétrin.

Nous arrêterons ici notre étude sur les premiers pétrins mécaniques dont l'emploi a été pour ainsi dire nul, cependant l'effort des inventeurs de la première heure n'aura pas été inutile, car nous retrouverons dans le chapitre qui traite des pétrins actuels la plupart des principes qui avaient servi de base à la construction des premiers pétrins. Puissamment aidés par les progrès de la science mécanique les inventeurs modernes ont pu mettre à notre disposition le merveilleux outillage que nous décrirons plus loin.

CHAPITRE IX

LES ANCIENS FOURS

Comme nous venons de le faire pour les pétrins mécaniques aujourd'hui disparus, nous croyons utile de passer rapidement en revue l'évolution des fours de boulangerie.

Jusqu'au milieu du dix-neuvième siècle, les fours sont, à peu près, restés ce qu'ils étaient sous la civilisation romaine.

Les matériaux de construction variaient suivant la contrée, la construction en était confiée à des maçons ; ils établissaient d'abord la forme du four en terre, et bâtissaient sur cette forme, soit avec des tuiles, soit en tuff ou toute autre pierre, voir même en terre grasse, dite terre à four.

Au dix-neuvième siècle, les ouvriers commencèrent à se spécialiser dans cette construction ; l'emploi de briquettes et des carreaux réfractaires, cuits, se généralisa, de là sortit l'industrie des constructeurs de fours. On trouvait encore il y a quelques années, des fours dont la bouche se fermait au moyen d'une grosse pierre dont on maçonnait le tour avec de la boue pendant la cuisson du pain.

Cependant la généralité des fours se fermait au moyen d'une porte en tôle suspendue ou portée par deux gonds.

Ces fours qui existent encore en grand nombre se chauffent du fond vers la bouche, l'aspiration de la fumée se fait au moyen d'une cheminée munie d'une hotte, placée sur le devant.

Avec ce système de chauffage, les fours étaient obligatoirement hauts de chapelle.

Il s'en trouve encore, principalement dans le Midi, qui n'ont pas moins de 0 m. 60 et même 0 m. 80 de hauteur ; ces fours, il faut le reconnaître, sont excellents pour la cuisson des gros pains, mais les petits pains y sèchent beaucoup trop avant de prendre belle couleur.

Dans les fours modernes, la hauteur de chapelle, baissée de 50 0/0, est réduite à 0 m. 30 et 0 m. 40, selon la variété de pain que l'on doit cuire.

Cette transformation est due principalement à l'invention des ouras ou conduits de fumée, qui ont complètement transformé le mode de chauffage ; placés au fond du four ils y appellent la chaleur et reçoivent la fumée pour la ramener sur le devant, dans une cheminée fermée par une soupape, que l'on ouvre pendant l'opération d'enfournement.

L'évolution des fours a été très lente malgré de nombreux essais et inventions ; l'Angleterre, la Belgique, l'Autriche et l'Allemagne ont, il faut le reconnaître, rapidement dépassé notre pays.

Dans l'histoire les fours n'ont pas laissé plus de traces que les pétrins.

Il doit exister dans un musée de South-Kensington un four remontant à la civilisation égyptienne ; nous avons indiqué ceux retrouvés dans les ruines de Pompéï.

D'après Pline, les Romains avaient personnifié les fours de boulangers (formax) en déesse du nom de Formacalia, à qui on sacrifiait devant le feu.

Lorsque l'usage du pain se généralisa en France, ce furent d'abord les meuniers-boulangers qui firent construire des fours pour la cuisson du pain de leurs clients.

Plus tard une ordonnance du roi Dagobert II prescrivit qu'il y eut des moulins et des fours dans tous les domaines du roi pour assurer la subsistance du peuple.

Cette ordonnance était venue à point mettre un terme à l'exploitation déjà exercée sur le peuple par ceux qui avaient le moyen de posséder moulins et fours ; de cette ordonnance naquit le four banal.

Ces fours existaient encore dans beaucoup de paroisses au moment de la Révolution.

A Paris, la rue du Four était autrefois désignée sous le nom de rue du Four Saint-Germain, en raison du four banal de la paroisse de Saint-Germain-des-Prés.

C'est à Philippe-Auguste que les boulangers doivent le droit de posséder des fours pour le public.

Plus tard Saint-Louis interdit dans les villes l'établissement des fours banaux.

Les chanoines de Saint-Marcel conservèrent cependant la servitude de leurs fours jusqu'en 1673, époque où elle leur fut retirée par une sentence des requêtes du Palais.

Four Malouin

La première description de four que l'on puisse retrouver remonte à 1767, elle est due à Malouin.

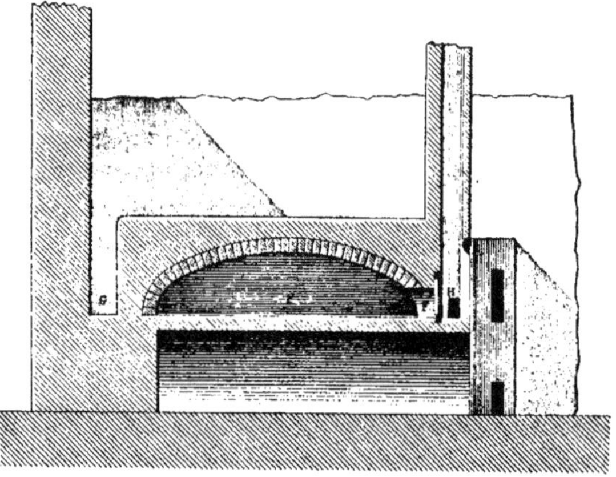

Fig. 38. — Four Malouin.

Voici comment Malouin décrivait à cette époque le four d'un boulanger :

« Il se compose d'une calotte sphérique surbaissée, reposant « sur des pieds droits qui circonscrivent un âtre horizontal circu-« laire.

« Le bois se place sur l'âtre et la bouche du four est le seul
« chemin ouvert à l'air nécessaire à la combustion et à la fumée
« qui se dirige vers le tuyau de la cheminée. Le bois brûle lente-
« ment et le four est très inégalement chauffé, parce que le cou-
« rant de fumée s'oppose au passage de l'air nécessaire à alimenter
« la combustion du bois ».

Comme on le voit et comme nous le disons plus haut, jusqu'à
l'invention des ouras, les fours n'avaient fait aucun progrès.

De fait si l'application des ouras ne remonte en France qu'au
milieu du XIXᵉ siècle, l'invention en est beaucoup plus ancienne.

Dans un mémoire publié en 1789, Parmentier décrit le four à
âtre ovale avec ouras (fig. 39), qui fut utilisé à Brest.

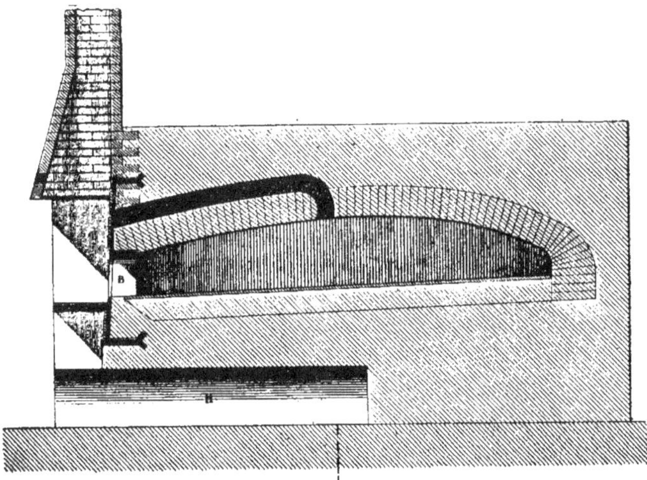

Fig. 39. — Four à ouras.

Dans ce four les ouras ne différaient guère de ceux employés de
nos jours, deux ouras aspiraient la fumée et la sole ovale au lieu
d'être ronde avait déjà une pente de quatre centimètres. Si ce four
ne prit pas d'extension, c'est parce qu'il consommait beaucoup de
bois.

Un autre essai des ouras fut fait à la manutention de Rochefort.

Un oura fut placé à l'intérieur du four au-dessus de la bouche ; l'air continuait à pénétrer par la bouche, et la fumée s'échappait par les ouras.

Il s'opérait alors une rencontre d'air et de fumée quand le four chauffait au fond, qui retardait la combustion, en sorte que l'on ne gagnait pas de temps.

Pendant qu'en France, l'on s'attardait à rechercher les moyens économiques de brûler le bois, la Belgique et l'Angleterre appliquaient rapidement la houille au chauffage des fours de boulangers.

Depuis longtemps on utilisait la houille en Angleterre, lorsqu'en 1520 la Faculté de médecine de Paris se décida à déclarer que, moyennant certaines précautions l'usage du charbon de terre pouvait être toléré, mais 33 ans plus tard, en 1553, à la suite d'une épidémie, l'usage en fut interdit.

Longtemps en France, quoiqu'il soit reconnu que le pain cuit au charbon était de qualité égale à celui cuit au bois, l'opinion publique trompée par le boulanger routinier, était et reste encore de nos jours aussi opposée à l'emploi du charbon qu'à l'usage du pétrin mécanique.

Les premiers essais de chauffage de fours de boulangers, au moyen du charbon furent loin de donner de bons résultats.

L'on brûlait le charbon sur l'âtre comme le bois.

Le charbon étant beaucoup plus puissant en calorique que le bois, il en résultait que le pain était toujours brûlé à la place où avait brûlé la houille. En outre, comme elle donnait moins de flamme que le bois et que les fours étaient hauts de chapelle, la température était irrégulière.

Chaffers le premier trouva une application qui a servi de base à beaucoup de constructeurs français.

Il plaçait son charbon dans une caisse en tôle munie de roulettes et garnie d'une grille, à la surface inférieure une autre plaque de tôle recevait les cendres, l'air indispensable à la combustion entrait par la bouche du four et la fumée s'échappait par un oura placé à la partie supérieure de la voûte.

Pour améliorer cette première tentative, l'on adjoignit au chariot portant le charbon un tuyau de prise d'air qui passait à travers la porte fermée du four.

L'anglais Branden imagina de brûler le charbon au moyen d'un foyer extérieur.

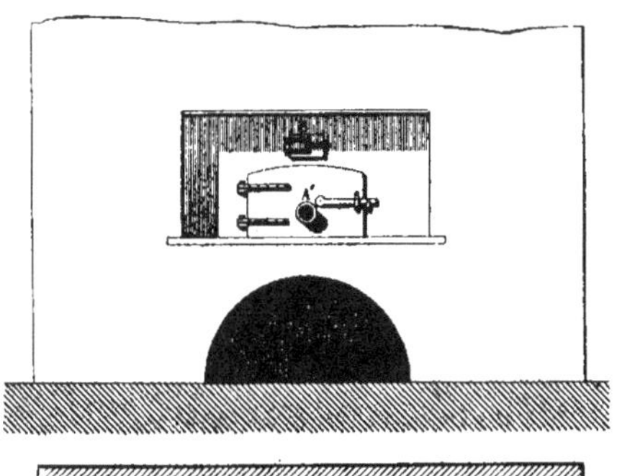

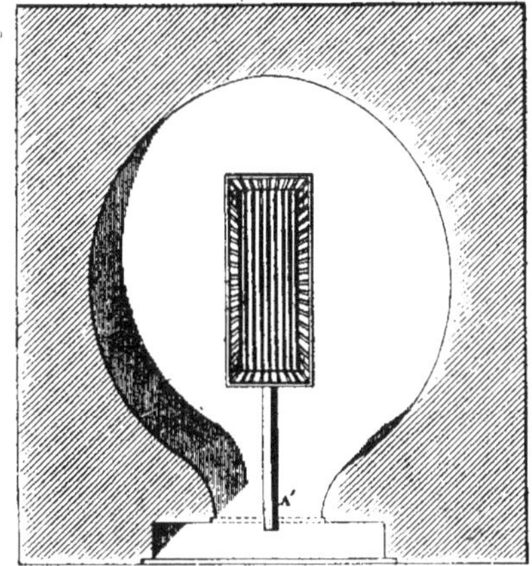

Fig. 40-41. — Four Chaffers. Plan et Façade.

La cheminée d'appel étant placée à l'opposé du foyer, la flamme traversait le four.

L'inconvénient de ce foyer était de se charger par l'intérieur du four, il fallait ouvrir la bouche chaque fois que l'on voulait mettre du charbon, et forcément les environs du foyer étaient toujours trop chauffés.

Près d'un siècle s'est écoulé et nous voyons encore en France des constructeurs se servir de ce procédé.

Ces fours furent plusieurs fois modifiés ; on installa le foyer à

droite, le conduit regardant le fond du four, la flamme, après
s'être étendue, venait ressortir par la cheminée placée à gauche
de la voute.

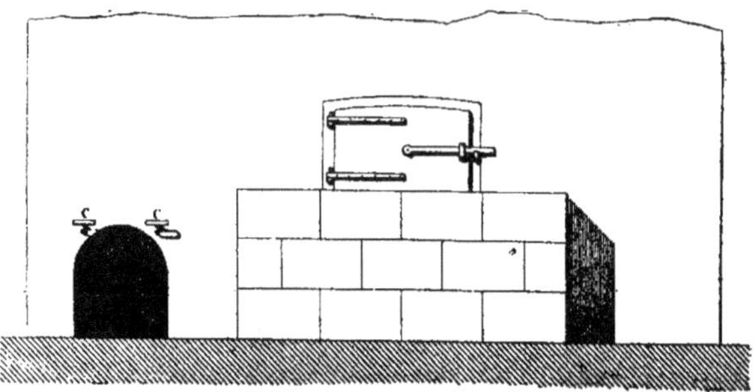

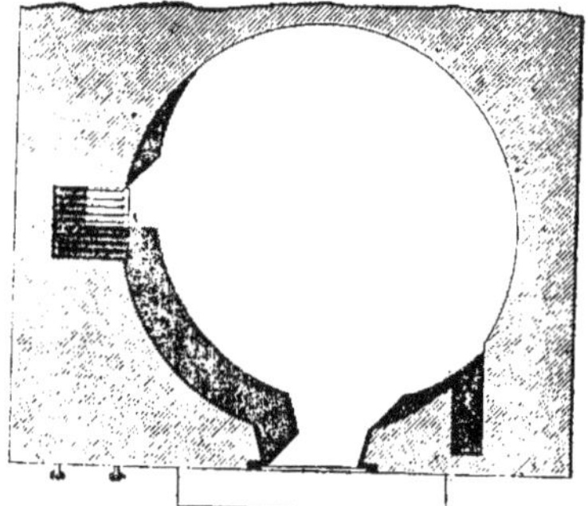

Fig. 42 43. — Four Branden. Plan et façade.

D'autres construisirent le four de forme rectangulaire, l'on modifia le foyer dont la sortie fût placée à la bouche du four et l'appel, au moyen de ouras, repassait sur la voûte ; ce système, encore
en usage, est assez pratique.

En 1805, M. Baudour, de Tournai, brevetait un four à foyer extérieur pouvant se chauffer aussi bien au charbon qu'au bois ; l'âtre
était circulaire, au-dessus de la bouche était placé le conduit de
cheminée, le foyer était placé à l'extrémité, toute la capacité du
four se trouvait traversée par la flamme et la fumée qui s'échap-

paient par deux carneaux placés de chaque côté de la bouche et

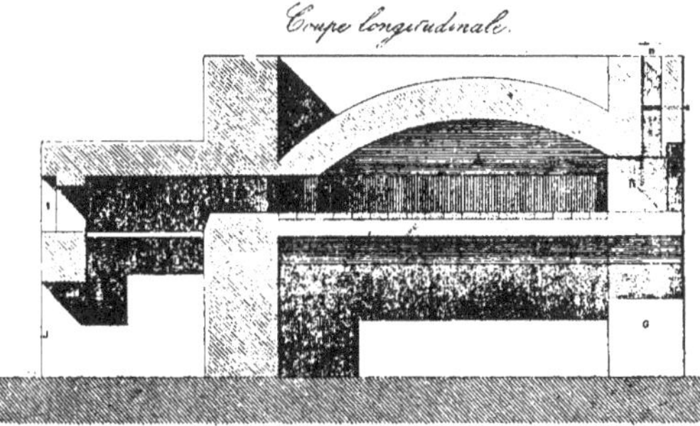

Fig. 44. — Four Baudour.

communiquant à la cheminée ; cette invention trouva un débouché en Belgique.

Fours Dolson et Baron

Vers 1814, M. Henri Dolson importa d'Angleterre en France un système de fours latéraux se chauffant au charbon.

Le principe de chauffage, à part les ouras qui n'existaient pas dans ce four, semble avoir prévalu près de beaucoup de nos constructeurs, qui l'ont appliqué au chauffage par le bois en ajoutant un phare au foyer.

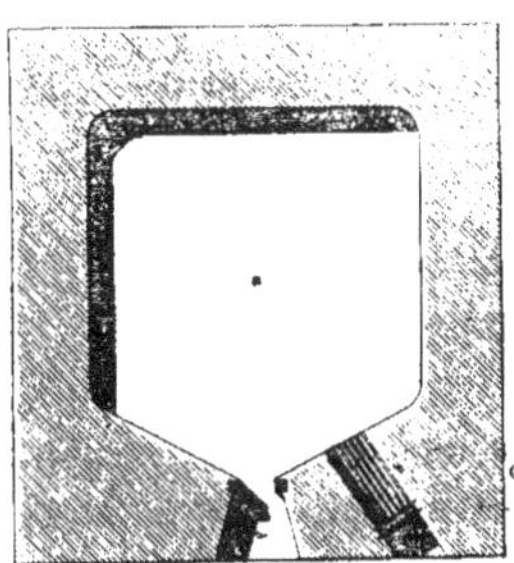

Fig. 45. — Sole du four Baron.

A défaut de ouras, ces fours étaient munis de carneaux d'appel placés dans les pieds droits, à quelques centimètres de l'âtre, fermant au moyen d'un registre pour chacun et communiquant avec la cheminée.

Ces fours étaient une véritable invention et marquaient un réel progrès.

Sur ces données, M. Baron en construisit un qui ne différait que par la forme de l'âtre.

Four Pironneau

M. Pironneau, ingénieur de la marine, construisait au port de Toulon, pour la cuisson du biscuit, un four ne différant guère de celui de Dobson.

Le four de M. Pironneau fut reconnu très économique, il suffisait d'une moyenne de 13 kilos de charbon pour cuire 90 kilos de biscuit de mer, qui représentait alors 100 kilos de farine ou 132 kilos de pâte.

MM. Martin et Dumas construisirent un four dont le chauffage s'opérait au moyen d'un foyer placé sous l'arcade, muni d'un conduit qui amenait flamme et fumée vers le tiers de la sole, la sortie s'opérait par la bouche du four.

M. Laune modifia ce four en pratiquant un oura d'appel à la chapelle.

Ces deux fours ne pouvaient donner de bons résultats, le fond du four n'était visité que par la fumée, tandis que le calorique s'échappait dans le premier par la bouche, dans l'autre par le oura.

Vers 1830, M. Selligue inventa un four d'un nouveau genre dont l'idée a servi de base à des inventions dites anglaises et allemandes très réputées de nos jours, sinon en France, du moins à l'étranger, comme on le constatera plus loin.

Un modèle de ce four construit en 1831 à Rochefort, sur les ordres du ministère de la marine, ne donna cependant pas de bons résultats. La sole de ce four avait 4 mètres de profondeur sur 3 mètres de large, elle était en fonte, le pain devait s'enfourner sur quatre châssis garnis de fil de fer ; comme on le voit, c'était le début du four à soles sortantes.

Le chauffage s'opérait au moyen de deux foyers et l'aspiration au moyen de carneaux placés au fond au ras de la sole.

Le four Selligue avait encore de nombreuses imperfections, mais il ne faut pas oublier qu'il s'agissait d'une époque où la mécanique

Fig. 46. — Four Selligue. Plan.

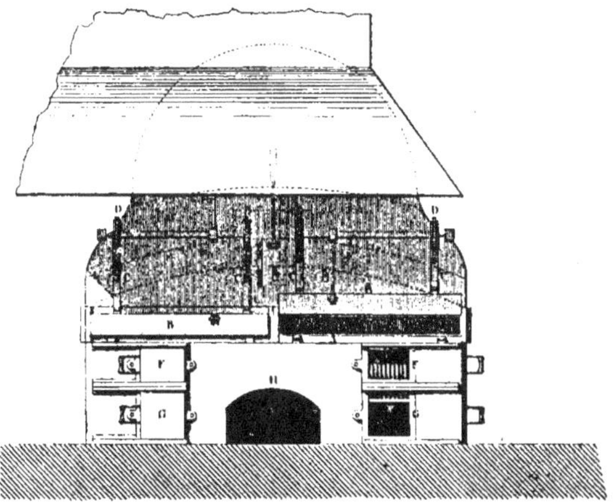

Fig. 47. — Four Selligue. Coupe.

était encore, pour beaucoup d'industries, à l'état d'enfance, et pour
la boulangerie à l'état d'embryon.

Fours à cloches

Parmi les tentatives de chauffage au moyen de cloches ou calo-
rifères, citons celle de M. Giraud qui prit en 1829 un brevet pour
un four qui ne trouva d'application que dans l'Isère ; ces fours

Fig. 48. — Four à cloche. Élévation.

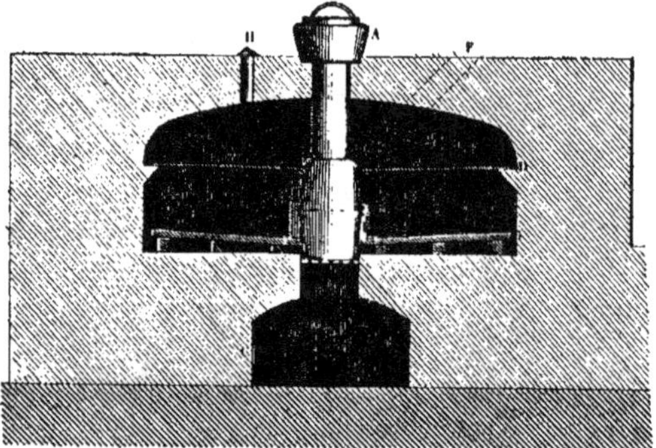

Fig. 49. — Four à cloche. Coupe.

étaient ronds et de petit diamètre, le calorifère étant placé au-
dessous de la sole, un tuyau traversant le four et la chapelle communiquait la chaleur au four ; l'on pouvait superposer deux fours
chauffés par le même appareil.

Ces fours ne doivent être cités que comme mémoire.

Nous allons essayer de retracer la genèse des fours aérothermes ou fours chauffant extérieurement.

Four Rumfort

Un philanthrope, le comte de Rumfort, avait imaginé un four dont la construction devait être très coûteuse, mais où l'économie de

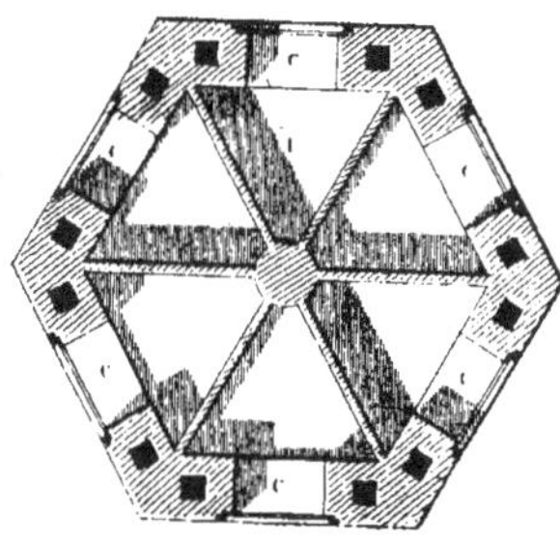

Fig. 50-51. — Four Rumfort.

calorique devait être considérable. Dans cette invention, de Rumfort s'était attaché à appliquer le chauffage et la cuisson permanents. Ce four se composait de six plaques ou soles de formes triangulaires équilatérales séparées les unes des autres, soit six fours munis de chacun leur porte d'enfournement et réunis au centre autour d'un tuyau de chauffe, muni de six ouvertures communiquant avec chaque four et s'ouvrant et se fermant au moyen de registres indépendants les uns des autres.

Le calorique était produit au moyen d'un foyer placé en dessous du centre muni de grille et de cendrier où l'on pouvait brûler bois ou charbon.

Cette idée, qui depuis longtemps a été abandonnée, se retrouvera certainement le jour où l'on chauffera les fours par le gaz.

Four Aribert

Le four de Rumfort n'était pas encore le four aérotherme, mais il devait en faire naître l'idée.

En 1832, M. Aribert prit un brevet pour un four qui peut être classé parmi les fours aérothermes.

Le principe de ce four consistait à cuire le pain au moyen de l'air chaud.

Le foyer n'avait aucune communication directe avec l'intérieur du four, l'on pouvait néanmoins y lancer l'air chaud au moyen d'un appareil central, en sortant du four cet air était ramené à l'action du calorifère.

La flamme et la fumée parcourent la surface inférieure de la sole avant de rejoindre la cheminée.

De sorte qu'il existait toujours un courant d'air chaud ascendant et un courant d'air refroidi descendant.

Four Jametel et Lamare

Fig. 52. — Fours Jametel et Lamare.

Le nom d'aérothermes donné aux fours remonte à **1834**, il fut appliqué à un four à circulation d'air chaud dont le brevet fut pris par MM. Jametel et Lamare.

Ce four se composait :

1° D'un puissant foyer (portes BBBB) ;

2° D'un réservoir d'air chaud (CCCC) environnant le foyer ;

3° De carnaux conducteurs de la fumée dans la cheminée ;

4° De carnaux fonctionnant au moyen de registres pour la direction de l'air chaud ;

5° De carnaux d'air froid s'alimentant sous le cendrier et servant au besoin à refroidir la sole.

Les premiers foyers de ces fours avaient été construits sans grilles, ils brûlaient quand même, grâce à un double courant d'air qui s'établissait dans la cheminée.

L'on adopta ensuite des grilles, puis l'on revint au premier foyer, moins coûteux. Ce four était très économique.

La consommation du coke par fournée de 60 pains de 2 kilos n'atteignait même pas 10 kilos. Si la construction de ce système de four avait été poursuivie et améliorée, il est certain que l'on arriverait de nos jours à ne consommer que 5 à 6 kilos de coke ; il faut encore tenir compte du calorique perdu que l'on peut utiliser.

D'autres systèmes de fours ont été construits par MM. Lugol-Dupuy, Poissant-Besnier et Duchaussais ; ces fours n'offrant pas d'originalité, nous croyons inutile de les décrire.

Des fours aérothermes furent construits, en Belgique, par M. Bayet. Le four Jametel et Lamare fut aussi modifié par Messieurs Mouchot et Grouvelle ; ce n'était là qu'une amélioration peu importante.

Four Lespinasse

Après s'être rendu compte de la différence existant entre les fours ordinaires et les fours aérothermes, Lespinasse imagina un four se chauffant intérieurement et extérieurement.

Ce four se chauffait sur l'âtre, mais au lieu que la fumée soit directement appelée dans la cheminée, soit par la bouche, soit par des ouras, la bouche était fermée pendant la combustion et l'air nécessaire à cette combustion était fourni par des carnaux placés sous l'âtre ; d'autres carnaux utilisaient la chaleur en la conduisant dans une deuxième chambre couvrant toute la chambre de cuisson ; cette deuxième chambre était divisée, par des cloisons, en cinq compartiments, pour ne pas arrêter le tirage de la cheminée.

L'avantage de ce four consistait surtout à activer la combustion par l'air chaud au lieu d'air froid.

La régularité de la chauffe se réglait au moyen de registres commandant les carnaux ou ouras.

Le four de M. Lespinasse, construit et adopté par le ministère
de la guerre, donna de bons résultats avec le chauffage par le bois,
la chaleur étant mieux utilisée sans perte de braise.

Four Ferrand

Signalons encore le four Ferrand qui tenait à la fois du four
ordinaire et du four aérotherme.

Il lui donna la forme d'un rectangle arrondi aux angles.

Ce four fut construit très bas de chapelle. Il avait 14 centimètres
aux pieds droits et 22 centimètres seulement au plus haut de la
chapelle.

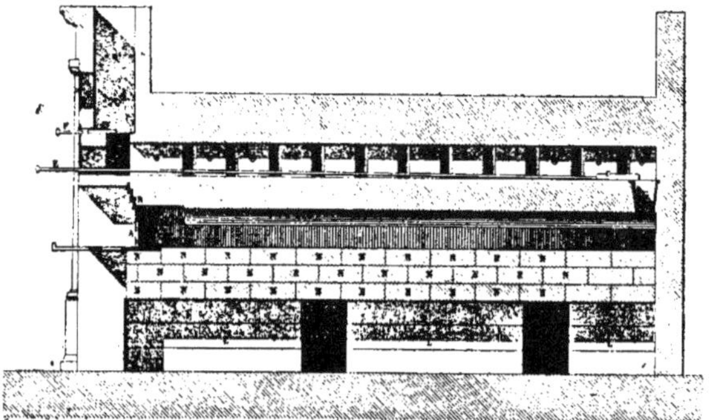

Fig. 53. — Four Ferrand.

Comme fermeture, M. Ferrand avait adopté des portes en fonte
glissant dans un cadre ; ce système qui ne vaut rien pour la cuisson du pain est encore très pratique pour la pâtisserie.

Le moyen de chauffage était assez simple, on plaçait le bois à la
bouche du four, on l'allumait ; avant de fermer la bouche, on
ouvrait au moyen d'une tringle six clapets qui aspiraient l'air
chaud et la fumée pour les conduire à travers les nombreuses
galeries qui enveloppaient le four ; l'on fermait les portes de fermeture où un léger passage d'air était ménagé, on réglait la chaleur au moyen des clapets.

Une ouverture était ménagée dans la sole, par où l'on faisait tomber la braise dans une sorte d'étouffoir qui conservait un peu de
chaleur sous l'âtre.

Ce four était entouré d'une galerie où l'on faisait sécher le bois.

La consommation du bois était évaluée à environ 25 kilos par fournée de 150 kilos de pain.

Four Coffin

Parmi les inventions originales qui ont servi et peuvent encore servir de bases aux modèles de l'avenir, citons le four de l'amiral Coffin, four continu, dont la patente remonte à 1810.

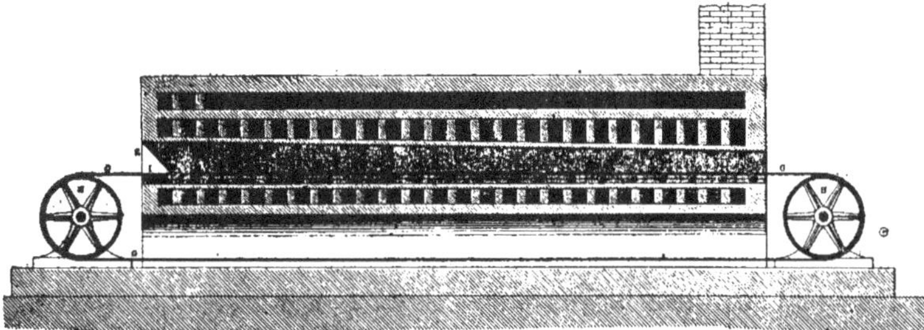

Fig. 54. — Four Coffin.

Ce four consistait en une galerie de 6 mètres de longueur sur 1 m. 33 de largeur, ayant à une extrémité une hauteur de 0 m. 20 et à l'autre 0 m. 32.

Deux foyers placés au bout, l'un distribue la chaleur sous l'âtre et l'autre sur le plafond qui est en plaques de fonte.

La pâte est placé sur une chaîne sans fin qui chemine lentement dans la galerie ; elle doit être cuite lorsqu'elle arrive à l'autre extrêmité.

Il faut reconnaître que, pour le pain, on n'a pas encore su rendre pratique cette invention.

Il n'en est pas de même en buiscuiterie où elle est représentée dans presque toutes les machines employées dans la fabrication des biscuits de dessert.

Il méritait donc d'être signalé et nous en retrouverons le principe au cours de cet ouvrage.

Four Grouvelle.

L'amiral Coffin eut bientôt un imitateur, M. Grouvelle, qui avait déjà modifié le four Jametel ; il construisit à son tour un four aérotherme continu. Plus éclairé que Coffin, il ne destina ce four qu'à la fabrication du biscuit sur plaques, c'est le four à chaînes continu qui sert toujours dans l'industrie. Nous devons constater que M. Grouvelle n'a fait que suivre l'amiral Coffin à 35 années de distance.

Il faut remarquer que tous les essais d'inventions nouvelles furent tentés presque exclusivement par l'armée ou la marine ou par les fournisseurs de ces administrations. C'est pourquoi la boulangerie civile est souvent restée indifférente à ces inventions.

Nous terminerons ce chapitre de l'historique des fours par quelques citations aussi utiles à connaître que les précédentes, car elles pourront dans l'avenir déterminer un choix pratique au boulanger.

Four Aribert

M. Aribert, que nous avons déjà signalé comme ayant abordé le chauffage à l'air chaud, ne s'est pas arrêté à ses premiers essais. Il aborda aussi le principe du four continu ; son four se composait, comme le four à chaine, que nous avons cité, d'une galerie horizontale de 8 m. 66 de long, parcourue par un chemin de fer à inclinaison de 0,02 cm., l'on préparait la pâte sur des plateaux et on les poussait sur le chemin de fer à quelques minutes de distance, de façon que le premier plateau soit cuit quand la galerie était pleine. Chaque bout de galerie étant muni d'une porte, l'une servait à introduire le plateau de pâte et l'autre à sortir les plateaux de pain. C'était évidemment le principe trouvé par Coffin et M. Aribert n'était, en la circonstance, qu'un imitateur.

L'économie de ce four était réelle par sa bonne utilisation du combustible.

En résumé, les fours continus s'ils étaient rendus pratiques assureraient de réels avantages par l'économie de temps, de combustible, d'emplacement et de main-d'œuvre.

Les inventions précédentes devaient attirer d'autres inventions : les idées attirent généralement d'autres idées.

M. Clara inventa un four qui différait des précédents dans l'utilisation du combustible, il utilisait pour la chauffe non seulement le charbon de terre mais aussi le gaz qui s'en dégageait. M. Clara garantissait cuire en **24** heures, **15** fournées de pain de troupe de chacune **400** rations avec **3** hectolitres de houille sèche.

En fait, s'il usait moins de combustible que le four Aribert pour
la même quantité de pain il avait une plus grande perte d'unités de
calorique.

Four Hicks

En 1830, une patente avait été prise à Londres par M. Hicks,
pour un four à cuire le pain, dont l'idée n'a pas eu de suite, parce
qu'elle ne fut pas prise au sérieux et combattue par tous les prati-
ciens. Il s'agissait de rien moins que recueillir, de l'alcool ; de la
vapeur que dégageait le pain pendant la cuisson, la vapeur devait
s'échapper par un tube placé à la voûte du four et aller se rafraîchir dans des serpentins ainsi que cela s'opère pour la fabrication
de l'alcool.

Il est incontestable que la farine renferme de l'alcool.

Une partie de cet alcool s'évapore-t-il avec l'eau pendant la cui-
son du pain ?

Telle était la question qui se posait et que nous avouons ne pas
être encore en mesure de résoudre.

M. Dumas, consulté à cette époque, a répondu que la vapeur
s'échappant de la pâte pendant la cuisson ne contenait pas d'alcool.

Nous venons de résumer à peu près toutes les inventions de la
première moitié du dix-neuvième siècle.

Ce qui ressort de cette étude, c'est qu'à cette époque, le côté
mercantile du constructeur inventeur n'existait pas, ce que l'on
cherchait, c'était produire un outil économique ; nous verrons qu'il
n'en est pas de même de nos jours. Chacun veut avoir son four, et
toujours il est meilleur que celui du voisin, sauf à le démolir trois
mois après sa construction.

Trois systèmes de chauffage restent en présence :

Le bois : cher dans presque toute la France ;

La houille : très puissante en calorique mais d'un prix assez élevé
dans une grande partie de la France ;

Le coke : moins riche, mais moins cher.

Il faut rechercher actuellement le moyen d'employer selon les
régions, le meilleur combustible avec le moins de perte possible.

DEUXIÈME PARTIE

PANIFICATION MODERNE

CHAPITRE X

FERMENTATION — LEVAINS

Le pain doit être nourrissant, sain, agréable au goût et de digestion facile.

Telles sont les qualités que demandent les consommateurs et que le boulanger doit tendre à obtenir, quel que soit le mode de fabrication qu'il emploie.

Les procédés utilisés en boulangerie sont très nombreux ; il en est de même des procédés particuliers employés par ceux qui fabriquent le pain pour leur propre consommation. Il n'est pas rare en France de voir dans un même département sept ou huit procédés de fabrication divers. En Normandie, par exemple, on trouve dans un rayon de 20 kilomètres : du pain de pâte bâtarde fermenté au banneton, du pain de pâte ferme poussé sur couche et du pain dit pain breyé, approchant du biscuit par sa fabrication, mais nous y avons vu six pâtes différentes dans une même fournée ! Dans le centre de la France, la fabrication, plus uniforme, se rapproche de la fabrication parisienne. De Marseille à Bordeaux, il y a une différence complète dans les procédés de panification.

Le nord de la France est à peu près seul à travailler sur levure au lieu de levain.

Le pain de luxe dit « Viennois » est demandé par tous ceux qui consomment peu de pain, il est d'autant plus recherché qu'il est fait de farines supérieures dites gruau, ce qui en élève beaucoup le prix, il est, du reste, surtout agréable en petits pains.

L'Espagne, l'Allemagne, l'Angleterre, l'Italie, la Belgique, etc. ont chacune leur mode de panification qui, en réalité, peuvent se diviser en deux classes principales :

Panification allemande ;

Panification française.

Le pain anglais ne diffère du pain allemand que par l'adjonction de pommes de terre, ainsi que le pain belge et autrichien ; ils sont à base de levure.

Dans la plus grande partie de la France, en Italie, en Espagne, la fabrication s'opère à base de levain de pâte.

L'on peut varier à l'infini la quantité et le mode d'emploi du ferment.

La panification est basée sur la fermentation ; elle est naturelle ou artificielle.

Le pain est bon et ne donne la somme maximum de produits alimentaires que si la fermentation est bien dirigée.

Nous n'hésitons pas à dire que Paris fabrique, à qualité égale de farine, le meilleur pain du monde entier, son système de fabrication à levain frais et actif, actionné d'un peu de levure produit un pain léger, souple, de croûte fine et très agréable au goût. Il donne une mie mieux développée que celle du pain allemand, tout en donnant une croûte aussi fine ; son seul défaut est de ne pas se conserver frais ; il doit, pour rester agréable, être consommé dans les 24 heures. Le pain de 500 grammes et de 1 kilo possède toute sa saveur après deux heures de cuisson. La fabrication parisienne est la seule qui permette d'obtenir des pains fendus longs dits : « Marchands de vins » qui en sont la spécialité.

A vrai dire, le travail parisien est plus difficile à obtenir que tout autre ; c'est peut-être une des raisons qui ont arrêté l'évolution mécanique à Paris, alors qu'elle s'est, si rapidement, développée dans les pays à base de fabrication allemande où le pain fendu se fabrique peu.

Le but de tous les boulangers français et étrangers est d'arriver à produire le pain dit : « Parisien » pour l'ornementation de leurs magasins.

Nous ferons donc de la fabrication parisienne la base de ce livre.

LEVAINS

Nous savons donc que la panification repose entièrement sur l'action du ferment.

Dans la pratique, il existe en boulangerie deux sortes de ferments :

Le ferment naturel, c'est-à-dire le levain de pâte renouvelé suivant les besoins du genre de pain que l'on veut produire et qui est, généralement, la base de la panification française.

Le ferment de levure ou ferment artificiel qui est la base de la panification dite allemande.

Préparation des levains

Nous avons dit dans notre premier chapitre que l'ouvrier boulanger devait, avant toutes choses, connaître le ferment.

Le ferment est un infiniment petit, qui a besoin pour se développer et se multiplier d'un milieu spécial ; il demande une température moyenne d'environ 20 degrés.

Au cours de la manipulation de la pâte, c'est-à-dire du pétrissage, il s'alimente d'oxygène.

Au cours de la fermentation, il trouve son élément générateur dans le gluten. Pendant la cuisson, poussé par une température qu'il ne peut supporter, il s'agite, se masse et meurt en dégageant de l'acide carbonique.

Il est donc évident que, si le milieu dans lequel il se trouve est trop froid, son action génératrice sera atténuée, il ne procréera que très lentement et de façon insuffisante et ne pourra faire produire la quantité d'acide carbonique nécessaire au développement du pain ; de là, un pain lourd, dur à la cuisson et indigeste.

Si, par contre, il se trouve dans un milieu à température trop élevée, il se développera avec trop de rapidité, absorbera le glu-

ten de la pâte, qui ne pourra plus résister à l'action de l'acide carbonique.

De là, un pain mousseux qui se colorera d'autant plus vite au
four que sous l'action de décomposition, la farine sera déjà trans·
formée en partie en glucose.

Le boulanger devra donc s'attacher, quelle que soit la saison, à
ne jamais donner au ferment un milieu inférieur à 10 degrés et supérieur à 30 degrés.

Température

L'influence atmosphérique agit sur la pâte avec une rapidité surprenante. Les temps humides principalement, occasionnent un
ramollissement de la pâte et même du pain après quelques heures
de cuisson. Les vents d'ouest qui, le plus souvent, produisent cette
humidité sont très pernicieux pour la panification ; le ferment ne
trouvant pas dans le gluten la résistance ordinaire s'y développe
avec plus de facilité, le boulanger peut y remédier en diminuant
la température de son eau ; il devra également aérer la pâte le
plus possible, enfourner à une température moins élevée et laisser
le pain quelques minutes de plus au four. Les vents d'est, au contraire, resserrent le gluten et le rendent plus résistant ; le boulanger doit donc, en ce cas, couvrir sa pâte pour que l'air ne la croûte
pas et chauffer le four un peu plus fort afin de laisser moins cuire,
car sorti du four, le pain sèche encore.

Levains de pâte

Le levain de pâte s'obtient en conservant une partie de la pâte
qu'on laisse fermenter, plus il est renouvelé, plus il acquiert de
force, et partant, plus il donne au pain de développement.

Un germe, ou chef, est indispensable ; il suffit de détremper de
la farine avec de l'eau et de la laisser se décomposer à l'humidité
pour obtenir ce germe ou chef.

Nous avons démontré, au début de ce livre, que par le procédé
d'essai des farines trouvé par M. Leneuf l'on obtenait une fermentation naturelle, le ferment étant contenu naturellement dans la
farine.

Le boulanger qui se trouverait dépouvu du chef nécessaire à son travail y suppléerait par l'emploi de levure de grains ou de bière ou, à défaut du produit fermenté, par un mélange de sucre ou de glucose et d'ammoniaque qui lui donnerait le ferment actif.

Le principe de la panification parisienne repose sur trois levains ou rafraichis.

L'on peut aussi obtenir, comme nous l'indiquerons, un bon travail sur deux levains.

Le levain ou chef est la pâte que l'on conserve du travail du jour pour le lendemain qui doit représenter au moins la soixantième partie de la première fournée que l'on veut obtenir. De ce chef dépend presque entièrement la qualité du travail. Il est indispensable qu'il soit bien fermenté, sans avoir été activé par de la levure ; il faut, autant que possible, le conserver sur la deuxième fournée, le prendre, non pas dès que cette fournée est pétrie, mais seulement une demi-heure après. On le serrera bien en le moulant de forme ronde, puis on le mettra dans une corbeille placée à peu près à la hauteur de la moitié du fournil afin de le maintenir à une température moyenne, le froid pourrait arrêter la fermentation qui serait au contraire activée par une trop grande chaleur ; sa fermentation ne doit être que progressive, une moyenne de cinq heures lui est nécessaire pour être à point.

Le travail terminé, on rafraîchit ce levain, pour obtenir le levain de première, quatre heures environ avant de recommencer le travail, on rafraîchira de nouveau ce levain de première pour avoir le levain de seconde, ce second levain devra reposer environ une heure un quart, pour servir à l'établissement du levain de tous points qui devra fermenter pendant deux heures environ. Un levain ainsi préparé produira toujours du pain agréable, léger, digestif, donnant un bon rendement au boulanger.

Nous allons indiquer ci-dessous l'économie de ce système.

Levains en trois fois

Nous supposons le boulanger assez consciencieux pour s'être assuré préalablement de la qualité de sa farine, s'être rendu compte de l'influence atmosphérique et de la température du fournil où il opère.

Les farines pour produire de bon pain ne doivent pas contenir moins de 25 0/0 de gluten humide et 8 0/0 de gluten sec ; au-dessous de ces chiffres, elles peuvent être suffisamment blanches, mais elles n'absorberont pas la quantité d'eau nécessaire, il en serait de même si elles contenaient plus de 15 0/0 d'humidité.

Supposons alors une première fournée de 65 pains de 2 kilogrammes.

Il faut pour les fournées suivantes, pétrir à cette première fournée 30 pains de pâte en plus, ce qui fait un total de 95 pains. Pour que ces pains pèsent le poids après cuisson, il faudrait en pâte bâtarde, à 55 00/0 d'eau du poids de la farine employée, ajouter 300 grammes à chaque pâton de 2 kilogrammes.

Mais l'usage veut, pour se débarrasser du pain rassis, que l'on n'ajoute que 150 ou 200 grammes, le plus souvent 150 grammes.

Il faut donc prendre, pour base de travail, la production en pâte, à la première fournée de 95×2 k. $150 = 204$ k. 250 gr.

Nous allons procéder par déduction pour mieux nous faire comprendre, en nous basant sur 30 0/0 de levain. Il nous faudra donc comme levain de tous points, ou dernier levain,

$$\frac{204 \text{ k}. 250 \times 30}{100} = 61 \text{ k}. 275.$$

On voit par ces chiffres, qu'alors que nous indiquons de laisser 30 pains de pâte pour la deuxième fournée, nous n'avons pour la première que 28 pains 1/2 de levain.

En voici la raison : nos levains pour la deuxième fournée se trouvant nécessairement plus jeunes en raison de ce que la pâte doit toujours être plus tendre que le levain de tous points, cette pâte a moins de force.

Le levain de tous points, d'où part le travail de nuit, doit aussi fermenter environ deux heures, tandis que la pâte conservée ne fermentera pas plus de 1 h. 1/4 à 1 h. 1/2.

Connaissant notre levain de tous points nous cherchons ce que doit être notre levain de seconde, soit $\dfrac{61 \text{ k}. 275 \times 30}{100} = 18$ k. 400 en chiffres ronds; le levain de seconde ne doit être qu'un rafraîchi du levain de première. Il ne doit fermenter que 1 h. 1/4 à 1 h. 1/2 suivant la saison ; être moins ferme que le levain de tous points et doubler seulement le levain de première au lieu de l'augmenter de 70 0. 0. Partant de cette base, pour trouver le levain de première, il suffit de diviser son poids par deux, soit 18.400 : 2 = 9 k. 200 grammes.

Pour ce levain de première, l'opération est toute différente ; comme il doit fermenter 10 ou 12 heures, il doit être fabriqué de façon à pouvoir résister ce temps sans arriver à une décomposition complète du gluten ; suivant la température, ce levain doit quadrupler ou quintupler le chef.

C'est-à-dire que dans les températures chaudes, il suffit que le chef soit de 9 k. 200 : 5 = 1 k. 840, et dans les températures froides de 9 k. 200 : 4 = 2 k. 300 grammes.

Ce chef aura dû être retiré de la deuxième ou troisième fournée.

Il pourrait, quand il fait bien froid, être élevé de 500 grammes, mais en réalité cette augmentation ne pourrait que nuire au développement du pain.

Il est préférable d'ajouter au levain de seconde 50 ou 60 grammes de levure de grain.

Cette déduction bien établie, l'ouvrier n'a donc qu'à s'inquiéter de la contenance du four pour varier ces chiffres.

Nous croyons utile, pour simplifier son travail, de lui établir un tableau servant de base. Nous prenons ici des chiffres moyens pour une première fournée de 65 pains et suivantes (1) :

Désignation	Levain	Eau	Farine	
Levain de première	2 k. 000	2 k. 500	5 k. 000 =	9 k. 500
— deuxième	9 k. 500	3 k. 500	6 k. 500 =	19 k. 500
— troisième ou de tous points	19 k. 500	15 k. 000	28 k. 000 =	62 k. 500
Pétrissage	62 k. 500	50 k. 000	90 k. 000 =	202 k 500

Comme on le voit, ce tableau n'est pas tout à fait semblable à l'indication donnée plus haut. Il est fait, nous le répétons, pour

(1) Nous établissons autant que possible des poids sans petites fractions.

simplifier le travail de façon à éliminer les 1/4 et les 1/2 litres d'eau. les 1/4 et les 1/2 kilog. de farine.

La différence du poids total est aussi représentée par le sel.

Ces chiffres varient un peu suivant la qualité de la farine.

Ils sont basés sur une farine de première qualité à 27 0/0 de gluten humide devant produire 134 0/0 de pain. Nous ouvrons ici une parenthèse sur ce chiffre de 134 0/0 de rendement.

Les jeunes boulangers entendront parler de 130 0/0, rendement sur lequel l'on se base pour établir la taxe du pain et les boulangers leur diront 100 pains par sac de farine, pas même 128 0/0 encore faudra-t-il savoir que le sac de farine pèse 157 kilog. il n'est pas rare de trouver des boulangers qui parlent du sac de 159 kilog. comptant la toile comme farine.

Dans certaines contrées les sacs sont de 132 k. 500, dans d'autres de 125 kilos, d'autres encore ont le sac de 106 kilog. brut.

Ce sont de vieilles habitudes que le progrès n'a pas encore fait disparaître alors qu'on devrait ne s'attacher qu'aux sacs de 100 kg. net, poids conforme à notre système métrique.

Or, un sac de 100 kilogr. de farine fleurs supérieures extraites à 50 0/0 doit produire 134 0/0 de rendement, si le blé est de bonne qualité (en travail de pains de 2 kilos).

C'est entre 50 et 65 0/0 que se trouve la farine d'amidon léger qui ne produit pas de rendement, faute de gluten.

Levains en deux fois

Nous avons dit que l'on pouvait aussi travailler sur deux levains. La différence consiste en un développement moindre avec économie du temps d'un levain ; le travail ou pétrissage nécessaire reste le même, la suppression du levain de seconde exige que le travail de fermentation se reporte sur les deux autres levains.

Voici comment l'on doit procéder :

En supposant toujours une première fournée de 65 pains, il faudra tenir compte que pour les fournées suivantes il sera nécessaire d'avoir à peu près 30 à 35 0/0 de levain. L'on peut donc prendre comme base 200 kilog. de pâte pour la première fournée.

Dans ce cas l'on gardera de la dernière fournée environ 3 kil. 500 de pâte.

Le travail terminé, l'on fera à l'eau fraîche (1) et l'on peut même en température élevée ajouter un peu de sel.

Levain 1er chef   eau   farine

3 kilog. 500   4 kilog.   8 kilog. = 15 kilog. 500

Ce levain doit pouvoir attendre de six à dix heures suivant le travail.

Trois heures avant le pétrissage, l'on devra faire les levains de tous points. Il ne faut pas plus de trois heures pour obtenir un bon travail ; s'ils doivent attendre plus longtemps l'on devra ajouter à l'eau que l'on coulera plus fraîche une pincée de sel ; Sa température ne devra, en aucun cas, être pour ces levains inférieure à 12 degrés.

Pour les levains de tous points :

Levain   Eau   Farine   Total

15 kilog. 500   15 kilog.   28 kilog. 500   59 kilog.

Comme on le voit, nous diminuons de très peu ces levains, pour cette raison que le levain de première a donné beaucoup moins d'activité que s'il eût été rafraîchi et que réalisé en trois heures ce levain de tous points poussera avec moins de force que le premier en deux heures.

Dans le levain de première le ferment agit pendant environ cinq heures, puis après avoir absorbé l'oxygène contenu dans la pâte, il s'endort ; pour lui rendre son activité de dégagement d'acide carbonique, c'est-à-dire que pour qu'il apporte un nouveau gonflement, il faut lui procurer une alimentation nouvelle d'azote et d'oxygène.

Levains à l'appareil

Vers 1873, un boulanger imagina de gagner le temps perdu par le boulanger pour la confection des levains de seconde et de tous points. Il fallait pour cela trouver un moyen de conserver au fer-

____

(1) Nous entendons par eau fraîche, de l'eau qui compensée avec la farine et le fournil donne une pâte d'environ 10 à 12 degrés.

ment contenu dans le levain, sinon toute son activité, du moins en quantité suffisante pour développer une première fournée. Sachant que la chaleur est le principe de la fermentation, il pensa que, le froid seul pouvait en retarder le développement. On connaissait déjà un moyen de retarder pendant les chaleurs la fermentation du levain de première, c'était de le couvrir avec de l'eau froide ; le levain se trouvait arrêté dans son action pendant le temps nécessaire pour que l'eau soit à la température ambiante ; c'est ce procédé qui est employé avec l'appareil Belloir et Berry construit par la maison Damerval.

Cet appareil consiste en une cuve à double fond, un tube met en rapport les deux parties du cylindre. On place au fond de la cuve le levain qui devra servir pour le pétrissage de la première fournée ; on verse le tiers de l'eau que l'on doit couler à la première, on place une séparation maintenue au moyen de trois tiges d'appui qui se fixent au rebord intérieur de l'orifice, l'on place ensuite le dernier couvercle ; en gonflant, le levain fait monter l'eau par le tube dans la partie supérieure de l'appareil, on juge alors du degré et de la qualité de fermentation.

Si l'on indique le maximum de gonflement le levain est en pleine force ; si au contraire, après avoir monté, l'eau est descendue, c'est que le levain est désagrégé et décomposé, il a perdu alors une partie de sa force ; il faudra la rattrapper dans le pointage de la première fournée et, malgré tout, il y aura perte de rendement. La hauteur total de l'appareil est de 0 m. 85 cm., le diamètre a l'orifice de 0 m. 60 cm.

Malgré leurs avantages, ces appareils sont peu employés par ignorance de l'ouvrier ou manque d'énergie du patron.

Nous indiquons, ci-dessous, un moyen pratique de l'utiliser avantageusement : l'ouvrier doit tout d'abord s'inspirer de ce principe : c'est que pour obtenir du bon pain, il faut toujours qu'il fasse les levains d'une seule, de deux ou de trois fois, leur donner le même travail, tant au levain qu'à la fournée puisqu'en réalité les levains de seconde et de troisième lui demandent à eux deux une bonne demi-heure de travail. Il faut donner cette demi-heure de travail en plus au levain de première qui devient levain de tous points, ou tout au moins, la moitié de ce temps, et l'autre moitié à la première fournée, cette première fournée devra pointer une bonne demi-heure, pour donner au ferment le temps de reprendre son activité.

Chef	Eau	Farine	Total
5 kilog.	15 kilog.	30 kilog.	50 kilog.

1re Fournée.

Levain	Eau	Farine	Total
50 kilog.	57 kilog.	95 kilog.	202 kilog

Sur les 57 kilos d'eau, l'on aura dû au préalable, mettre avec le levain 20 kilos d'eau froide dans l'appareil (1).

Cet appareil étant à double fermeture, le levain en fermentant nage dans cette eau et par son gonflement repousse le trop plein par un tube qui la déverse dans la partie supérieure entre les deux fermetures comme nous l'indiquons plus haut.

C'est là que l'on juge l'apprêt du levain, si l'eau a baissé c'est qu'il est trop prêt et par conséquent décomposé, il faudra donc beaucoup plus de travail et de temps à la première fournée

(1) Les 37 litres qui restent à ajouter devront avoir une température suffisante pour rétablir l'équilibre avec l'eau coulée froide dans l'appareil.

CHAPITRE XI

PÉTRISSAGE

Lorsqu'on possède des levains en bon état, bien préparés, bien travaillés, le pétrissage n'est plus qu'une question secondaire. La beauté, la qualité du pain au point de vue travail, dépend avant tout des levains.

Il est bien entendu que nous nous occuperons exclusivement du travail à bras, dans ce chapitre.

Le pétrissage mécanique faisant l'objet d'un chapitre spécial nous désignerons donc les trois principes de pétrissage en rapport avec les trois principes de levain que nous avons indiqués.

Pétrissage sur 3 rafraîchis

Le 3e levain ou levain de tous points, pris en été au bout de 1 h. 1/2, en hiver au bout de 2 heures, est en pleine activité, la décomposition du gluten n'ayant pas eu le temps de se produire.

Ce levain est souple et encore élastique : il faut donc s'attendre à ce que la pâte soit plus *corsée*, que si le levain était (selon le terme de boulangerie) *pourri*.

Nous coulons sur le levain 50 litres d'eau, de 15 à 25 degrés, température moyenne pour obtenir une bonne fermentation c'est-à-dire que le levain ayant fermenté à la température du fournil de 15 à 25 degrés, ne doit pas subir une action qui le fasse dévier de la température où il agit le mieux, c'est-à-dire 20 degrés.

Si donc en été la température du fournil s'élève à 25 degrés, il faudra couler l'eau à 15 degrés pour établir une moyenne, en admettant toutefois que la farine ne dépasse pas non plus la température du fournil.

Si en hiver la température du fournil s'abaisse à 15 degrés, il faudra élever l'eau à 25 degrés pour établir le même équilibre, si la farine était trop froide, comme cela arrive lorsqu'elle est placée dans des locaux insuffisamment abrités, il faut avoir soin de garnir le pétrin d'avance, pour que la farine prenne la température du fournil et ne refroidisse pas l'eau. L'ouvrier boulanger doit préalablement au coulage d'eau, préparer sa fontaine, c'est-à-dire éloigner la farine du levain, sans pour cela le décoller d'avance (1), bien serrer cette farine au moyen de la planchette, pour que l'eau ne puisse passer en dessous.

Il devra également, s'il ne fond le sel dans l'eau, le mettre sur le levain avant d'y couler l'eau.

Sel, 1 kilo à 1 kilo 200, suivant la température.

Le sel a pour effet d'arrêter l'action du ferment, mais il ne faut pas trop saler ; en hiver, l'on s'exposerait à avoir du pain dont la croûte cloquerait et dont la mie n'aurait pas atteint le développement voulu.

Il faut donc prendre pour base 1/2 0/0 (0,50 0/0) du poids total de la pâte, avec le pain sur levure où l'activité est plus grande ; l'on peut aller à 3/4 0/0 (0,75 0/0), tandis que si l'on veut employer 1 0/0 de sel le pain en prend goût et très peu de personnes aiment ce goût. En outre, le sel donne au pain une légère teinte grise.

La fontaine bien faite, le sel et l'eau coulés, il faut délayer le levain, c'est-à-dire le couper et le répartir dans l'eau, par petits morceaux d'autant plus petits qu'il sera plus fermenté, sans quoi il laisserait dans le pain des traces plus grises, la fermentation détériorant la blancheur de la farine.

Nous ne saurions trop recommander l'adjonction d'un peu de levure de grain bien délayée dans un peu d'eau, de 60 à 100 grammes par fournée, suivant la température.

_____

(1) Décoller ou décotter signifie enlever la planche qui le tient.

Cette levure ainsi employée ne produit son effet qu'au four, où elle donne au pain un développement bien supérieur.

Le délayage du levain doit s'opérer le plus rapidement possible, cette opération terminée, l'ouvrier étale sur l'eau environ les 8/10 de sa farine.

Il commence alors l'opération du frasage avec activité, mélangeant eau, levain et farine avec ses bras dans un mouvement continu de va-et-vient, en avançant d'un bout à l'autre du pétrin, les bras se croisant toujours.

En cinq minutes cette première opération est terminée ; il rejette sur sa fournée les 4/5 de la farine réservée, de façon qu'il ne conserve plus que les 2/10 représentant 4 0/0 de la totalité.

Il commence alors l'opération dite de contrefrasage en continuant le croisement de ses bras et rejetant la pâte l'une sur l'autre et successivement d'un bout à l'autre du pétrin, jusqu'à ce qu'il ne reste plus de traces d'eau.

Cette seconde opération demande dix à quinze minutes.

L'ouvrier doit alors nettoyer son pétrin avec le coupe-pâte de façon à ne laisser aucune trace de farine ni d'eau.

Il mélange ces *ratissures* (terme de boulanger) à sa pâte en la laissant s'allonger et retrousse sans se presser le devant et le derrière de la pâte en la découpant. Pendant ce travail lent de cinq minutes, le ferment prend ses assises, s'il nous est permis d'employer ce terme ; jusque-là il n'a pu agir, les précédentes opérations n'ont fait que le mélanger. Il commence à s'oxygéner, c'est-à-dire à absorber l'élément qui lui donnera la vie et l'activité de reproduction et de dégagement d'acide carbonique.

On passe alors à la quatrième opération, le soufflage de la pâte.

Cette opération, tout en aérant la pâte, sert à allonger le gluten, à le rendre élastique.

Elle arrête donc l'action du ferment non parce qu'elle le détruit, bien au contraire puisqu'elle l'oxygène, mais parce qu'elle renforce la barrière de résistance qu'est le gluten, qui devenant ainsi plus élastique retient mieux l'acide carbonique que dégage le ferment. — On souffle la pâte en la soulevant et la laissant retomber sur le fond du pétrin.

Cinq minutes de soufflage suffisent quand les levains sont jeunes, comme dans le cas de levains trois fois rafraîchis.

L'ouvrier doit alors passer à la dernière opération appelée troisième ou dernière frase et qui consiste à jeter sur la pâte la moitié de la farine, c'est-à-dire les 2/100 de la totalité sur les 4/100 qu'il a dû conserver ; le reste est utilisé pour la mise en planche et le façonnage, l'on fait alors subir à la pâte une opération triple en l'allongeant d'abord avec les bras pour bien répartir la farine en la découpant par parties de 20 kilog. environ et en la pâtonnant (terme de boulangerie) qui consiste à travailler à part chacun de ces morceaux de 20 kilog., les découpant, les battant sur le fond du pétrin pour les oxygéner et les rejetant l'un sur l'autre d'un bout à l'autre du pétrin, cette opération demande dix minutes, y compris la mise en planche qui consiste à mettre à part la partie qui appartient à la fournée et laisser dans le bout du pétrin où l'on a travaillé le levain pour l'autre fournée.

Il est bon de mettre pour la fournée quelques kilos de pâte de plus que le nécessaire, ils retournent après le façonnage avec les levains pour le pétrissage suivant.

Résumons donc cette opération de pétrissage.

En chiffres ronds moyens :

Levain. . . .	60 à 65 k.	»
Eau.	50 lit.	»
Sel	1 k.	100
Farine. . . .	90 k.	»

Temps :

Fontaine, sel, levure, coulage d'eau. .	5	minutes
Fonte des levains.	5	—
1º Frase, 72 à 75 k. farine (environ) .	5	—
2º Contre-frase, 13 à 16 k. farine . .	10	—
3º Rattissage, allongeage et soufflage .	10	—
4º Dernière frase, 1 k. 50 à 2 k. . .	5	—
5º Pâtonnage, mise en planche . . .	5	—
Total du temps de travail . .	45	minutes.

Il suffit d'un quart d'heure de repos à cette pâte pour fermenter suffisamment et être mise en façonnage.

Pétrissage sur deux levains

Le premier soin du boulanger est de tenir compte de l'activité du levain. Le levain de tous points ayant mis trois heures à pousser au lieu de deux comme dans le procédé à trois levains a autant de force, mais beaucoup moins d'activité, il est également moins souple et exige d'être plus délayé.

Il faudra donc pour obtenir un même travail élever la température de l'eau de deux ou trois degrés et passer dix minutes de plus au pétrissage, il faudra en outre laisser pointer la pâte dix minutes de plus.

Les proportions d'eau, de sel et de farine restent les mêmes.

La différence de temps se résume ainsi : fonte des levains et frasage, 15 minutes au lieu de 10, allongeage et soufflage, 15 minutes au lieu de 10, pointage, 25 minutes au lieu de 15 ; en sorte que, pour arriver au même résultat, il faudra si l'on veut éviter le levain de seconde, commencer le travail 20 minutes plus tôt. Le seul avantage est le temps gagné entre les levains de seconde et les levains de tous points. La somme de travail et le temps de pétrissage restent les mêmes. Si l'on voulait négliger cette précaution, on n'obtiendrait qu'un mauvais pain à croûte sèche et la fondation manquerait pour les fournées suivantes.

Pétrissage à l'appareil à levains

Nous avons dit que si l'appareil à levains permettait un gain de temps, il ne diminuait pas la somme de travail qu'exige la farine pour produire, non seulement une bonne première fournée, mais encore, la force nécessaire dans le levain restant pour assurer la fermentation des fournées suivantes.

Le travail des levains de seconde et de tous points étant supprimé doit se retrouver. Le travail du levain de seconde étant déjà effectué, sur le chef, comme nous l'avons indiqué précédemment, seul, le travail des levains de tous points doit venir s'ajouter au travail du pétrissage ordinaire ; il faut donc 1/4 d'heure de plus au boulanger pour pétrir à point sa première fournée pour laquelle il devra alors compter une heure. C'est surtout le frasage qui exige le plus d'augmentation de temps, car si le ferment a pu conserver, grâce à la fraîcheur de l'eau sa puissance active, il n'en est pas moins pendant douze, quatorze ou seize heures resté dans l'appareil à peu près complètement désagrégé, le gluten s'est épuisé, la souplesse qu'il communique à la pâte, grâce à son élasticité, est disparue en partie ; cette décomposition lente du levain a permis de répartir le ferment dans toutes les parties de l'eau, mais ce ferment n'agira que si on lui procure un terrain de culture approprié, et qu'il retrouvera dans ce nouveau terrain, ou pâte, l'élasticité souple, qui, en subissant son action gazogène présentera une résistance suffisante pour lui permettre, sous l'action de la chaleur du four, un développement complet.

Le frasage doit s'opérer assez lentement pour permettre à la farine de donner tous ses principes élastiques.

Il faut éviter surtout, ce qu'en terme de boulangerie on nomme le « bloquage », ce qui arrive lorsqu'on précipite la frase.

Il faut tenir compte de la température dans laquelle le levain s'est développé et élever la quantité d'eau et le levain à la température moyenne que nous avons indiquée comme propice à la fermentation régulière.

Il faudra tenir compte que les 70 kilos d'eau ou de levain contenus dans l'appareil n'ont pas atteint plus de 10 à 15 degrés suivant la température du milieu où ils se sont trouvés, que la farine qui reste à employer se trouve dans les mêmes conditions, qu'il sera donc nécessaire d'élever la température des 37 litres d'eau restant à introduire dans la fournée, de façon à établir l'équilibre, soit à environ 20 degrés l'été et 30 l'hiver. Il est indispensable pour que le ferment ait le temps de reprendre son activité de laisser pointer la pâte une 1/2 heure au lieu de 15 minutes, sans quoi, on s'exposerait à ne produire que du pain lourd, insuffisamment développé.

Mode de procéder

Quantités

Levain . . . .   50 k.
Eau 20 + 37 = . . .   57 k.
Sel . . . .   1 k. 200
Farine . . . . . .   95 k.
Total. . . .   203 k. 200

Temps

Fontaine, sel, levure, coulage d'eau et levain.   10 minutes
Frase   15   »
Contrefrase.   15   »
Ratissage, allongeage et soufflage   10   »
Dernière frase, découpage.   5   »
Patinage et mise en planches.   5   »
Total . . . . . .   60 minutes

Conseils généraux

Nous réservons pour un chapitre spécial le pétrissage mécanique. Il faut bien se rendre compte que si son adoption est lente, cela ne provient pas de ce que le boulanger ne connaît pas son métier, mais surtout de ce qu'il ne sait pas toujours s'identifier à l'outil qu'il emploie.

Il arrive qu'un ouvrier boulanger qui s'est servi d'un pétrin mécanique et qui, sous la direction d'un patron intelligent en a obtenu de bon travail se trouve parfois surpris de ne pouvoir réussir avec un autre système de pétrin, il critique l'appareil alors que simplement, il n'a pas su se rendre compte de la différence qui existe entre les deux systèmes de pétrins.

Les procédés et les chiffres que nous avons indiqués ci-dessus peuvent être pris comme base générale, il suffira, suivant le genre de pain que l'on veut obtenir (pain plus ou moins serré de mie, ou devant se conserver plus ou moins longtemps) de modifier la quantité de levains et le nombre de rafraîchis.

Nous n'ignorons pas que tant que le pétrissage s'opérera à bras, on ne se donnera la peine ni d'analyser les farines, ni de les peser, ni de mesurer l'eau, ou y plonger le thermomètre, la routine restera longtemps encore maîtresse de la situation : cependant il est bien des cas où le travail de panification est défectueux malgré la bonne volonté que puisse apporter l'ouvrier dans l'accomplissement de sa tâche.

L'on rejette sur la qualité de la farine les défauts de fabrication.

La clientèle se plaint, s'en va ; le patron change d'ouvrier, un autre fait plus mal, ou, s'il réussit une première fois, il se trompera au prochain changement de farine ou de température. C'est à ce moment qu'il sera utile de consulter cet ouvrage, et d'en suivre les indications ; le tour de main du praticien qui est et restera toujours le tour de main de l'ouvrier et qui ne s'acquiert que par la pratique quel que soit le métier, viendra se joindre aux principes techniques et assurer la réussite du travail.

Le pétrissage spécial des pains viennois, allemands, anglais, gruau, seigle, meteil, sarrazin, sera étudié dans le chapitre XV.

Nous terminons ce chapitre du pétrissage en engageant le boulanger :

1° à éviter de trop saler sa pâte, pour ne pas entraver le ferment dans son travail ;

2° à ne jamais couler d'eau trop froide ni trop chaude ;

3° à éviter de bloquer la frase pour ne pas empêcher le développement de la mie par une mauvaise force ;

4° à éviter l'action trop directe du froid par les courants d'air qui croûtent la pâte.

5° à ne laisser pointer la pâte que le temps nécessaire pour que le gluten ne se désagrège pas ;

6° à bassiner la pâte avec un peu de levure bien délayée si la pâte est trop coriace ;

7° à la bassiner au contraire avec un peu de sel fondu dans de l'eau presque froide, si elle manque d'élasticité.

CHAPITRE XII

FAÇONNAGE. — PESAGE

Façonnage

Le façonnage de la pâte est plus généralement désigné sous le nom de « Tourne ». Tourner sa fournée est l'expression employée par le boulanger. Il joue dans l'apparence du pain un rôle très important, un bon tourneur obtiendra d'une pâte à moitié pétrie un plus beau pain que celui d'un mauvais tourneur avec la meilleure pâte qui puisse se faire. C'est là que se reconnaît le tour de main de l'ouvrier habile.

En Allemagne, en Belgique et nombre d'autres pays, à part le pain de luxe, la forme est presque uniformément ronde et par conséquent facile à obtenir.

En France, elle est au contraire très variée, surtout à Paris, où l'on exige et cela avec juste raison, une bonne pratique de la tourne.

La souplesse et l'agilité des mains jouent un grand rôle dans le façonnage. Le travail parisien étant très actif, un mauvais façonnage en arrête le développement.

Il ne faut pas trop serrer la pâte pour ne pas briser la résistance du gluten et produire une mauvaise mie ; il est cependant nécessaire de l'égaliser dans toutes ses parties si l'on veut obtenir non seulement une mie régulière, mais aussi un pain régulier dans sa forme.

Nous avons dit qu'en France, la forme des pains était très variée

Quelles que soient ses différentes variétés de forme et de nom, elles peuvent se diviser en trois classes :

1° Pain rond,

2° Pain roulé,

3° Pain fendu.

La nomenclature des noms que prennent ces pains serait trop longue pour que nous essayons de les indiquer tous, car souvent, dans la même contrée, le même modèle de pain, change de nom d'un village à l'autre.

Un pain rond se nomme ici simplement pain rond, plus loin, tourte ou encore miche, quoique son nom soit généralement basé sur sa forme.

Pesage

La première partie du façonnage, c'est le pesage.

On a encore dans certains pays la mauvaise habitude pour peser la pâte de couper dans la masse avec les mains, l'on se sert du pouce et de l'index ; c'est un mauvais procédé, car si la pâte est un peu pointée, ce pressage la durcit, brise le gluten et produit une mie terreuse.

Il vaut mieux se servir du coupe-pâte.

Prendre le pâton de la main gauche, le soulever, et avec la main droite munie du coupe-pâte, trancher le pâton le plus nettement possible ; par la pratique, on arrive à couper à peu près juste le poids voulu, il est préférable de rester toujours un peu en dessous du poids.

Avoir soin en mettant le pâton dans la balance, d'y placer toujours le côté croûte de façon à éviter que des parties déjà un peu séchées à l'air ne pénètrent au milieu ; en rejetant le pâton sur le tour, éviter les mêmes inconvénients.

Ceci a une importance dont on ne se rend pas suffisamment compte.

Si la pâte est mal pesée et mal placée sur le tour, l'ouvrier chargé du façonnage aura beaucoup plus de mal à lui donner une forme régulière, il lui faudra donner au pâton un travail supplémentaire qui généralement brise le gluten et détériore la mie en la rendant graineuse.

Pour le façonnage du pain, l'ouvrier doit s'habituer à être très vif, sans précipitation, ni mouvements brusques ou saccadés.

Il doit aussi éviter d'enfermer à l'intérieur du pâton les croûtes sèches qui pourraient s'y trouver, aussi bien que la farine.

Egaliser la pâte bien régulièrement avant de donner la forme au pain.

Dans ces conditions l'on obtient une croûte lisse et de bel aspect, aussi bien qu'une mie fine et régulière.

Il n'existe pas encore, croyons-nous, de machines à peser la pâte applicables à toutes sortes de pâtes et pour toutes sortes de poids ; cependant, cette invention semble utile ; ce que l'on a créé pour les pâtes alimentaires qui sont très fermes ne serait pas nécessaire pour les pâtes à pain, la bascule automatique existant ce n'est que son application qu'il faudrait combiner pour la rendre utilisable dans la fabrication du pain.

Il existe toutefois, pour les petits pains plusieurs appareils désignés sous le nom de « Diviseurs » de pâte, sorte d'emporte-pièce, qui divisent un poids déterminé de pâte en 30, 50 ou 80 morceaux égaux.

CHAPITRE XIII

CUISSON DU PAIN

Apprêt

L'apprêt du pain est une des bases essentielles de sa beauté et de sa qualité.

Il demande de la part du brigadier ou maître de pelle, comme on désigne encore dans certaines contrées le patron ou l'ouvrier chargé de la cuisson du pain, une très grande attention, car il peut modifier très avantageusement le travail. De mauvaise pâte, un bon brigadier arrive à tirer du pain, sinon beau, du moins passable ; souvent, d'une bonne pâte, un mauvais brigadier, incompétent au point de vue de l'apprêt ne tirera que de vilain et mauvais pain. Il ne suffit donc pas, pour faire un bon brigadier de savoir enfourner un pain, mais bien de savoir à quel moment il doit l'être Le brigadier doit surtout s'attacher à étudier l'influence de l'atmosphère sur le ferment.

Dans les temps humides, il devra laisser apprêter à l'air le plus possible ; dans les temps secs, il devra au contraire laisser ses piles couvertes jusqu'au dernier moment avant de mettre au four.

Il devra, au moment du façonnage s'assurer de la qualité de la pâte. Si le travail est jeune, il faudra veiller et découvrir les piles pour qu'elles poussent à l'air aussitôt que la pâte est ramollie et devient gluante ou forme des ballons clairs ou huileux ; si, au contraire, le travail a trop de force et que, tout en poussant, les pains se resserrent et se raccourcissent en tenant la croûte sèche, il faudra laisser couvert jusqu'au dernier moment, sans quoi le pain prendrait une croûte sèche qui l'empêcherait de cuire.

Ces soins sont d'ordre général, quel que soit le système de four. Que doit rechercher le boulanger ?

1° A chauffer le plus rapidement possible,

2° A brûler le moins de combustible,

3° A produire la plus grande quantité de braise (1),

4° Obtenir une bonne sole sans ferrer.

Pour arriver à ce résultat, il ne suffit pas de chauffer un four et de cuire du pain, mais il faut connaître le travail que l'on veut obtenir et la puissance calorique du combustible que l'on doit brûler.

Le four perfectionné (four à vapeur, à air chaud, à gazogène etc.), étant muni d'appareils spéciaux indiquant sa température, sera beaucoup plus facile à conduire que le four à bois ordinaire. Le boulanger-ouvrier, connaissant bien son métier de brigadier au four ordinaire, n'aurait besoin que de quelques leçons, pour conduire le four le plus perfectionné. Tandis que le brigadier ne connaissant que l'usage du four perfectionné, aurait besoin de tout un apprentissage nouveau pour réussir au four à bois ordinaire.

Nous parlons ici bien entendu du travail parisien, le plus compliqué et le plus difficile à mener, en raison de l'activité qu'on lui donne par l'opération du pétrissage au levain jeune et actif.

Restons donc sur le procédé le plus en usage en France.

De même que tout le travail d'une fournée au pétrin dépend du levain et de la première fournée, le travail du four dépend aussi de la chauffe du four à la première fournée.

Si la première fournée est manquée, il est très difficile de faire bien aux autres, *de se rattraper*, comme l'on dit. Cela se comprend facilement.

Si le four est insuffisamment chaud à la première fournée, le pain est plus lent à cuire, pendant ce temps supplémentaire pris par la cuisson, la fournée suivante opère son travail de fermentation et comme un travail bien conduit n'admet pas d'interruption, le temps matériel manquera forcément pour relever à la seconde fournée la température du four. Si l'on chauffe trop vite, le calo-

(1) Nous envisageons ici la cuisson au four à bois ordinaire.

rique n'atteint pas le fond des parois du four, il ne fait qu'en sur-chauffer l'épiderme, si nous pouvons ainsi parler.

Néanmoins, comme il est cependant préférable d'employer ce moyen que de continuer à chauffer insuffisamment, le brigadier, comme nous le disons au commencement de ce chapitre, doit avoir la connaissance voulue du travail, pour pouvoir arrêter la fermentation de la pâte par un courant d'air ; il peut ainsi laisser une fournée 15 ou 20 minutes sur couche en plus, ce qui lui permettra de relever la température du four sans précipitation.

Température

Il est admis que notre pain, travail parisien, a besoin d'une température de **220** à **240** degrés, pour cuire vite et bien.

Avec le four à bois qui n'est muni d'aucun appareil indicateur, c'est sur l'à peu près et sur l'habitude qu'il faut se baser.

Les calculs pour établir la puissance calorique du combustible que l'on emploie sont difficiles.

Il faut déclarer nettement que ce serait presque impossible, attendu que, par l'aspiration des ouras et par le temps que le bois met à brûler, une grande partie du calorique est ainsi perdue.

D'autre part, il faut tenir compte aussi que le tirage étant direct, la puissance du calorique au moment de la combustion du bois, ne se dégage guère que près du bois et dans la direction des ouras.

Il est donc nécessaire, à une première fournée surtout : 1° de bien répartir le bois dans le four, 2° de le mettre assez gros, pour qu'il brûle lentement, afin que le calorique pénètre la sole comme la chapelle, donnant ainsi ce que l'on appelle un bon fond et une bonne sole.

La chaleur ayant toujours tendance, en raison du tirage des ouras, à monter plutôt qu'à descendre, il faut éviter, à la première fournée, de chauffer trop précipitamment, car l'on manquerait de sole toute la nuit ; d'autre part — les ouras attirant la chaleur vers le fond — si la fournée, comme la première, qui généralement est en pains boulots, est assez longue à mettre au four, il faut chauffer la bouche beaucoup plus que le fond.

Tenant compte qu'il faut une température moyenne de 220 degrés pour cuire le pain ; tenant compte également, comme nous le disons plus haut, que la pâte ne doit pas être saisie par une chaleur trop vive, on comprendra aisément qu'il faut élever le four à la première fournée d'au moins 20 à 30 degrés en plus pour pouvoir le laisser reposer 10 à 15 minutes, c'est-à-dire le temps de se préparer, de laisser l'aide, ou pétrisseur, se mettre en train pour la troisième fournée.

C'est pendant ce repos que la chaleur se répartit dans toutes les parties du four, d'une façon plus égale ; que l'excès de chaleur de la chapelle retombe sur l'âtre (ou sole) et lui permet d'emmagasiner la quantité de chaleur qu'il serait impossible de lui donner aux autres fournées, attendu que les fournées suivantes, au lieu d'être chauffées en 1 heure ou 1 h. 1/4, devront l'être en 20 minutes, si le travail est bien conduit. Car si la première fournée ne demande pas moins de 3 h. 1/2 du début du travail à sa sortie du four, les autres fournées doivent se suivre d'heure 1/2 en heure 1/2.

Bois

Il faut, tout d'abord, savoir que la température du four est descendue à 220 degrés pendant le temps de repos ; c'est là une question primordiale. A l'enfournement du pain, le four perd environ 20 degrés de sa température, pendant la 1/2 heure que la cheminée a absorbé par son tirage, le calorique qui s'échappe par la bouche du four. A la cuisson, le pain absorbe environ 40 degrés.

En voici la raison :

La pâte est mise au four à la température du fournil soit environ de 15 à 25 degrés.

Pour que la cuisson soit complète il faut que la mie atteigne la température de 100 degrés.

C'est cette température qui détruit avec sécurité tous les agents de fermentation.

La croûte seule subit la température la plus élevée du four, soit 220 degrés.

Encore faut-il tenir compte que l'écouvillonnage du four, la buée que l'on a dû y introduire, pour que les premiers pains enfournés ne soient pas ternes, ont abaissé l'action de cette température d'un cinquième, ce qui l'amène réellement au-dessous de 200 degrés. La pâte étant introduite à la température de 220 degrés, si elle était à zéro au moment de son introduction, elle serait saisie et brûlerait ; c'est donc sa température et la croûte qu'elle a pris à l'air qui la préservent de cet inconvénient.

En réalité la température normale du four, au moment de l'enfournement, ne dépasse et ne doit pas dépasser 220 degrés. Si la bouche que l'on a chauffée du double, du fond, à la première fournée atteint encore 240 degrés lorsque l'on commence à mettre au four, le fond n'a pas plus de 200 degrés.

60 pains de 2 kilos. représentent environ 3/4 de mètre cube de volume, alors que la contenance du four, est d'environ 2 mètres cubes 1/2 ; le pain, dont la mie cuit au centre à 100 degrés et la croûte à 200 degrés, prend donc une moyenne de température de 150 degrés, dont il faut retrancher la température de pâte, ou plutôt celle du fournil où elle a fermenté, soit environ 25 degrés ; il reste 125 degrés dont la proportion en raison du cube, serait de 40 degrés pris dans toute l'étendue du four. Le four dont la température moyenne au moment de l'enfournement était de 220 degrés se trouve ainsi réduit après cuisson, dans un four à bois, à 180 degrés, température moyenne.

C'est donc la différence entre ce chiffre et celui que l'on doit atteindre, qu'il faut trouver dans le bois que l'on doit brûler.

Le bois de chêne n'étant pas pratique parce qu'il est trop lent à brûler et les bois de peuplier, tremble, aulne, etc., ne donnant qu'un faible calorique, nous conseillons d'employer le sapin ou le bouleau, comme moyen de chauffage.

Le sapin de Bordeaux en raison de la quantité de résine qu'il contient donne une puissance de calorique beaucoup plus grande que les autres sapins, mais il cause de plus grands inconvénients, la résine coule sur la sole, et donnant trop de chaleur, brûle le pain.

C'est donc le sapin de Sologne qu'il est préférable d'employer, surtout lorsque l'on débute.

Le bouleau de grosseur moyenne, donne à peu près la même puissance de calorique.

Un stère de ce bois peut élever de 100 degrés 12 mètres cubes d'air ; pour élever 2 mètres cubes 1/2 d'air de 40 degrés, soit en tout 100 degrés, il faut compter le douzième d'un stère ; mais nous avons dit qu'à une 1re fournée il fallait chauffer à 250 degrés, soit 30 degrés de plus que la température moyenne à laquelle on enfourne, ce qui double la consommation et l'élève ainsi à 2/12 ou 1/6 de stère.

Si l'on ne faisait qu'une fournée par jour, il faudrait encore compter pour le temps d'inactivité du four, une perte de 30 0/0 qui exigerait encore 1/16 de stère en plus.

Mais en admettant une fabrication moyenne de 5 fournées, l'on ne dépassera pas pour les fournées suivantes, la première, plus de 1/12 du stère et même moins, car, comme nous l'avons dit, plus le travail est jeune plus il cuit facilement, il en résulte que la température de 200 degrés est suffisante à partir de la 2e fournée et que le four, ayant pris un bon fonds de chaleur par supplément de calorique donné à la 1re fournée, ne perd plus à la cuisson que 20 à 25 degrés pour cette raison que la chaleur emmagasinée dans le réfractaire se conserve.

L'on peut donc établir la base ci-après :

Bois en falourdes de 0 m. 72 à 0 m. 75 de circonférence sur 1 m. 14 de long :

1re fournée 3 falourdes
2e   —   1   —   2/3
3e   —   1   —   1/2
4e   —   1   —   1/3
5e   —   1   —

Bois en stère :

1re fournée 1/6   de stère
2e   —   1/10   —
3e   —   1/12   —
4e   —   1/14   —
5e   —   1/16   —

En suivant ces principes que nous donnons comme une moyenne, le boulanger n'aura pas de peine à rectifier ces chiffres de lui-même suivant le four qu'il aura à conduire et le travail du pays où il se trouve.

Enfournement

Le four chaud et reposé, à la première fournée, pour amoindrir l'effet trop actif de la chaleur de la voûte, et, comme nous le disons plus haut, permettre à la chaleur de se régulariser, le boulanger doit procéder à la mise au four des pains poussés à point.

Ainsi qu'il a été dit les piles de bannetons auront dû être préalablement découvertes quelques instants d'avance, suivant l'air du fournil, de façon à ce que la pâte se couvre d'une légère croûte qui la rende moins sensible à l'action de la chaleur de l'âtre du four.

Ecouvillonnage

Il est nécessaire aussi que le four soit bien écouvillonné.

L'écouvillonnage a un double avantage, en ce sens que, non seulement il enlève toute la cendre que le bois a déposé sur la sole, cendre qui, sous l'action de la pelle à enfourner, s'envolerait et, se mélangeant à la buée, retomberait sur le pain pour le couvrir d'une teinte grise, au lieu de laisser la buée pure lui donner une belle teinte dorée, mais l'écouvillonnage laisse aussi dans le four une buée qui diminue l'action de la température du four et empêche les premiers pains de brûler.

Buée

La pâte sous l'action de la chaleur du four, avant qu'elle n'ait pris sa croûte, dégage forcément une partie de l'eau qu'elle contient, cette partie peut être évaluée à 40 0/0 de la totalité de l'eau qui y est contenue.

Lorsque le 1/4 ou le 1/3 de la sole du four est couvert de pains, il se produit de ce fait assez de vapeur ou buée pour que, garnissant la chapelle, elle retombe sur la pâte et tout en lui donnant le vernis doré, indispensable au coup d'œil, amoindrit l'action trop vive de la chapelle, assouplit la croûte et permet ainsi au ferment un plus grand développement.

Il n'est donc pas besoin de s'inquiéter de la couleur des pains, qui seront mis au four ; à partir de ce moment, il suffira d'éviter de laisser échapper cette vapeur naturelle, pour obtenir une belle teinte jaune et dorée.

Pour les premiers pains, il n'en est pas de même ; la chaleur de toute l'étendue du four, en raison du tirage de la cheminée, absorbe plus vite la vapeur qu'elle ne se produit, car les 40 0/0 d'évaporation d'eau, ne se produisent pas tout d'un coup, mais pendant la durée totale de la cuisson.

Il faut donc, si on veut obtenir de beaux pains au fond du four, le garnir préalablement de buée. Beaucoup de fours sont aujour-d'hui munis d'appareils spéciaux (planche 18 fig. *l*), qui consistent en des boîtes de fonte placées dans une des parois ou pieds droits du four, qui se trouvent chauffées en même temps ; un tube percé de petits trous projette de l'eau sur la fonte chauffée à plus de 200 degrés et la vapeur se produit instantanément.

Mais beaucoup de fours ne sont pas munis de ces appareils, c'est dans ce cas que l'écouvillon joue un deuxième rôle indispensable. Après avoir bien enlevé la cendre, il suffit de mouiller à nouveau légèrement l'écouvillon, et de le promener dans le four ; ne pas le laisser reposer à la même place, parce que l'eau qui s'en dégage à l'action de la chaleur, refroidirait trop l'emplacement où il aurait reposé trop longtemps. Cependant, lorsque l'on a promené ainsi l'écouvillon, l'on peut le rapprocher très près de la bouche de façon à ce qu'il couvre le moins de carreau possible, l'on ferme le bouchoir en partie dessus, le four se remplit de buée, l'on peut alors en toute sécurité mettre au four.

Mise au four

Il est bien entendu que le point essentiel est de laisser échapper le moins de buée possible en mettant au four.

Lorsqu'on a placé le pain sur la pelle, il faut avoir soin de le redresser s'il s'est un peu déformé, il faut aussi introduire la pelle avec précaution, pour éviter un choc qui déplacerait le pain, pousser la pelle vivement, mais sans secousses ni précipitation.

La pelle arrivée à l'endroit où l'on doit déposer le pain, donner de la main droite une petite secousse de façon à dégager le pain de dessus la pelle et retirer vivement la pelle.

Eviter de placer dans le four les pains trop près les uns des autres ; il faut tenir compte du développement de la pâte, les pains qui se touchent cuisent mal et se développent moins. Lorsque les pains se touchent, il se produit ce que l'on nomme des fraicheurs et des baisures, et non seulement à l'endroit où ils se touchent la croûte se trouve ainsi abîmée, mais même sur une plus grande étendue. Il faut alors détasser les pains et les laisser au four après les autres pour qu'ils durcissent un peu aux endroits touchés, pendant ce temps ils dessèchent ; c'est une perte qu'il faut éviter.

Les soins

Pour cuire un pain de 2 kilos, il faut une moyenne de 40 à 45 minutes ; pour un pain de 3 kilos il faut environ une heure.

Nous avons évalué à la cuisson une évaporation de 40 0/0 de l'eau contenue dans le pain.

Dans une bonne pâte bâtarde en travail, comme nous l'indiquons au commencement de ce livre, il entre environ 55 0/0 d'eau du poids de la farine.

Pour un pain de 2 kilos, il faut donc compter 1 k. 500 de farine qui absorbe 825 grammes d'eau, soit 1.500 + 825 = 2 k. 325 gr. ; si, comme nous le disions, 40 0/0 de l'eau s'évapore, soit :

$$\frac{0,825 \times 40}{100} = 0 \text{ k. } 330.$$

nous arrivons à 5 grammes près au chiffre que nous indiquons.

En divisant 100 kilos de farine par 1 k. 500 nécessaire à la fabrication d'un pain de 4 livres, nous différons du rendement sur lequel on a l'habitude de se baser, soit 130 0/0, pour arriver au rendement réel de 133 0/0, et ce pour des farines contenant 25 0/0 de gluten humide (environ 7 1/2 de gluten sec) et 1 1/2 d'azote.

Ce rendement s'accroît en raison de l'augmentation du gluten.

Telle farine de force contenant, par exemple, 35 0/0 de gluten humide (environ 10 0/0 de gluten sec ; 2.25 d'azote) donnera un rendement de 138 0/0 parce qu'au pétrissage, il entrera 3 0/0 d'eau en plus, et qu'à la cuisson le pain ne perdra plus que 38 0/0 environ de son poids d'eau.

Le brigadier devra bien s'inspirer de deux points importants :

1° Lorsque le travail est jeune et actif la cuisson est rapide ;

2° Plus la farine contient de gluten, plus le pain se colore facilement

Fleurage

Il existe deux procédés de fleurer, c'est-à-dire d'empêcher la pâte de coller à la pelle, qui est presque brûlante lorsqu'elle a servi à enfourner quelques pains ; on fleure la pelle ou on fleure le pain.

Si l'on fleure la pelle, on évite que des parcelles de fleurage ne restent sur la croûte supérieure du pain, mais, d'autre part, on perd plus de temps, et l'on s'expose à ce qu'en frappant le pain sur la pelle, l'air que l'on comprime à ce moment ne chasse le fleurage en partie, la dépense se trouve aussi plus grande.

Si l'on fleure les pains dans les bannetons, il faudra avant d'introduire le pain au four, passer la brosse dessus pour enlever le fleurage, qui en passant le long des parois des bannetons sera arrivé jusqu'à la croûte.

On a presque perdu l'usage de l'emploi des recoupettes de blé ou du maïs comme fleurage, parce que l'on trouve ces matières d'un prix trop élevé ; on y supplée par l'emploi de sciures fines de bois dur, corrozo, etc.

Nous ne saurions trop protester contre cet usage ; quel que soit le soin que l'on prenne il en reste toujours après la croûte, c'est pour le consommateur désagréable au goût et nuisible à l'estomac, d'autre part, l'emploi de ces matières est très dangereux pour les yeux et les voies respiratoires du brigadier, elles devraient être sévèrement interdites.

Coupage du pain

Lorsque le pain est sur la pelle et brossé, les pains coupés boulots, jokos, etc., doivent l'être avec soin. Tenant sa lame dans la main droite entre le pouce et l'index, le tranchant vers la main, le brigadier doit pencher, et, le poignet à droite, couper sans hésitation, en soutenant son pain de la main gauche.

Si la pâte est ferme et manque d'apprêt, il devra couper profondément ; si, au contraire, l'apprêt est avancé, il devra couper très légèrement.

Lorsque la fournée est au four, avant d'empiler les bannetons, il est nécessaire de les étaler un peu à l'air et de les secouer, l'on évite ainsi que l'humidité en s'y concentrant produise des moisissures qui donneraient mauvais goût à la croûte du pain.

Les bannetons doivent être souvent brossés, sans cette précaution il se forme sur la toile une croûte, sur laquelle, favorisée par l'humidité de la pâte, il se développe des insectes qui adhèrent à la croûte du pain.

Soins à donner au pain

Quinze minutes environ après avoir enfourné, le brigadier doit regarder son pain pour déterminer définitivement le degré de chaleur de son four. S'il se trouvait trop chaud, laisser au besoin quelques instants bouché et les ouras ouverts ; généralement, en retirant le pain du four, on le met dans des paniers ; il faut éviter de le laisser tomber sur le fond pour ne pas abîmer la croûte, ne pas le serrer et surtout ne pas le laisser séjourner ainsi, parce que la vapeur qui s'en échappe fait ramollir la croûte et le pain se déforme.

Panneterie

Le pain doit être placé debout sur des rayons en bois ajourés, sans peintures ni enduits ; il ne doit pas toucher aux murs.

La panneterie doit être aussi aérée que possible pour permettre

à la buée du pain de s'échapper et empêcher ainsi le ramollisse-
de la croûte.

Ustensiles de fournil

Figures 55 à 81 bis

55. Pelle longue,
56. Pelle ronde,
57. Pelle viennoise,
58. Merlin,
59. Pétrin,
60. Baquet à pouliche,
61. Corbeille à levain,
62. Sébille à sel,
63. Etouffoir,
64. Balance,
65. Coupe-pâte,
66. Banneton long,
67. Banneton rond,
68. Banneton à couronne,
69. Traîneau à piles,
70. Moule à couronne,
71. Moule à moffine,
72. Moule à pain de mie,
73. Tamis,
74. Douille d'écouvillon,
75. Rouable,
76. Panier à défourner,
77. Bassin,
78. Couteau viennois,
79. Lame,
80. Brosse à banneton,
81. Brosse à pétrin,
81 bis. Brosse à dorer.

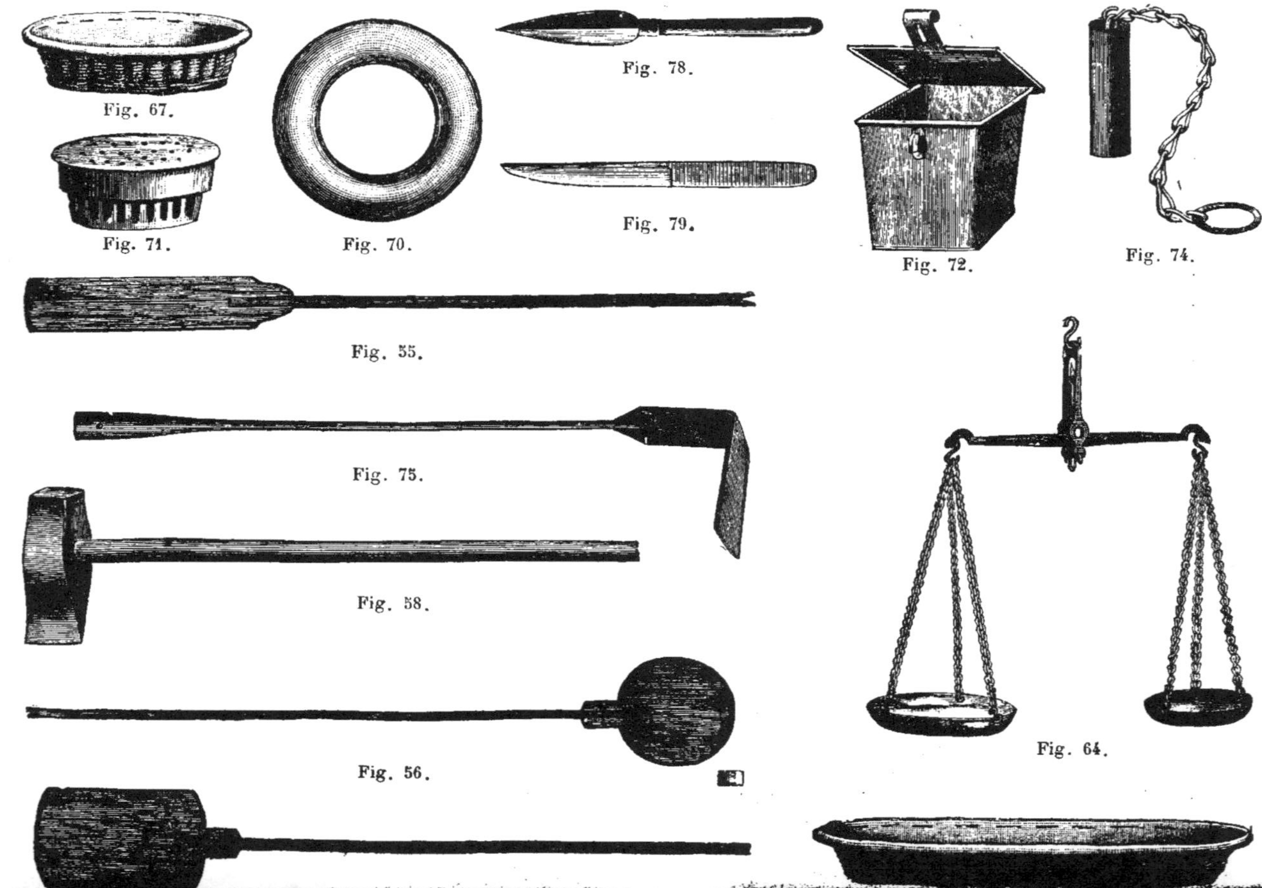

Fig. 67.
Fig. 71.
Fig. 70.
Fig. 78.
Fig. 79.
Fig. 72.
Fig. 74.
Fig. 55.
Fig. 75.
Fig. 58.
Fig. 56.
Fig. 64.

Fig. 59.
Fig. 76.
Fig 61.
Fig. 77.
Fig. 80.
Fig. 65.
Fig. 68.
Fig. 81.
Fig. 62.
Fig. 81 bis.
Fig. 60.
Fig. 69.
Fig. 63.
Fig. 73.

CHAPITRE XIV

PAINS FRANÇAIS

Pains ronds

La figure 3, planche 1, représente un pain rond, forme galette.

Le façonnage du pain rond est très simple, il est basé sur la mie que l'on veut obtenir.

Le pain rond, de l'armée française, est désigné vulgairement sous le nom de boule de son, quoiqu'il n'en contienne pas, les farines réglementaires sont blutées à **20** 0/0 de déchets, elles comprennent toutes les farines depuis le gruau jusqu'aux bises, mais sont indemnes de son.

En raison de leur degré d'extraction ces farines sont riches en gluten, mais peu blanches, elles permettent d'obtenir un pain volumineux.

Pour qu'il soit bien rond et régulier de mie il faut prendre la pâte en bon point de fermentation, arrondir le pâton en le serrant de la main droite c'est-à-dire en le roulant de gauche à droite, relevant la pâte de la main gauche pour la pousser vers la droite qui la concentre en la serrant vers le tour.

Ces pains se placent la moulure en dessous dans les bannetons, fleurés d'avance, pour que le pâton n'y adhère pas, il faut les retourner pour mettre au four. Ils doivent pousser au couvert jusqu'à complet apprêt.

L'on obtient ainsi une mie régulière parsemée de petits trous uniformes ; ce pain se conserve frais.

Si l'on veut obtenir un pain rond à mie parsemée de grands trous irréguliers, il faudra prendre la pâte à peine pointée, de telle sorte que le développement s'opère principalement au four ; si, au contraire, l'on veut obtenir une mie serrée, soit que le pain soit destiné à faire des tartines ou à être conservé plusieurs jours, il faut laisser pointer la pâte entièrement, c'est-à-dire jusqu'à complet développement et bien la serrer en façonnant, le gluten se brise et le ferment ne trouvant plus de résistance au développement du gaz qu'il dégage, le pain reste serré dans sa mie et garde une fraicheur qui permet de le conserver plusieurs jours.

Ce pain n'est, du reste, pas bon à manger frais, il serait trop lourd à l'estomac, rassi il a bon goût et se digère facilement.

Les pains ronds se divisent en :

Pains ronds, forme boule sans coupure ;

Pains ronds épais, coupés en croix dessus ;

Pains ronds demi-plats, coupés en quadrilatère ;

Pains ronds galettes, très plats coupés en losange ;

et en pains à têtes ou grignés

Les pains à têtes ou pains grignés ont le défaut d'avoir beaucoup de mie, l'aspect en est plaisant ; on les obtient en séparant le pâton une fois façonné, presque totalement en deux parties 3/4 à gauche, 1/4 à droite.

Pour cela, on roule le pâton sur le tour au moyen de l'avant-bras, de façon à ne pas briser la pâte lorsque les deux parties ne sont plus reliées que par une jonction de 1/5 du volume du plus petit morceau, on les aplatit un peu, puis l'on renverse la partie de gauche sur celle de droite et on place dans le banneton à la cuisson ; le pain ayant été retourné en le mettant au four, la petite partie ou tête se soulève et forme une jolie grigne.

Pain roulé

On leur donne selon la longueur et la forme le nom de pains roulés ou pains allongés. Pour l'obtenir, il faut d'abord bien ployer la pâte, pour qu'il ne reste pas de parties molles ou de parties dures ; les parties ou le ferment qui n'auraient pas reçu cette pression déchireraient, soit à la pousse soit à la cuisson, et si il est mince il peut casser complètement au four ; sous le coup de lame la pâte s'affaisserait au lieu de bouffer et produire une belle grigne.

La pâte bien ployée et fermée, on l'allonge à volonté en la roulant sur le tour avec les deux mains.

La partie élastique ayant toujours tendance au rétrécissement, pour ne pas être obligé de tirer sur le pain pour l'allonger une fois poussé, il est nécessaire d'allonger le pâton toujours un peu plus que la mesure que l'on veut obtenir.

La figure 10 de la planche 2 représente un pain boulot coupé à quatre coups de lame, sa longueur ordinaire est de 65 à 70 centimètres au maximum.

La figure 11 (pl. 2) représente un pain dit Joko à cinq coups de lame, la longueur de ces pains varie entre 90 centimètres et 1 m. 10.

La figure 2 (pl. 1) représente un pain long roulé dit pain marchand de vin, ce pain est coupé de façon différente, il demande plus d'apprêt que les précédents pour cuire très vite, pour pouvoir être détaillé convenablement, il ne doit pas jeter de grigne au coup de lame ; sa longueur varie entre 1 m. 40 et 1 m. 80, l'usage de ce pain se perd beaucoup.

La figure 12 (pl. 2) représente une baguette non coupée, pain très poussé, pour les personnes qui aiment le pain très sec ; c'est la forme de la flûte à potage, faite avec la pâte dite pain à café, la longueur varie suivant le goût et le poids.

Il en est de même de la figure 13 (pl. 2) qui représente une baguette allongée et coupée, la longueur en varie suivant le poids et le goût du client.

On désigne sous le nom de pains longs ou pains courts de une livre ou deux livres les pains de la forme des pains boulots et jokos, les pains d'une livre courts ont de 20 à 25 centimètres, ceux de deux livres de 45 à 55 centimètres, les longs d'une livre, 45 à 55 centimètres, ceux de deux livres, de 70 à 85 centimètres.

L'on obtient aussi du pain boulot le pain dit : pain polka, figure 8 (pl. 2) : la transformation est l'œuvre du brigadier qui opère à la mise au four ; ces pains plus plats ont moins de mie et la mie en est très légère, la multiplicité des coups de lame aidant le ferment en lui assurant une résistance moins forte.

Pain fendu

Le pain fendu est une spécialité de travail où la puissance du ferment joue un grand rôle ; quelle que soit l'habileté du façonneur il n'obtiendra pas de pain fendu lisse avec un travail trop jeune, il faut que le ferment trouve dans la pâte une résistance suffisante à son activité, une pâte trop molle ou trop froide ne fend pas, une pâte trop chaude ne fend pas lisse. Si le brigadier peut remédier par son coup de lame et la buée de son four à un travail défectueux de pains roulés, il ne peut presque rien pour les pains fendus.

La figure 9 (pl. 2) représente un pain de quatre livres court ; sa longueur est de 55 à 65 centimètres.

La figure 1 (pl. 1) représente un pain long fendu, dit pain marchand de vins fendu ; pour ce travail, il faut une bonne force, bien activée par la pousse, ce qui procure un pain bien développé, léger, agréable au goût et très digestif ; la longueur du pain marchand de vins fendu varie de 1 mètre à 1 m. 40 ; l'on fait aussi des pains entre le fendu court et le marchand de vins dits bâtards, dont la longueur est de 80 à 90 centimètres.

Le pain fendu demande au façonnage beaucoup de soins, une pâte mal égalisée et insuffisamment serrée ne produirait qu'un pain difforme.

Voici comment cette opération doit se faire :

Il faut d'abord ramener les bords du pâton vers le centre, opérer un mouvement de changement de front, c'est-à-dire placer les deux faces de côté dans le sens de l'avant à l'arrière, ployer ces pointes sur le centre, fermer son pâton comme pour un pain roulé en l'allongeant des 3/4 environ de la longueur du pain que l'on veut obtenir ; fleurer le pétrin avec un peu de farine de seigle à la place où l'on veut mettre son pain pour le fendre, le placer la moulure en dessous, fleurer au seigle le dessus, tracer la fente bien au milieu avec le gras du pouce de la main droite, en appuyant sur cette main avec la main gauche qui implique la direction dans le sens de la longueur du pain — déplacer le pâton en le soulevant des deux mains pour le placer en un endroit fleuré afin qu'il ne colle pas — élargir la fente avec le gros du bras, en frappant légèrement —

renverser le côté du devant sur celui du derrière sans tirer dessus, soulever le pain ainsi façonné en glissant légèrement les doigts dessous près des extrémités — le placer dans le banneton en tirant légèrement, pour éviter le rétrécissement qui ferait des plis ou déformerait la fente.

Couronnes

Les pains couronnes se font de tous poids, soit en couronne fendue ou en couronne coupée.

Dans certaines contrées, le pain ordinaire se fait en forme de couronne, soit complètement fermée, soit simplement aux trois quarts, c'est-à-dire en croissant ; à Paris, l'usage de la couronne se perd beaucoup, l'on n'en fait encore quelques-unes comme ornement d'étalage plutôt que pour la vente ; la couronne fendue de 500 et de 1.000 grammes a beaucoup de cachet ; la figure 4 (pl. 1) représente une couronne fendue, la figure 5 (pl. 1) une couronne coupée.

La couronne fendue se façonne par le même procédé que le pain fendu long, toutefois, et c'est essentiel, il faut en la renversant sur le tour opérer contrairement au pain fendu, de façon que la fente ne se trouve pas dans le banneton complètement au milieu, mais que la partie inférieure se trouve recouverte de 1/5 en plus par la partie supérieure, afin qu'au four la partie inférieure forme une grigne plus élevée que la partie supérieure devenue partie inférieure à la cuisson.

Flûtes et pains à café

Le pain à café est d'essence absolument française, c'est le pain mollet de nos grands-pères, du début de l'emploi de la levure. Il tend de plus en plus à disparaitre.

Sous le nom de régence, il se vendait en grande quantité à Rouen, le consommateur lui préfère les croissants ou brioches. Pour le potage, la flûte, figure 12 du tableau 2, était jadis de consommation régulière ; aujourd'hui on préfère les croûtes normandes qui ne sont, en réalité, que du pain à café fendu et séché au four ; les pâtes alimentaires, font aussi grand tort à la flûte.

Pour la fabrication, l'on prend un morceau de pâte française, environ 50 0/0 de la quantité que l'on veut obtenir ; on fait ce que l'on nomme une anglaise, c'est-à-dire une pâte légère sur levure, 50 grammes de levure et 10 grammes de sel pour un litre d'eau tiède, on mélange les deux pâtes ensemble en les travaillant bien ; on peut tourner 10 minutes après ; pour le pain à café, l'on moule des boules que l'on assemble par deux, mises sur couches la moulure en dessous sur fleurage et laisser pousser dans une couche fermée.

On produit encore quelques pains de luxe dont nous ne parlons pas parce qu'ils font double emploi avec ceux façonnés en viennois et, avec juste raison, le goût du consommateur de pains de fantaisie se porte vers le travail viennois.

Signalons les façonnages spéciaux tels que : le pain tordu de Bordeaux, le pain breyé de Normandie et le pain dit de Marseille.

Le pain de Marseille, il faut le reconnaître, a une supériorité sur les deux précédents parce qu'il a l'avantage d'être léger, il abrège le travail du pesage et du façonnage, mais demande le pliage de la pâte qui équivaut au façonnage, enfin une complication de coupage à la mise au four en rend la fabrication moins économique.

Ces pains ne sont, du reste, que des spécialités locales, qui tendent de plus en plus à disparaître pour faire place au pain renfermant toutes les qualités désirables : forme, cachet, fermentation, apprêt, cuisson, poids, hygiène, nutrition et digestion.

Plusieurs essais de machines à façonner ont été faits sans résultats appréciables.

Cependant, M. Guérimand, boulanger de la Drôme, est l'inventeur de deux machines à façonner, une spéciale au pain genre tordu de Bordeaux et l'autre pour croissants (voir page 145) qui donnent un résultat appréciable.

CHAPITRE XV

PAINS SPÉCIAUX

L'on peut désigner sous le nom de pains spéciaux les pains de sarrazin, seigle, orge, méteil, gluten, son, ainsi que les pains anglais et allemands et ceux que l'on désigne sous le nom de pain complet, pain Souvant, etc.

Nous passerons rapidement sur ces particularités pour nous arrêter à la fabrication du pain allemand, ou pain viennois, dont la consommation grandit journellement, et se généralise pour les pains dits de fantaisie, la minoterie aidant beaucoup par ses progrès en mouture à donner à ce pain une supériorité réelle.

Pain de sarrazin

Le pain de sarrazin ou blé noir est à peu près disparu de la consommation française, c'est à peine, si l'hiver, quelques contrées pauvres de blé, en Bretagne ou en Normandie en font usage.

Le sarrazin est très nutritif et de digestion assez facile, il est très sain.

Ce qui fait repousser le pain de sarrazin c'est qu'il est compact et produit plutôt au palais l'effet du sable que du velours.

La fabrication est assez difficile, la farine de sarrazin ne possède pas les qualités d'élasticité de la farine de froment.

Pour la panification elle est préférable en grains de poudre ou semoule ronde ; il faut que le sarrazin très sec par lui-même, soit seulement cassé par la meule ou le cylindre de façon qu'au blutage, qui doit se faire d'une seule fois comme la mouture, aucune partie de l'écorce ne puisse se mêler à la farine.

Pour le pétrissage, le levain chef doit être complètement décomposé, tourné à l'état acide, il ne faut pas en attendre le développement mais simplement l'acidulation, qui doit aider à la digestion du pain ; ce levain chef est suffisant de 1/50 de la fournée que l'on veut obtenir.

On devra le rafraîchir à l'eau chaude à 35 degrés ; en le quintuplant ce premier rafraîchi devra fermenter au moins quatre heures pour être triplé dans un levain de tous points à la température d'au moins 35 degrés, l'on pétrira, deux heures après, sur ce levain, toujours à une température très élevée.

La pâte n'ayant aucun corps est assez difficile à travailler, car elle ne se tient pas, il faut opérer aussi rapidement que possible en une seule frase, passer la pâte rapidement d'un bout à l'autre du pétrin toujours en fleurant, jusqu'à ce que l'on sente à la main que la farine a bien absorbé l'eau, que la pâte est bien sèche dans toutes ses parties. Pour une fournée de 150 kilos de pain, il faut environ 20 minutes de pétrissage, il faut suivant la saison que cette pâte pointe une heure et demie à deux heures, car, contrairement au pain de froment, elle ne doit pas fermenter sur couche, ce pain se moulant en l'enfournant.

Le four chaud, à la température de 200 degrés, on entretient à la bouche une flambée pour que la chaleur se maintienne ; l'on pèse la pâte, on l'assemble autant que possible en la moulant, on la met dans un moule bien fleuré, de préférence dans une sébille en bois, ces pains en raison du manque de consistance de la pâte ne peuvent être que de forme ronde : on les enfourne au fur et à mesure, il faut une heure 1/4 pour cuire un pain de deux kilos.

Le pain doit conserver la farine adhérente à la croûte, s'il rougit au four, c'est qu'il a manqué de levain ou que la pâte est trop tendre, il perd alors de sa saveur.

La farine de sarrazin ne prend que 45 0/0 de son poids d'eau.

Il faut pour un pain de 2 kilos, 2 k. 250 gr. de pâte, c'est donc pour 150 kilos de pain ou 75 pains de 2 kilos 168 k. 750 gr. de pâte qu'il faut obtenir pour lesquels on devra employer :

Premier rafraîchi

Chef	4 kilos
Eau	5 —
Farine	11 —
Total	20 —
Temps de pousse . .	4 heures.

Le chef devant se conserver pour le lendemain nous n'en tenons pas compte comme poids.

Levain

Rafraîchi	20 kilos
Eau	12 —
Farine	28 —
Total	60 —
Temps de pousse. . .	2 heures.

Pâte

Levain	60 k.	
Sel	1	750
Eau	35	
Farine	76	
Total	172	750
A retirer le chef . . .	4	000
Reste	168	750

A chaque frase, on ne devra prendre que les 9/10 de la farine, le reste étant absorbé au cours du travail de passage de la pâte.

Seigle

Le pain de seigle est considéré comme rafraîchissant, on en consomme cependant très peu à l'état pur. Il est consommé en tartines, au beurre ou confitures, pour les goûters ; il est donc vendu assez cher. Il est fait avec du seigle dit seigle russe, farine beaucoup plus noire que la farine de seigle français qui est seulement jaune bis.

Le pain de seigle russe relève du travail viennois, il s'opère sur levure.

Le pain de seigle français se fabrique principalement pour manger rassis.

L'Auvergne, avec ses pains de 10 et 15 kilos en a la spécialité. Il doit se pétrir très ferme sur un seul rafraîchi.

Sur un chef d'environ 1/25 de la fournée à obtenir l'on fait un levain que l'on quintuple et que l'on laisse pousser de quatre à six heures.

Le levain doit être très ferme, ne contenant que 45 0/0 d'eau du poids de la farine.

La pâte doit être basée sur 50 0/0. L'on obtient ainsi un pain bon à manger au bout de 3 jours et pouvant se conserver 15 à 20 jours frais.

Si l'on veut le consommer plus frais on rafraîchira le levain deux fois ; on triplera deux fois sur un chef de 1/30 de la fournée.

Le pain sera bon dès le lendemain, mais ne se conservera que huit jours. Il ne faut pas chercher dans ces pains le développement qui ne peut que nuire à la qualité, ce qu'il faut c'est conserver au pain sa saveur spéciale.

Pain de méteil

Le pain de méteil est un composé de froment et de seigle, il se fabrique, pour être bon, sur deux rafraîchis comme pour le seigle et constitue un pain de ménage très agréable et très nutritif.

Pain d'orge

Le pain d'orge est le moins bon de tous les pains, il constitue un pain lourd, indigeste et désagréable au palais. On peut à la rigueur par mesure économique, le mélanger au méteil dans les proportions de 1/10.

Pain de son

Le pain de son est un rafraîchissant ordonné par les médecins.

En général, le boulanger se contente de mélanger à la pâte de pain blanc 1/10 de son, il produit ainsi du pain de son qui ne remplit nullement le rôle qu'en attend le médecin.

Le son reste, même après son mélange, à l'état de cellulose non digestible.

Pour fabriquer le véritable pain de son médicinal, il faut employer ce qu'en terme de meunerie l'on nomme la boulange, et, autant que possible, provenant de la mouture par meules ; dans cette farine, le son s'assimile plus facilement

Pain de gluten

Le pain de gluten n'est guère fabriqué en boulangerie, il n'est consommé que par les diabétiques, et s'achète le plus souvent chez les pharmaciens ; en général, il est fabriqué chez les amidonniers même.

Il est utile cependant que le cas échéant le boulanger puisse en fournir au client.

La farine de gluten est souvent fraudée par un mélange de farines de fèves.

Le boulanger pétrit sa farine qu'il allonge bien en pâte avec un peu de levure et fait cuire à four doux. Au lieu d'acheter cher de la farine qu'il travaille mal et avec laquelle il ne produit qu'un mauvais gluten brun, il serait préférable de l'extraire lui-même de sa farine comme nous l'avons indiqué précédemment.

Il doit placer son pâton sur une plaque graissée ou dans une boîte en tôle fermée (ce qui est préférable) cuire à four doux. Le gluten se développe de lui-même, en le mettant au four, à la buée, un peu avant de sortir le pain, il aura de cette façon un gluten pur, léger et plus agréable au goût.

Pain complet

Sous le nom de pain complet, l'on a souvent désigné quantité de mélanges plus ou moins digestibles.

Le pain complet est un pain primitif qui doit renfermer tout ce que le blé contient en farine ; pour l'obtenir, le blé ne doit subir qu'une seule opération de mouture et une seule opération de blutage, l'on extrait alors environ 85 0/0 du blé en farines rondes qui nécessitent beaucoup de travail au pétrissage et produisent un pain bis mais très agréable et nutritif. Ce pain ne peut avoir ni le cachet, ni la finesse, ni la légèreté du bon pain blanc ; nous savons, en outre, qu'il est moins nourrissant que le pain blanc (1).

Pain Schweitzer

La société de meunerie et boulangerie, d'après le système Schweitzer, possède plusieurs installations en France, en Allemagne et en Belgique.

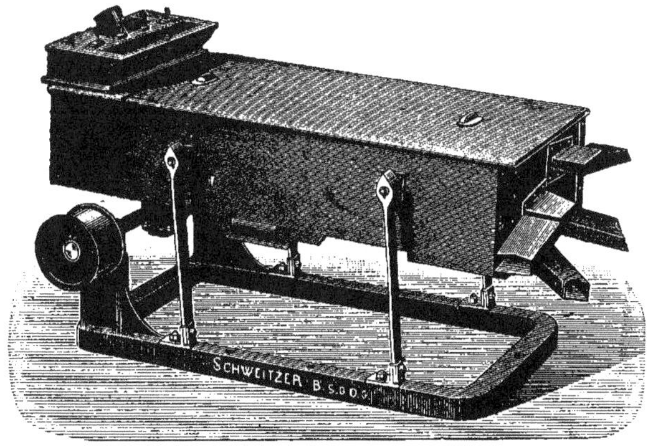

Fig. 82. — Tamis-bluttoir Schweitzer.

Le système Schweitzer supprimant les meuniers, le boulanger profite du bénéfice résultant de la mouture.

(1) Voir (page 12) les résultats des expériences signalées par M. Fleurent.

Elle fait la mouture dans des meules qui sont composées de plateaux circulaires en fonte ou en acier à surface crénelée. Le grain passe dans plusieurs meules à nervures différentes, puis de ces meules aux tamis-bluttoirs et va ensuite directement dans les pétrisseurs.

Fig. 83. — Pétrin à bras sur table Schweitzer.

La Société Schweitzer soutient, non sans raison, que le pétrissage de la pâte à bras est moins régulier et plus long que le pétrissage à la machine, ce qui est de grande importance pour les fours à faible débit. Elle a installé à très bon marché des meules, des pétrisseurs et des fours et s'offre pour l'installation complète des

meuneries-boulangeries, le succès ne semble pas avoir répondu à
son attente.

Fig. 84. — Moulin à bras n° 4 Schweitzer.

La farine obtenue n'est pas blanche, mais d'une couleur gris-
jaunâtre qui se communique au pain et ne lui donne ni la couleur,
ni la saveur désirables, le son est cependant éliminé de la farine.

Pain Souvant

Le pain Souvant doit son nom à M. Souvant, ancien meunier, qui
a eu l'idée de panifier avec de l'eau dans laquelle on aurait fait
bouillir le son de façon à recueillir tout le gluten y restant adhé-
rent ; ce procédé n'est guère applicable en raison de l'augmentation du prix de revient qu'il déterminerait.

Il est évident qu'en utilisant le son de cette façon on augmente la quantité de gluten de la farine ; par contre, on en altère la blancheur, une fois bouillie, l'enveloppe du blé, ou son, devient sans valeur.

C'est donc une perte sèche que l'on ne peut récupérer que dans le pain de fantaisie qui ne se vend pas au poids, mais au volume, et, nous préférons l'emploi des farines de force provenant de Russie (1). Ces farines employées comme mélange dans les proportions de 6 0/0 produisent le même effet que l'eau de son, sans avoir l'inconvénient d'altérer la blancheur de la farine tout en coûtant quatre fois moins cher.

Le système Souvant ne nous semble pas économique, il n'aurait son intérêt que le jour ou le son n'aurait plus de valeur.

Pain anglais

Le pain dit « pain anglais » eut son heure de succès à Paris dans les dernières années de l'Empire (de 1865 à 1870). Au point de vue de la fabrication, il ne diffère du pain allemand que par le mélange de pommes de terre dans les proportions de 1/10 environ ; aujourd'hui, c'est à peine si quelques rares boulangeries de Paris en fabriquent encore. Le public lui préfère le pain allemand plus blanc et dont la mie est plus légère.

En Angleterre, où le pain est surtout utilisé en tartines, puisque aux principaux repas, la pomme de terre est servie pour suppléer au pain, le mélange de la pomme de terre remplissait un double but : permettre de produire du pain meilleur marché pour les classes pauvres et d'obtenir un pain sans trou pour la tartine de beurre ou de confitures des classes aisées ou riches.

A Paris, le pain anglais n'a jamais été appelé à remplir le premier de ces rôles, sauf chez les entrepreneurs qui s'en servaient comme moyen de fraude. Enfin pour les tartines, l'emploi de farine de riz ou autres fécules remplace avantageusement la pomme de terre.

Nous croyons donc inutile de nous attarder à la fabrication du pain anglais, dont l'origine remonte à Parmentier.

(1) Voir page 19.

Nous allons donner le moyen de fabriquer de bon pain genre allemand, plus connu sous le nom de pain viennois.

Pain viennois

Sous le nom de « pain viennois » qui a pour base la levure et non le levain, presque tous les boulangers parisiens et des villes de France fabriquent, plus ou moins bien, du pain viennois. Il n'est pas surprenant de voir deux boulangers voisins, de même importance, dont l'un vendra dix pains viennois alors que l'autre en vendra cinquante ; cela tient à ce qu'ils fabriquent différemment, n'ayant quelquefois, ni l'un, ni l'autre, un procédé réellement bon, mais simplement parce que le hasard aura voulu qu'il réussisse mieux dans le procédé qu'il emploie.

Un boulanger procède par l'emploi de l'eau froide, tandis que son voisin emploie l'eau chaude ; les pains auront pris en leur temps bonne mine l'un et l'autre, mais le pain à l'eau froide sera trop sec, et celui à l'eau chaude trop lourd, quoique aussi beaux l'un que l'autre.

Pouliche

Le pain viennois ne doit pas se fabriquer directement sur levure, ni sur levain fait sur levure, comme dans le travail du Nord, il doit être fait sur pouliche, c'est-à-dire sur un levain liquide ressemblant presque à de la pâte à crêpe. Une pouliche ne peut être bonne que si elle est bien levée et si elle a mis au moins quatre heures à lever. L'eau doit donc être coulée de façon à ce que la pouliche puisse atteindre la température normale de 15 à 20 degrés, en tenant compte de la température du fournil, de la farine et des quatre heures pendant lesquelles elle supportera l'influence du milieu où elle sera placée.

Dans les fournils, l'eau n'est jamais complètement froide, en général elle varie entre 2 et 5 degrés au-dessus de zéro, température insuffisante pour aider au ferment. La farine généralement prise dans le pétrin varie de température entre 10 et 20 degrés selon le milieu. La pouliche étant généralement faite dans un baquet spécial placé sur le sol, ne subit que la température la plus basse du fournil. Il faut en tenir soigneusement compte pour l'établir, puisqu'elle est la base du pain viennois. La quantité d'eau à couler sur la pouliche ne doit pas être inférieure aux 4/5 de la totalité et supérieure aux 9/10, suivant la température.

La quantité de farine doit être égale comme poids dans la pouliche à la quantité d'eau et la levure de grain de bonne qualité dans les proportions minimum de 1/100.

Fabrication. — Prenons pour base si l'on veut une fournée moyenne composée de 20 pains de 4 livres, 35 de 2 livres et 20 de 1 livre.

C'est à peu près de cette façon que se répartira la fournée du boulanger, les pains de 4 livres sont en général pesés à 2 kilos 200 de pâte, les pains de 2 livres et de 1 livre, étant de fantaisie, au poids juste.

Il faudra donc produire en pâte :

$$2 \text{ k. } 200 \times 20 = 44 \text{ kilos.}$$
$$1 \text{ k. } \quad \times 35 = 35 \quad \text{»}$$
$$0 \text{ k. } 500 \times 20 = 10 \quad \text{»}$$
$$\text{Total} \quad . \quad . \quad \overline{89} \text{ kilos}$$

Pour laquelle il faudra employer :

Eau	30 kilos.
Farine	57,700
Sel	900
Levure	400
Total . . .	89,000

Travail. — Etant donnés les chiffres ci-dessus qui peuvent servir de base pour toute quantité, il reste à indiquer le moyen de procéder pour opérer avec sûreté.

Si l'on ne possède pas un pétrin spécial, il faut se munir d'un baquet dit baquet à pouliche, d'environ 80 litres, l'on mettra dans ce baquet 30 kilos de farine ; on versera dessus 20 à 22 litres d'eau telle qu'elle vient du robinet, en ayant soin cependant de se rendre compte de sa température. On prendra dans un bassin le complément de l'eau, jusqu'à concurrence de 25 à 26 litres. A la température, suivant la saison, de 12 à 25 degrés, on délayera bien dans cette eau les 400 gr. de levure nécessaires, en la battant de façon à la faire mousser ; on vide ensuite ce mélange dans le baquet et l'on remue, jusqu'à ce qu'il ne reste aucune motte ou boulette de farine, l'on couvre ensuite le baquet ; au bout de trois heures, soit avec les mains, soit avec un bâton propre, l'on remue la pouliche pour qu'elle prenne de la force. Une heure après, si son volume est augmenté d'un bon tiers, c'est qu'elle est d'une excellente fermentation.

Pétrissage. — L'on vide le baquet dans le pétrin pour le nettoyer, on fond dedans 0 k. 900 de sel, avec les 4 ou 5 litres d'eau restant à couler, que l'on prend à la température moyenne, suivant que la pouliche aura plus ou moins poussé, car la levure n'a pas toujours la même puissance ; on pétrit avec le reste de la farine, soit 27 kilos, après avoir eu soin de bien mélanger l'eau de sel à la pouliche, en évitant surtout de bloquer sa frase, ce qui empêcherait le développement du pain.

Pointage. — L'action de la pouliche est plus lente que celle du levain, et, le pain devant rester moins longtemps sur couche et ne pas s'y relâcher, il est nécessaire de bien laisser pointer, il faut au moins une heure.

Façonnage. — Le façonnage du pain viennois doit s'opérer aussi vivement que possible, sans crainte cependant de serrer la pâte ; à la fermentation, le dégagement d'acide carbonique a produit de nombreuses bulles d'air qu'il est nécessaire de comprimer au façonnage, si l'on ne veut pas avoir du pain qui sèche trop.

L'infériorité du pain viennois sur le pain français, c'est de ne pouvoir produire du pain fendu, non que l'on ne puisse en obtenir, mais parce qu'il ne serait pas bon et donnerait une mie mousseuse et sèche ayant tendance à aigrir ; c'est donc en général en pains roulés, farinés ou glacés que s'opère le façonnage. Pour les pains farinés, l'on sème de la farine au fond du banneton que l'on répartit aussi régulièrement que possible en une couche de 1/2 ou 1 millimètre, si l'on tourne sur couche au lieu de banneton. On procède de même si l'on met la moulure du pain en dessus, de façon à le retourner pour mettre au four ; si, au contraire, l'on met sur fleurage la moulure en dessous, l'on sème la farine sur le dessus.

Les pains glacés se tournent aussi clair que possible ; on les glace au sortir du four au moyen d'une sauce que l'on prépare en versant, une cuillerée à bouche de fécule délayée dans un demi-verre d'eau, dans 1 litre d'eau bouillante, ce qui produit une sorte de colle très légère, on y plonge la brosse que l'on égoutte et on la passe sur la croûte du pain sortant du four, la brosse doit être en soie fine.

Comme pour le pain français, ces pains prennent le nom de boulot, saucisson, jokos, longs ou courts, baguettes, galettes, couronnes, etc.; en gruau, les baguettes changent leur nom en celui de Noël, Richelieu ; les pains longs se désignent plus simplement sous le nom de gruau ou de viennois.

Petite fantaisie

La petite fantaisie, dont une partie se fait également en français, possède des formes et des noms multiples.

On la désigne sous les noms de : flûte crevée, anglais, auvergnat, tire-bouchon, nattes, baguettes, galettes, gruau, viennois, empereur ou autrichien, impératrice, moffine, sandwichs, navette, pains de mie, boules, billes à potage, profiterolles, croissants, pains au beurre, brioche viennoise, etc.

Flûte crevée. — La figure 16 (pl. 2) représente une flûte crevée.

On moule la pâte en l'arrondissant, à raison d'un pâton pour chaque main, on allonge ensuite légèrement les pointes, on met sur couche ; le coup de lame, donné en long à la mise au four, produit la grigne.

Anglais. — Pour l'anglais, il suffit de laisser la boule sans l'allonger, le coup de lame est le même.

Auvergnat. — On désigne sous le nom d'auvergnat un petit pain rond ayant une tête en forme de chapeau.

Ce chapeau s'obtient en détachant environ 1/20 de pâton que l'on aplatit après l'avoir moulé en rond, on le fixe sur la boule en le piquant du doigt au milieu ; l'on place sur couche le chapeau en dessous pour retourner à la mise au four.

Tire-bouchon ou joko. — Après avoir moulé toujours en boule le pâton, on laisse reposer quelques secondes ; il suffit de l'allonger en le roulant entre les mains et le tour, on met sur couche la moulure en dessus, on le retourne pour la mise au four et l'on coupe à deux ou trois coups de lame comme le montre la figure 15 de la planche 2.

Baguette, pains riches, Noëls, Richelieu. — La baguette, noël ou Richelieu s'allonge sans avoir été préalablement moulée en rond ; l'on se reprend à deux fois s'il est nécessaire suivant la longueur, laissant reposer quelques secondes pour que la pâte ne casse pas ; l'on multiplie les coups de lame.

Empereur ou autrichien. — L'empereur est le pain idéal des banquets et festins (fig. 7, planche 1).

Ce nom lui a été donné d'un mot autrichien imparfaitement traduit.

Il exige à la tourne un soin tout particulier. Il doit former une sorte de rosace à cinq branches ; savoir tourner un empereur est l'aspiration du jeune boulanger, quantité de vieux n'ayant jamais pu y parvenir. C'est pourquoi nous croyons devoir nous étendre sur sa tourne.

Après avoir moulé chaque morceau de pâte, il faut le laisser reposer au moins 1/4 d'heure et procéder ensuite de la manière suivante, en se servant de farine de seigle blanche pour aider comme dans le pain fendu au développement de la grigne :

Avec la main gauche, l'aplatir légèrement et avec la main droite le replier d'un quart environ.

Dans le milieu de cette partie écornée, poser le pouce de la main gauche *qui restera immobile jusqu'à la fin de l'opération.*

Ramener alors contre ledit pouce, et ce avec la main droite, une partie de pâte qui formera la première branche. On aura soin de presser avec le coupant de cette main afin de fixer la branche.

Pour la deuxième branche, on prendra à nouveau une partie de pâte avec la main droite et on fixera cette deuxième branche comme la première. Cette opération se fera encore deux fois pour former quatre branches. Il restera alors une dernière partie de pâte qui sera la cinquième branche.

On introduira cette cinquième branche avec le pouce de la main droite, dans l'ouverture réservée par le pouce de la main gauche ;

et c'est à ce moment seulement que se trouvera dégagé le pouce de la main gauche.

Cette dernière branche introduite sera la fin de l'opération par sa jonction avec la première partie. Renverser sans dessus dessous en mettant sur couche.

Mettre au four bien à temps, faute d'apprêt la grigne serait irrégulière, trop d'apprêts elle serait nulle.

Impératrice. — Peu usité, demande aussi beaucoup de soin; il représente un pain très coquet et plus en croûte que l'empereur; nous en donnons le modèle figure 14 de la planche 2. Le pàton, moulé et reposé, il faut abaisser les bords tout autour en conservant une boule au milieu; on relève ensuite ces bords en multiples branches posées les unes sur les autres, l'on ferme comme pour l'empereur et l'on retourne sur couche.

Viennois. — Le viennois, à peu près disparu, en raison de la difficulté de sa coupe, est un excellent pain plus coquet même que l'empereur et l'impératrice. On lui donne la forme d'une flûte crevée aplatie.

Lorsqu'il est bien prêt à mettre au four, on le retourne et on le coupe au moyen d'un couteau à deux tranchants dit couteau viennois.

Pour opérer, l'on tient le pain de la main gauche; on pique la pointe du couteau à l'extrémité, au centre, en l'inclinant vers soi et on lui imprime un mouvement de droite à gauche et *vice versa*, de façon à obtenir une coupure fine et nette qui s'accentue et ressort au four, pour reproduire une feuille.

Natte. — La natte représente une tresse à trois branches.

On allonge bien un morceau de pâte, on ramène l'extrémité droite que l'on pose sur la longueur, à un tiers de l'extrémité gauche; l'on passe l'extrémité gauche dans le cercle obtenu (planche 7, fig. 7); l'on fait faire demi-tour à la partie droite et on repique l'extrémité libre au centre du vide qui reste tirant la pointe en dessous.

Galette. — Il suffit d'aplatir au rouleau ou à la main un pàton moulé, on le saupoudre de farine et le coupe en losange en mettant au four (Pl. 15, fig. 3).

Navette. — La navette est un petit pain fendu, on allonge le pàton comme pour la flûte crevée, on le fend au milieu après l'avoir saupoudré de farine de seigle, soit au rouleau, soit avec le côté de la main (Planche 10, fig. 10).

Boule lisse. — Comme son nom l'indique, morceau de pâte moulé en boule. Mettre sur couche, moulure dessus. Laisser prendre beaucoup d'apprêt.

Boule à dessert. — Ce pain, que l'on sert au dessert, pèse de 35 à 40 grammes en pâte. Mettre sur couche, moulure dessus et poser sur plaque pour la cuisson (Planche 17, fig. 5).

Laisser prendre beaucoup d'apprêt.

Billes à potage ou profiterolles. — Ces billes remplacent dans le potage la flûte à soupe. Avec 25 grammes de pâte, on fait environ dix billes. Laisser prendre beaucoup d'apprêt. Vendre au poids, à raison de 2 fr. 50 le demi-kilo.

Baguette ou pain italien. — Morceau de pâte extrêmement aminci, du poids de 25 grammes de pâte. Vendu 5 centimes le pain.

Pain de mie. — Morceau de pâte tourné en boule et enfermé dans un moule spécial (voir fig. 72 et Planche 9, fig. 5).

Le pain de 450 gr. en pâte est vendu 0 fr. 50 ; de 800 gr., vendu 1 fr.; de 1 kg. 700 gr., vendu 2 fr.

Les pains de mie servent à la confection de sandwichs plats et aussi à de certains mets en pâtisserie.

Pour tous les petits pains de gruau destinés à être coupés et mis à nu sur la pelle, nous recommandons à l'ouvrier, quand ces petits pains auront obtenu l'apprêt nécessaire, de les exposer à l'air frais qui, en leur donnant une légère croûte, facilitera le travail de la coupe et celui de l'enfournement.

Croissants. — La pâte à croissants est une pâte spéciale qui peut se faire de deux façons :

Soit directement sur levure, soit sur levain à levure.

Nous conseillons de préférence le deuxième procédé, parce qu'il permet de mieux se rendre compte de la force de la levure.

Le poids du croissant varie suivant les quartiers ; dans les quartiers riches, on en tire 12 à la livre de pâte, 10 dans d'autres et seulement 8 dans les quartiers ouvriers. Nous ne pouvons donc nous baser que sur la moyenne, qui assure un bénéfice rémunérateur au boulanger.

Pour obtenir par exemple 150 croissants à 5 centimes à raison de 10 à la livre de pâte, c'est environ (car on ne peut arriver à couper à 1 gramme près, même si l'on pesait) 15 livres de pâte ou 7 k. 500 qu'il faut obtenir.

Que nous obtiendrons par l'addition de :

Levure	0 k. 060 gr.	
Sel	0 k. 070	»
Eau	0 k. 250	»
Lait	2 k.	
Farine	4 k. 500	»
Beurre	0 k. 625	» ou margarine 0,750 gr.
Total . . .	7 k. 500 gr.	

Pour obtenir ce mélange, nous procéderons de la manière suivante :

Nous délayerons dans un quart de litre d'eau tiède les 60 gr. de levure ; nous ferons un petit levain avec environ 500 grammes de farine. Nous laisserons pousser ce petit levain jusqu'à bon apprêt, il doit suffire d'une demi-heure, s'il est à la température de 25 degrés.

L'on coulera alors pour pétrir le lait à peine dégourdi dans lequel on fera bien fondre le sel, on ajoute le levain et l'on pétrit comme pour toute autre pâte, mais en prenant autant que possible la farine d'une seule fois.

On laissera reposer cette pâte une heure au frais.

On l'étale ensuite sur le tour, on met le beurre dessus aussi régulièrement que possible.

On replie la pâte et on laisse reposer à nouveau encore au moins une heure.

Au moment de diviser la pâte à la grosseur voulue, on l'abaisse à nouveau et la replie de façon à mélanger le beurre dans toutes les parties.

Généralement, on ne pèse pas les croissants, il faut s'habituer à les couper à la main. Le moyen le plus pratique pour arriver juste est de diviser le pâton en bandes ; on allonge un peu la bande, on la retient de la main gauche et de la droite on coupe un morceau de deux croissants, on arrive très vite de cette façon à les couper juste, puis des deux mains on sépare chaque morceau en deux, on les moule légèrement en boules et on laisse reposer un quart d'heure.

On peut aussi pratiquer en arrachant du pâton un croissant de chaque main, mais ce procédé demande plus de pratique.

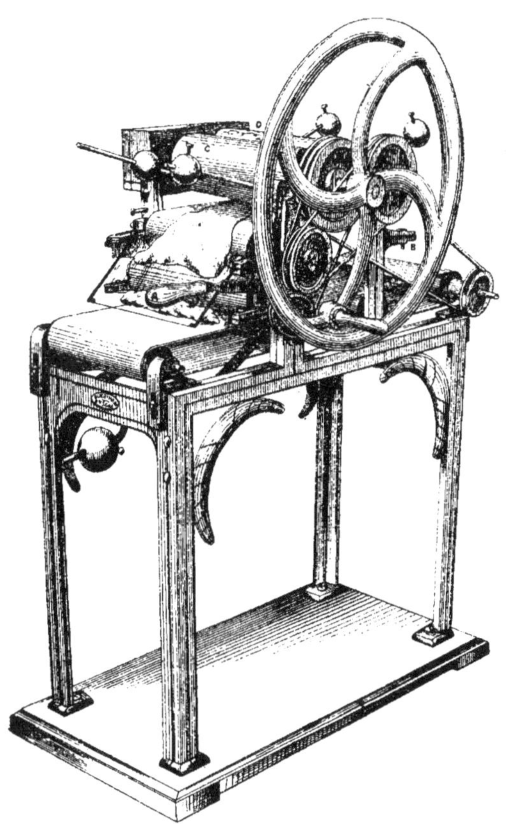

Fig. 105. — Machine à tourner les croissants de Guérimand.

Après un quart d'heure de repos, on abaisse au moyen du rouleau ; on peut, suivant la longueur du rouleau, abaisser plusieurs pâtons ensemble, côte à côte, laissant toutefois l'intervalle nécessaire pour qu'ils ne se collent pas, pour qu'ils n'adhèrent ni au tour, ni au rouleau ; on aura soin de saupoudrer de farine de seigle blanc.

Après quelques minutes de repos, deux ou trois suffisent, on roule le croissant

Pour cette opération, on prend entre le pouce et l'index de la main gauche une extrémité de l'abaisse pour pouvoir la tenir toujours tendue ; de la main droite, on replie légèrement l'autre extrémité, puis avec la paume de la main on roule cette extrémité dans un mouvement de va et vient, en appuyant légèrement ; le bout placé entre les doigts de la main gauche forme la pointe du croissant ; on doit la placer en dedans et en dessous sur couche pour que, retournée à la mise au four, elle se détache (Planche 2, fig. 17).

On donne la forme du croissant en mettant sur couche.

On peut encore utiliser la machine de Guérimand qui est plus spécialement employée à la confection des croissants et que nous reproduisons page précédente.

Elle se compose de deux cylindres tournant l'un vers l'autre ; on pose le pâton au centre, les cylindres l'entraînent en l'aplatissant ; sur chaque cylindre est appliqué un couteau à contrepoids qui rejette le pâton sur une toile sans fin et l'amène buter contre une planchette mobile. Le croissant se roule, la toile étant flexible, il passe sous la planchette en roulant et en s'allongeant.

Cette invention sera certainement améliorée.

L'on met aussi les croissants sur plaque, mais ils ne sont jamais aussi bons que cuits sur la sole du four.

Brioche milanaise ou Fougasse. — On se sert de la pâte à croissants avant le mélange avec le beurre pour faire la *Brioche milanaise* ou *Fougasse*. Pour ce travail, on prendra 2 livres de pâte ; ajouter 50 grammes de sucre, 100 grammes de beurre et un peu d'eau de fleurs d'oranger ; pétrir le tout et laisser fermenter le même temps que la pâte à croissant. Les morceaux à 5 et 10 centimes seront naturellement d'une grosseur moindre que celle des croissants. Lesdits morceaux moulés, les allonger légèrement avec les mains et les poser sur plaque les uns à côté des autres, de façon qu'ils se touchent (Planche 14, fig. 3).

Après la cuisson, les morceaux restant adhérents, on ne les détachera qu'au fur et à mesure de la vente.

Brioche viennoise. — Pour la *Brioche viennoise* (Planche 10, fig. 2), on délayera dans un litre de lait 50 grammes de levure; ajouter 3 œufs, 30 grammes de sel, 20 grammes de sucre et 200 grammes de beurre. Pétrir et laisser fermenter deux heures. On ne fait que des morceaux à 10 centimes (55 gr. en pâte) et au-dessus. On tourne en donnant différentes formes, soit sur la plaque, soit dans des moules spéciaux.

Après la cuisson, on saupoudre avec du sucre, ce qui est plus flatteur à l'œil. La *Brioche viennoise* se vend à raison de 1 fr. la livre. On peut y ajouter des raisins de Corinthe ou de Malaga.

Sandwichs. — On fait des *Pains à jambons* ou *sandwichs*, soit avec la pâte à croissants, soit avec celle à brioche viennoise (Planche 10, fig. 15), à la volonté du client, et même avec la pâte à pain.

CHAPITRE XVI

PÉTRINS MÉCANIQUES MODERNES

Pétrins mécaniques

Nous avons, au début de ce Manuel, présenté les tentatives de la première moitié du xixe siècle ; elles fournissent la preuve que le pétrissage à bras épuise les forces humaines, et, il est fort probable que si la science mécanique eût été aussi développée qu'elle l'est de nos jours, le pétrin mécanique imposé par les pouvoirs publics au lieu de trouver exclusivement place dans les administrations, se fut répandu dans toute la boulangerie française, tandis qu'actuellement le luxe des magasins et la fabrication réduite entravent son application ; peut-être verrons-nous cependant une loi qui, par mesure générale d'hygiène publique et pour la protection particulière de la vie de l'ouvrier boulanger, imposera l'emploi du pétrin mécanique.

Il faut reconnaître que, seule, la France est rebelle à cet emploi ; nous devons toutefois en excepter la région du Nord.

L'Angleterre, l'Allemagne, l'Autriche, la Belgique, ainsi que l'Amérique, ont, depuis de longues années déjà, substitué le pétrissage mécanique au pétrissage à bras.

A Londres, par exemple, les syndicats ouvriers imposent aux patrons non munis de pétrins mécaniques des salaires plus élevés.

A Paris, sur 2.300 boulangeries, l'on ne trouverait pas 10 pétrins mécaniques ; nous parlons plus spécialement de cette ville, car du jour où elle aura adopté le pétrin mécanique, toutes les provinces françaises suivront son exemple.

Les raisons de cette répugnance pour le pétrin mécanique sont multiples. D'un côté, le patron boulanger y voit une dépense de 2.500 à 3.000 fr., étant donné que le pétrin mécanique doit être actionné par une force motrice quelconque et non par les bras de l'ouvrier.

Il ne voit pas bien d'abord quel avantage il peut en retirer ; ne fabriquant, en général, que cinq à six fournées de pain, il lui faudra toujours deux ouvriers, s'il ne travaille pas lui-même, et au moins un s'il travaille, et comme dans ce cas il préfère être au four, il hésite à faire cette dépense. Dans les boulangeries plus importantes où l'on en ferait facilement les frais, se présente une autre difficulté : trouver des ouvriers capables, à défaut du patron, de conduire une installation perfectionnée. Ne sachant où trouver l'ouvrier compétent, ayant toujours sous la main un stock de chômeurs pour remplacer l'ouvrier usé, il se trouve satisfait de la situation présente et ne cherche pas à en sortir.

Un seul remède pouvait briser ces entraves, c'était la création d'une Ecole de boulangerie. La municipalité parisienne a bien encouragé l'idée par de maigres subventions ; la majorité des inventeurs et constructeurs ne demandaient, de leur côté, pas mieux que d'aider au développement d'une Ecole de boulangerie, mais à la condition que l'on favoriserait, exclusivement, et sans la moindre critique, leurs appareils.

C'est donc en vain que l'on démontrera au boulanger qu'il pourra en peu de temps récupérer sa dépense par l'augmentation de rendement.

Emploi du pétrin mécanique

Notre intention est, avant d'aborder la description des pétrins mécaniques, de prémunir le boulanger contre certaines erreurs d'appréciation.

L'on prétend généralement que les pétrins mécaniques étant en fer peuvent s'oxyder et que l'oxyde se communique à la pâte, c'est une grave erreur qui n'a pu être mise en avant que par des adversaires du progrès.

Le fer en contact avec la farine ne s'oxyde pas. La farine, plus hygrométrique que le fer, s'empare de l'humidité, et la partie onctueuse de la farine donne au fer un poli remarquable.

On a longtemps combattu le pétrin mécanique sous prétexte qu'il ne soufflait pas la pâte et ne lui procurait pas de ce fait l'air nécessaire à rendre le pain poreux.

Or il est suffisamment prouvé aujourd'hui que le soufflage n'est pas indispensable au pétrissage et que la conduite des levains, c'est-à-dire un travail jeune, produit tout aussi bien et avec plus de régularité ce que l'on nomme les yeux du pain.

Il en est de même de la température du fer ou de la fonte et de la chaleur des bras de l'ouvrier ; le fer et la fonte, aussi bien que le bois, s'imprègnent de la température du milieu où ils se trouvent placés, et le ferment, pour se développer, n'a besoin ni de la chaleur des bras de l'homme, ni d'eau trop chaude.

L'emploi du pétrin mécanique ne souffre donc qu'une difficulté, celle que nous avons déjà indiquée : des connaissances approfondies du métier de boulanger et de l'appareil à employer. En revanche, l'on obtiendra la sécurité d'hygiène indispensable à la fabrication du pain, et la suppression de fatigues corporelles qui abrègent les jours du boulanger.

Ces connaissances acquises, le boulanger peut, avec n'importe quel pétrin, obtenir de bon et beau travail.

En principe, tous les pétrins mécaniques sont bons, la différence qui existe entre eux, c'est le perfectionnement, la vitesse d'action et la force motrice qu'ils exigent ; il est évident, néanmoins, que quelques-uns sont plus applicables à des travaux spéciaux qu'à toutes sortes de pétrissages, cela tient surtout à ce que le constructeur, placé dans un rayon où le boulanger possédait une habitude, ou plutôt une routine spéciale de pétrissage qui faisait dire *que nul autre pain que le sien ne pouvait être bon,* s'inspirait de ce procédé de travail et s'efforçait de produire un outil remplaçant autant que possible les diverses phases du pétrissage qu'accomplissait le boulanger ; à la diversité des appareils qui, au lieu de se baser sur les données de la science, c'est-à-dire sur la puissance de résistance du gluten et l'action plus ou moins active du ferment, n'ont été construits que dans le but d'imiter le boulanger jusque dans ses erreurs. Il en est résulté qu'alors que l'on aurait pu actionner un pétrin malaxant 200 kilos de pâte avec un cheval-vapeur, il a fallu deux et jusqu'à trois chevaux.

Pourquoi l'évolution des pétrins mécaniques s'est-elle plus vite produite dans les contrées où l'on emploie la levure ?

L'évolution des pétrins mécaniques démontre d'elle-même la justesse de notre raisonnement.

Tandis que dans le Nord de la France le pétrin mécanique est d'un usage courant, dans le Midi il est resté inconnu.

Nous avons vu des boulangers de Marseille se refuser à croire que l'on puisse faire de bonne pâte au pétrin mécanique.

Les boulangers du Nord se gloseraient bien de cette prévention.

Quelle raison donner à cette différence d'appréciation, entre gens de même métier et de même nationalité, si ce n'est que dans le Nord le ferment artificiel, c'est-à-dire la levure de bière ou de grains, remplace le ferment naturel ou levain de pâte.

De cet examen, il doit en résulter, pour le boulanger du centre (le boulanger de Paris principalement) qui produit un travail plus varié, plus minutieux, un enseignement très utile, et c'est sur ce point que nous nous efforcerons d'attirer son attention.

Action des ferments

Le boulanger du Nord, qui emploie un ferment très actif, pouvant briser la résistance la plus tenace que l'on ait pu donner au gluten dans le malaxage, résistance qui n'a pu du reste être alourdie par un levain de pâte qui n'existe pas dans ce travail, le boulanger du Nord, disons-nous, n'a pas rencontré, dans le pétrissage mécanique, de grandes difficultés, bien au contraire, il n'en a ressenti qu'un soulagement de ses fatigues, par conséquent un immense avantage, son pain presque uniformément rond, ne demande pas les mêmes précautions de travail que les pains fendus ou les pains coupés.

Tout se résume pour lui, en boulangerie, au pétrissage et à la fermentation, tel le travail de manutention ; son levain fait sur levure agit avec activité, une activité même quelquefois trop puissante pour le pétrissage à bras, car dans les températures élevées, la pâte pousse plus vite qu'on ne le veut.

Le pétrin mécanique, par sa puissance de malaxage, solidifie beaucoup plus le mélange du gluten et de l'amidon, quelques minutes de pétrissage en plus lorsqu'il fait chaud ne le fatiguant pas, tandis qu'au contraire l'ouvrier se fatigue d'autant plus que la température est élevée.

Il est donc évident que dans le travail sur levain de pâte, l'action du ferment se trouve arrêtée, d'un côté par le travail supérieur en malaxage au travail à bras, et, d'autre part, par l'activité de ce travail.

Dans le pétrissage à bras, une partie seulement de la pâte se trouve travaillée par l'action des bras de l'ouvrier, les autres parties prennent un peu de repos, pendant lequel le ferment commence son travail de reproduction et de dégagement d'acide carbonique.

Le pétrissage demande une moyenne de 30 à 40 minutes, c'est également un avantage au point de vue de l'oxygénation, ou si l'on veut de l'alimentation du ferment.

Partant de ce point, on arrive à cette constatation que plus le pétrin mécanique aura de puissance de travail, plus il arrêtera le ferment et plus il faudra de temps de repos à la pâte pour que le ferment reprenne son activité.

Contenance des pétrins

Il ne faudrait pas commettre l'erreur de croire que plus un pétrin est grand, plus il produit ; ce serait un tort, non pas que si un pétrin peut malaxer 400 kilos de pâte, il ne puisse produire plus que celui qui n'en peut malaxer que 200.

Le malaxage s'opère plus difficilement sur une grosse masse que sur une petite, et la production d'un pétrin mécanique est tellement grande qu'un seul peut alimenter cinq fours de sa contenance.

La contenance du pétrin doit se régler sur la contenance du four, à moins de production exceptionnelle qui exigerait un personnel assez nombreux pour pouvoir façonner dans un même laps de temps, que pour une fournée, autant de fournées que le pétrin en aurait malaxé. Il est d'usage au travail à bras que le levain au cours du travail ne soit autre chose que de la pâte de la fournée précédente.

Or, d'après ce que nous indiquons plus haut, l'action du ferment étant entravée par le pétrin mécanique, il faut donc retrouver cette activité de façon ou d'autre.

Quels autres moyens, sinon l'emploi de la levure et le levain un peu plus avancés?

Il faut au moins au levain, pour qu'il ait l'activité voulue, une heure de repos.

Il faudrait donc, si l'on demande au pétrin mécanique quatre ou cinq fournées à l'heure, conserver du levain de la première fournée pour la cinq ou sixième, si l'on veut obtenir un bon résultat.

Si, au contraire, l'on ne demande au pétrin que l'alimentation d'un four, c'est-à-dire une fournée environ tous les cinq quarts d'heure, naturellement le levain de la fournée précédente sera en état, puisqu'il aura une heure de fermentation.

Néanmoins, un peu de levure n'est jamais nuisible pour obtenir un pain léger, sans qu'il reste longtemps sur couche.

Pour la grande production, c'est-à-dire l'alimentation de quatre ou cinq fours, nous conseillerons toujours, au lieu d'un pétrin de grande capacité, deux pétrins, dont l'un spécialement affecté au travail des levains, par conséquent de moitié moins de contenance que celui affecté à la fournée.

Les raisons qui militent en faveur de ce procédé d'organisation sont les suivantes :

1° Une grosse fournée demandant plus de temps de travail est plus sujette à s'engraisser ;

2° La pâte se pétrissant toujours plus tendre que le levain, celle que l'on garde comme levain perd toujours de sa force, ou action de fermentation, un levain fait à part a donc toujours plus de force ;

3° Le pétrissage s'opère toujours mieux sur une fournée qui ne doit pas laisser de levain que sur celle qui doit produire le levain de la suivante ;

4° Plus la fournée est façonnée vite, meilleur est le résultat.

Il ne faudrait jamais mettre plus d'un quart d'heure pour façonner une pétrissée ; donc si la pétrissée contient plusieurs fournées, il faudra un personnel proportionné pour le façonnage ou tourne.

Si l'on se rend compte de ces difficultés à surmonter, l'on comprend aisément qu'il est préférable, même pour une grande production aussi bien que pour une petite, d'avoir un pétrin spécialement affecté aux levains.

L'ouvrier peu conscient a toujours vu dans la machine-outil un adversaire de son bien être.

L'outil mécanique coupe les bras.

Qui l'a habitué à ce raisonnement ?

Le patron qui, petit industriel, vit au jour le jour, avec la crainte de se voir contraint de transformer son outillage s'il emploie avec lui un ouvrier, il sait que le pétrin mécanique ne pourra pas lui permettre de s'en passer, il faudra l'ouvrier pour diriger le pétrin, pour tourner la fournée et s'il en occupe deux, il faudra les conserver de même.

Tout ce qu'il pourra obtenir de plus, c'est une production un peu plus forte.

Tel à Paris, où il pourra demander, au lieu de quatre fournées à deux hommes, six fournées pour le même salaire ; il y aura donc profit pour le patron sans perte pour l'ouvrier. Avec le travail à bras, l'ouvrier peine beaucoup pour produire six fournées. Il gagne 2 fr. de plus, mais il dépense sur ces 2 fr. au moins 1 fr. de plus en nourriture ou boissons et le reste en repos forcé par épuisement ou maladie.

Depuis trente années, nous en avons trop souvent fait l'expérience par nous-mêmes, et par les exemples constants que nous avons sous les yeux.

Que l'on prenne vingt ouvriers boulangers, dix travaillant à bras et produisant sept et huit fournées, gagnant par conséquent 10 et 11 francs par jour, dix travaillant mécaniquement pendant 10 heures et ne gagnant que 7 ou 8 francs, si, au bout de cinq années, l'on fait la balance des économies réalisées par ces deux groupes, ce sera du côté des moindres salaires que la balance emportera.

L'ouvrier dira peut être que s'il produit six fournées au lieu de quatre pour le même salaire il aura empêché un troisième ouvrier de gagner sa vie.

Ce raisonnement ne serait pas admissible, quand bien même il serait vrai. Ce troisième ouvrier se fera peut-être métallurgiste pour la construction des pétrins.

Les fournées d'une moyenne de 120 kilos de pain sont tombés à Paris à 90 kilos.

Le rendement a suivi ce mouvement : de 136 et 138, il est réellement, avec polkas et marchands de vins pesés, tombé à une moyenne de 128 à 130 0/0.

La lutte économique, la libre concurrence d'un côté, et l'exigence du consommateur, nous amèneront avant peu à livrer les pains de un kilo et même d'un 1/2 kilo au poids, la fournée sera réduite alors à une moyenne de 75 à 80 kilos de pain.

Si le boulanger s'entête à ne pas transformer son outillage, c'est la ruine forcée à brève échéance, car le prix du pain ne sera jamais surélevé en raison de la décroissance de la somme de production.

Il sera donc impossible au boulanger de payer le même salaire pour quatre fournées de 80 kilos que pour quatre fournées de 120 kilos.

Peut-il réduire les salaires ? Non, car le salaire de 7 fr. donné à l'ouvrier boulanger parisien, pour une journée de quatre fournées à deux hommes et sept fournées à trois hommes, ne représente que réellement les besoins les plus restreints de la vie.

Il est donc de toute nécessité de maintenir ce salaire comme il sera nécessaire d'augmenter la production sinon en poids, du moins en nombre de fournées.

L'ouvrier aussi a tout intérêt à cette transformation de l'outillage primitif en outillage scientifique.

Il devrait se rendre compte que le patron, acculé à la ruine, se verra contraint, pour lutter contre cette adversité, de rechercher, dans l'agrandissement de son four, l'économie qui lui permettra de résister.

Il se produira donc ce fait que, malgré lui, l'ouvrier produira six fournées pour quatre, avec beaucoup plus de mal, puisqu'en réalité il lui restera au pétrin la même quantité de pâte et qu'il aura beaucoup plus de façonnage.

Résumons donc ces points :

Dans l'un comme dans l'autre camp, si l'on veut admettre qu'il

y a différence d'intérêts entre l'ouvrier et le patron, l'outil mécanique en tant que pétrin et four apportera à la boulangerie une
amélioration incontestable.

Nous allons étudier maintenant les pétrins en usage de nos
jours, nous examinerons ensuite les récents modèles de fours.

Nous avons dit que la boulangerie étrangère avait depuis longtemps adopté le pétrin mécanique.

Les deux principales maisons de construction connues sont la
maison Baker et sons, de Londres et la maison allemande de
Werner et Pfleiderer à Cannstad.

Ces maisons ont répandu leurs appareils dans le monde entier.

En France, la maison Baker n'a encore pénétré que dans les
principales maisons de biscuiterie, mais la maison Werner qui, du
reste, possède un établissement à Paris, a déjà de nombreux appareils utilisés en France ; à côté de ces deux maisons principales il
en existe quantité d'autres qui construisent des pétrins mécaniques.

Pétrin Baker

La maison Baker avait, à l'Exposition de 1900, tout un établissement, mais à part quelques petits pains l'on n'y fabriquait guère
que la biscuiterie, principalement la gauffrette.

Nous avons beaucoup regretté de n'y pas voir employer les
pétrins à la fabrication de fournées de pain.

Voici la description de son pétrin.

Le pétrin Baker, est un outil mécanique de construction supérieure, et d'un fonctionnement mathématique dans toutes ses parties.

Ce pétrin est à deux vitesses, chacune de ces vitesses se donne
au moyen d'une simple roue à main, qui opère le débrayage et
l'embrayage, sans arrêter la marche de la machine.

Le pétrissage s'opère au moyen de quatre bras isolés les uns des
autres, à l'intérieur de la partie cylindrique de la cuve. Au moyen
d'un levier l'on imprime à ces bras, le mouvement que l'on désire,
l'on peut à volonté les diriger soit dans le même sens, soit en sens
inverse les uns des autres. C'est là un grand progrès réalisé sur

tous les pétrisseurs qu'il nous a été donné de voir jusqu'à ce jour.

Fig. 86. — Pétrin horizontal Baker.

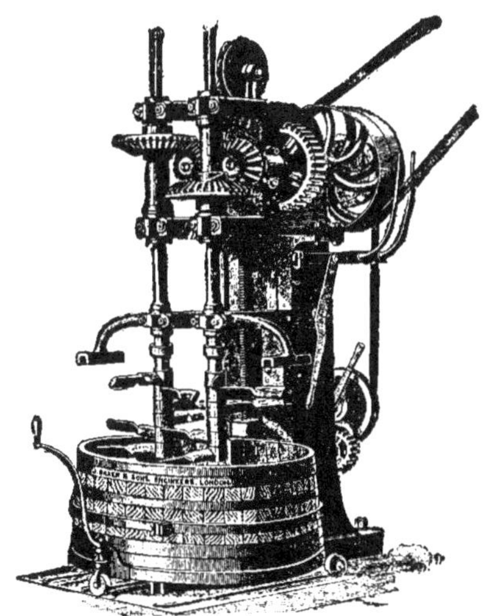

Fig. 87. — Pétrin vertical Baker.

Le renversement de la cuve s'opère également au moyen d'un simple levier ou d'une roue à main.

Que dire de ce pétrisseur, si ce n'est, qu'il est bien l'outil des grandes productions de pain comme il en existe à l'étranger, d'un maniement facile, il obéit à la volonté de l'ouvrier qui le dirige.

Est-il un boulanger, si pessimiste fût-il qui, en face de cet outil, pourrait prétendre que la pâte ne peut être bien travaillée, quand dans toutes ses parties simultanément ou ensemble, l'ouvrier chargé de sa direction peut la diriger à sa volonté, machine docile obéissant à la moindre pression de main ; l'ouvrier pour en faire sa chose n'a qu'à savoir ce qu'il veut obtenir et à connaître préalablement la farine qu'il doit transformer.

La maison Baker construit aussi un pétrin vertical (fig. 87) plus spécial aux pâtes douces, le baquet ou pétrin est indépendant des batteurs que l'on soulève à volonté. On place le baquet dans lequel la pâte a été préalablement préparée sous l'appareil ou dessous les batteurs et l'on met en fonction.

Il est d'un prix assez élevé.

Pétrin Werner

Le pétrin de la maison Werner et Pfleiderer est désigné sous le nom de « Pétrisseur-Mélangeur Universel ».

La maison Werner et Pfleiderer est, croyons-nous, la plus importante des maisons de construction de fours et de pétrins mécaniques.

Est-il parfait ? Non assurément, comme tous, il a ses défauts et ses qualités, et comme tous, il nécessite une étude spéciale pour donner de bons résultats.

C'est avant tout un outil de grande production ; quoique paraissant lourd, il est d'une souplesse extraordinaire entre les mains de l'ouvrier qui sait le diriger ; on en obtient ce que l'on veut avec une justesse surprenante.

Le pétrin Werner est connu en France.

Nos Manutentions militaires et civiles, des Sociétés coopératives, des Boulangeries commerciales l'ont adopté ; en maintes circonstances, il nous a donc été donné de l'expérimenter.

Il n'est pas une concurrence malhonnête pour nos pétrins français, puisqu'il est d'un prix double et triple même.

Le pétrin Werner doit attirer notre attention en ce sens que l'inventeur rompant avec la routine, ne s'est point inquiété des habitudes de pétrissage du boulanger.

Etabli sur des bases scientifiques, le pétrin Werner a pour principe essentiel le malaxage.

Fig. 88. — Pétrisseur Mélangeur « Universel » en travail.

Cet appareil a été baptisé pétrisseur-mélangeur universel parce qu'il s'applique non seulement à la pâte servant à fabriquer du pain, mais à toutes sortes de pâtes

L'inventeur laissait ainsi de côté les principes de frasage, découpage, soufflage et autres que tous nos constructeurs français se sont efforcés d'imiter, ce qui n'a pas empêché cet appareil, comme on pourrait le croire, de faire sa trouée en boulangerie.

Si le pétrin Werner est d'un prix très élevé, en revanche c'est un outil de première solidité.

Comme on peut le voir d'après le dessin ci-dessous, la cuve se renverse au moyen d'une manivelle à engrenage qui actionne des contre poids tirant sur les chaînes fixées au-dessous de la cuve.

Un enfant de dix ans pourrait décharger un pétrin contenant 200 kilos de pâte.

Fig. 89. — Pétrisseur-Mélangeur « Universel » renversé pour le déchargement.

Les deux hélices en tournant se rejettent la pâte l'une sur l'autre. Par une combinaison mécanique très pratique, ces hélices ne tournent pas à la même vitesse. C'est cette combinaison qui leur permet de découper la pâte dans toutes ses parties. L'étirage s'opère par le renversement du mouvement des hélices.

Cette opération se pratique de la façon la plus simple. Une simple pression de la main sur un petit volant formant écrou, déplace longitudinalement un double-cône de friction claveté sur l'arbre, et le fait embrayer avec la poulie à courroie droite sur la poulie à courroie croisée. Les palettes tournent ainsi l'une vers l'autre, ou l'une s'écartant de l'autre, ce dernier mouvement allongeant et étirant la pâte.

De cette opération, l'action du pétrissage est moins puissante, mais en revanche, l'oxygénation de la pâte s'opère tout aussi bien qu'au soufflage.

Fig. 90. — Machine avec auge renversée.

Le pétrin Werner est d'une très grande puissance de travail. Son seul défaut, c'est de ne pas bien délayer le levain, A ce défaut, l'on peut remédier facilement, nous allons l'indiquer.

Etant donnée la puissance de travail du pétrin Werner, il ne faut jamais dépasser 30 0/0 de levain, il est même bien préférable de se tenir à 25 0/0 et d'actionner par un peu de levure.

Pour pétrir vite et bien il faut que le délayage des levains s'opère aussi vite que possible et que la frase soit bien prise.

Avec le pétrin Werner, l'on est exposé de voir surnager la farine le levain tourne alors autour des hélices et ne se mélange pas. Il faut trois fois plus de temps pour prendre la totalité de la farine. La fermentation en souffre et la pâte se développe beaucoup moins à la cuisson.

Comment éviter ce danger ?

Ne couler préalablement que la moitié de l'eau, verser levain et sel, tourner une ou deux minutes pour le délayage des levains et la fonte du sel. Arrêter laisser ; tomber les 9/10 1/2 au moins de sa farine, mettre en marche et couler en même temps le reste de l'eau. Cette opération demande une minute. Trois minutes après le frasage est complètement opéré.

L'on renverse les hélices pour allonger la pâte pendant deux minutes.

L'on jette le reste de sa farine soit 1/20 environ.

L'on change à nouveau le mouvement des hélices, deux minutes de broyage et la pâte est terminée.

Dernier renversement des hélices qui allongent la pâte pendant que l'on renverse le pétrin.

Le temps de pétrissage dans un pétrin de 180 kilos de pâte a en tout, au maximum, duré dix minutes.

Les pâtes ainsi pétries à la température moyenne de 20 à 25 degrés ont besoin de pointer un minimum d'environ trois quarts d'heure.

Un seul pétrin peut donc alimenter quatre fours. Toutefois nous ne saurions trop recommander l'emploi d'un deuxième pétrin de moindre dimension destiné à faire le levain pour chaque fournée.

Si comme nous l'avons dit préalablement, le levain perd sa force au pétrin mécanique, c'est surtout au pétrin Werner où l'action quoique beaucoup plus puissante que dans le Boland, le Deliry ou le Mahot, loin de donner de la force au travail, la coupe, parce que l'oxygénation du ferment est moins grande que dans les autres, ce qui rend, il faut le dire, ce pétrin plus difficile a conduire que les précédents. C'est un outil scientifique et non l'outil de la routine.

Nous donnons ici le dessin d'une salle de pétrissage d'une grande boulangerie viennoise installée par la maison Werner et Pfleiderer ; l'on peut juger la différence de situation qui existe entre les ouvriers de ces boulangeries et le pauvre boulanger français suant et s'épuisant courbé sur son pétrin.

La maison Werner fabrique également des pétrins munis d'une
seule palette pour les pâtes demandant moins de broyage.

Fig. 91. — Salle de pétrissage d'une boulangerie viennoise.

Nous avons utilisé ce pétrin et nous en avons obtenu les meil-
leurs résultats sur des levains faits au pétrin à deux palettes.

Pétrin Boland

Le pétrin Boland est le plus ancien de ceux qui ont résisté aux attaques inconscientes des partisans du travail à bras.

Il a subi évidemment quelques transformations ; à son apparition, il y a un demi-siècle il n'était muni que d'une seule vitesse et la cuve était fixe, depuis il possède deux vitesses et la cuve se renverse.

Fig. 92. — Pétrin Boland perfectionné.

M. Jametel, concessionnaire du brevet Boland, en a fait un outil très moderne. L'inventeur M. Boland, était un des rares boulangers, qui se révoltèrent contre le pétrissage à bras ; établi à **Paris** il jouissait d'une grande considération parmi ses collègues ; son pétrin n'en fut pas mieux reçu pour cela, il est vrai que nous n'étions qu'à la fin de la première moitié du xixe siècle. Il put cependant vers 1847, le faire adopter par l'armée et la boulangerie des hôpitaux de Paris l'usine Scipion, qui s'en servit **pendant** vingt années.

Tel qu'il est aujourd'hui le pétrin Boland peut être considéré comme un outil bon et pratique.

La double hélice travaille la pâte sans arrêt, ainsi frasée la pâte se trouve soulevée par elle et suffisamment oxygénée.

Il ne prend pas beaucoup de place, et une force motrice d'un cheval et demi suffit largement pour alimenter un four, ou mieux deux fours de soixante pains ; sa dépense ne dépasse pas 0 fr. 10 par fournée, avec un moteur à gaz.

Il est muni de deux vitesses, qui peuvent ou non être utilisées.

L'on comprend cette double vitesse si le pétrin est mû à bras d'homme, une fois la frase terminée en diminuant la vitesse on a un peu moins de mal à le mouvoir, mais lorsque l'on possède une force motrice, l'utilité de cette double vitesse devient secondaire.

L'hélice soulevant plutôt la pâte qu'elle ne la malaxe, le boulanger peut conduire son travail sur 30 0/0 de levains comme au pétrissage à bras, en ajoutant seulement 0,25 0/0 de levure pour activer la fermentation.

La dépense pour l'installation d'un pétrin Boland, moteur et transmissions comprises ne dépasse pas 2.500 francs.

Pétrin Mahot

Nul n'est prophète en son pays, dit un vieux proverbe.

Nous sommes heureux de constater que ce proverbe n'est pas applicable à M. Mahot qui est un des rares constructeurs français de pétrins mécaniques et fours économiques ayant pu convaincre les boulangers de sa contrée au point qu'il faut chercher aujourd'hui dans les environs de Ham, où M. Mahot est constructeur-mécanicien, les boulangeries où l'on ne trouve pas son pétrin ; par lui plus de 500 boulangers se sont rendus à l'évidence de la supériorité du pétrissage mécanique sur le pétrissage à bras.

Dans la construction de son pétrin M. Mahot s'est attaché à produire un outil pratique et bon marché.

Il peut être l'outil du petit boulanger comme celui de la grande production.

Il faut au plus 2.500 francs pour installation non seulement du pétrin, mais du moteur à gaz, pétrole, gazogène, etc., ainsi que des transmissions qui doivent en assurer le fonctionnement.

Le pétrin Mahot a conservé la cuve demi-cylindrique, construite en bois de chène, elle ressemble aux pétrins à bras usités dans de nombreuses contrées et peut en servir au besoin.

Ce pétrin est traversé dans toute sa longueur par un arbre en acier, armé de tiges rondes courbées en hélice de chaque côté, la moitié de ces travailleurs sont terminés par une lame transversale de sorte que, tandis que la moitié des tiges font office de découpeurs, l'autre moitié allonge et soulève la pâte à la vitesse de **12** à **15** tours à la minute, l'on peut obtenir un bon pétrissage à une première fournée en **25** minutes, et **15** minutes les suivantes.

Fig. 93. — Pétrin Mahot.

La pâte dans le pétrin Mahot n'a pas le temps de repos que lui donne le pétrissage à bras ou les pétrins mécaniques où les travailleurs ne prennent la pâte que simultanément, elle n'en est pas moins suffisamment oxygénée, car quoique très actif le travail est assez lent.

Le pétrisseur, à volonté, tourne en avant ou en arrière, ce qui, en raison de la forme hélicoïdale des bras de fer permet de rejeter la pâte soit vers le centre, soit vers les bouts.

En changeant ce mouvement à plusieurs reprises, l'on obtient

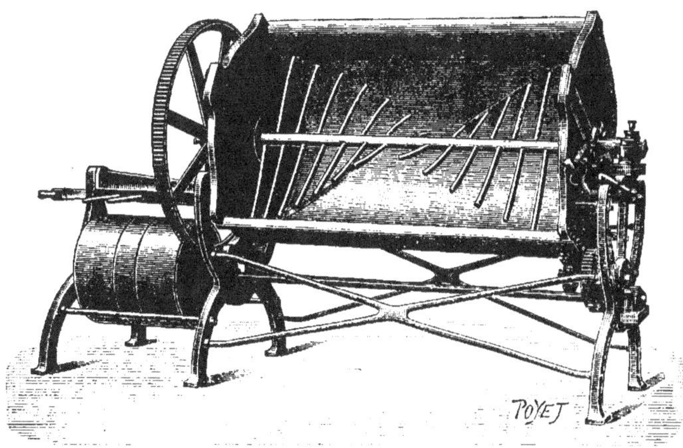

Fig. 94. — Pétrin avec cuve à renversement muni d'un intermédiaire.

Fig. 95. — Pétrisseur soulevé.

une pâte homogène absolument égale dans toutes ses parties ; de fait, lorsque la pâte est rejetée vers le centre du pétrin à chaque tour du pétrisseur, une partie de cette pâte reçoit quatre actions simultanées du travailleur, par contre l'autre partie ou la totalité lorsque le pétrisseur la rejette vers les bouts n'en reçoit que deux en une moyenne de cinq secondes, ce qui, pour la masse qui n'est prise qu'une fois sur deux par la partie du pétrisseur munie de la barre soufflante, assure une oxygénation suffisante.

L'opération terminée, au moyen d'une crémaillère placée près de la commande, l'on soulève le pétrisseur et l'on peut ou peser au-dessus du pétrin, ou retirer la pâte pour la mettre en planche ailleurs.

Il y avait là un inconvénient qui est disparu avec le procédé de renversement tel que le représente le dessin ci-dessus.

M. Mahot, ayant compris l'inconvénient qu'objecterait la grande production, d'être obligée de retirer la pâte du pétrin ou d'en posséder assez pour que les levains aient le temps de reprendre de la force, a construit vers 1900 son premier pétrin à renversement auquel, depuis, bon nombre de boulangers ont donné la préférence.

La conduite de ce pétrin est des plus faciles, il ne faut pas trois jours au boulanger un peu intelligent pour en obtenir de bons résultats : tenir un peu de force dans les levains, laisser pointer une première 30 minutes et les autres de 20 à 15 minutes, pour pratiquer vite : couler la moitié de l'eau, donner trois ou quatre tours pour délayer le levain avec le sel, mettre les 9/10 de la farine, couler dessus le reste de l'eau, tourner 3 minutes dans chaque sens, mettre le reste de la farine et continuer en changeant le pétrissage.

Pour le travail parisien, il suffit de 15 à 18 minutes pour une première fournée et 10 à 12 minutes pour les suivantes.

Un moteur de 1 cheval 1/4 à 1 cheval 1/2 suffit pour un four de 70 pains de 2 kilos, soit des fournées moyennes, pâte et levain de 200 à 220 kilos.

Certes nous ne donnons pas ce pétrin comme absolument parfait, il subira encore plus d'une modification dans sa partie mécanique.

Il n'a pas, par exemple, la puissance de production du pétrin Werner.

Ce n'en est pas moins un outil très recommandable au boulanger français, puisque nous n'en sommes pas encore en France à la puissante usine à pain ; il est simple, peu coûteux, ne prend pas de force et donne de bons résultats, et l'accueil qu'il a trouvé un peu partout et surtout dans le Nord est la meilleure des garanties.

Pétrin Deliry

Le pétrin Deliry a été et restera un bon outil, un peu lourd et de mécanisme compliqué, mais d'un emploi facile et pratique pour le boulanger.

En tant que principes le pétrin Deliry a une antériorité.

Après la cuve semi-cylindrique du pétrin Lahore, retrouvée dans le pétrin Boland, le pétrin Deliry nous ramène à la cuve tournante et circulaire telle que nous l'avons signalée au pétrin David.

Ce n'est pas un reproche que nous adressons à l'inventeur ; le génie d'observation permet de ne prendre d'un outil que ce qu'il a de bon. C'est pourquoi au principe de la cuve circulaire il a su adjoindre le principe hélicoïdal, ainsi que le principe du frasage ; l'on pourrait même dire à l'excès, et voici pourquoi. M. Deliry en construisant son pétrin s'est attaché autant que possible à remplacer les bras de l'ouvrier. Il en est résulté une charge qui donne d'autant plus de tirage à son pétrin, que construit en fonte, il est déjà très lourd.

On peut reprocher au pétrin Deliry de demander pour le travail parisien, une force motrice, d'au moins trois chevaux-vapeur.

Le pétrin Deliry a remplacé à l'usine Scipion le pétrin Boland, il y fonctionne encore et n'y sera sans doute remplacé que lorsque l'usine sera complètement transformée, il a eu aussi de nombreuses applications dans l'armée.

Avec le pétrin Deliry l'ouvrier n'a presque rien à changer à son travail pour arriver au même résultat qu'avec le pétrissage à bras.

La cuve tournant lentement, la pâte entre chaque hélice subit un temps de repos qui permet au ferment d'agir tout aussi vivement

qu'au pétrissage à bras, il faut compter à une première fournée
25 à 30 minutes pour que la pâte soit rendue.

Un quart d'heure à 20 minutes de pointage suffisent donc largement pour une première fournée, le travail peut ensuite se continuer dans les conditions normales du travail à bras.

Fig. 96. — Pétrin Deliry.

En dehors de la force motrice perdue par le poids et la complication d'engrenage, le pétrin Deliry a des inconvénients mécaniques qui ne touchent en rien par conséquent à sa qualité.

1° En raison de l'étendue de sa cuve il demande un certain
emplacement dont on ne peut toujours disposer dans les petites
boulangeries

2° Il faut retirer la pâte à la main, la cuve ne pouvant se renverser et n'étant munie d'aucune trappe de décharge.

L'on peut peser sur le pétrin comme au pétrin à bras, mais alors il faut séparer la partie restant pour le levain et réserver la pâte au moyen de planches de séparation et avoir le tour à proximité, ce qui n'est pas toujours facile.

A notre avis on eût pu ménager une trappe au bord de la cuve, en plaçant le pétrin assez haut on aurait pu recueillir ainsi la pâte dans des corbeilles ou wagonnets, ce qui eût permis de pétrir plusieurs fournées d'avance et par conséquent augmenter la production.

L'objection des boulangers contre les pétrins Deliry s'adresse surtout au métal, c'est-à-dire à la fonte dont est construite la cuve.

Les boulangers ont tort ; la cuve en raison même de sa densité s'imprègne de la température du local.

Il n'est donc nullement besoin d'employer l'eau à une température élevée.

Il est un point sur lequel nous devons attirer l'attention du boulanger. C'est l'influence de l'air sur la pâte.

Dans le pétrin Deliry la pâte se trouve plus étendue même que dans le pétrin à bras, il faut éviter l'air froid et une température trop basse dans le fournil ; l'on peut évaluer à cinq degrés la différence en plus qu'il faut maintenir au fournil.

En résumé : travail absolument semblable qu'aux bras ; oxygénation régulière du ferment ; facilité de direction.

Par contre : impossibilité d'être conduit à bras ; consommation de force motrice ; obligation de retirer la pâte à bras ; danger du contact de l'air froid.

Pétrin Baurens

Le Baurens a beaucoup de similitude avec le Deliry.

Les principes sont absolument les mêmes.

Cuve tournante fraseur et hélice pétrisseuse de même forme.

Le Baurens diffère du Deliry par la cuve construite en fonte et bois, le fond de fonte, le tour de bois ; le manège au lieu d'être placé dessous est placé au-dessus. Au lieu de deux hélices il n'en est muni que d'une seule ; sa puissance de travail est donc d'autant moins grande ; mais en revanche il demande beaucoup moins de force motrice, un moteur d'un cheval et demi suffit pour l'actionner.

Il ne s'ensuit pas de cela qu'il consomme moitié moins de force il dépense en réalité 1/3 de moins, sa puissance de travail étant moins grande il faut compter 10 minutes de plus à une première fournée ce qui établit nécessairement une dépense de force plus élevée que la proportion de force du moteur.

La conduite ne diffère pas de celle du pétrin Deliry.

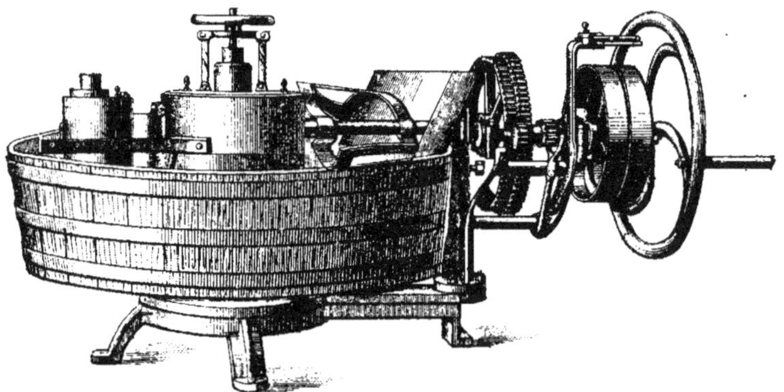

Fig. 97. — Pétrin Beaurens.

Le pétrin Baurens est moins cher, cela va sans dire, que le pétrin Deliry, mais en raison de sa construction il ne peut être d'un usage aussi long.

Le pétrin Baurens est avantageux pour une petite boulangerie de deux à quatre sacs.

Il faut compter pour le premier sac, avec un moteur à gaz de 1 cheval 1/2, 1 mètre 1/2 de gaz et 1 mètre pour les sacs suivants pétris en 2 fois.

Le manège placé au-dessus de la cuve se trouve plus exposé à la poussière. Son avantage est d'être peu encombrant et d'être à la portée de la bourse du petit boulanger.

Pétrin Chauvin-Laffond

Un pétrin plus spécialement affecté au travail provençal est le pétrin construit par M. Chauvin et exploité par M. Laffond, boulanger concessionnaire, à Marseille.

Fig. 98. — Pétrissage marseillais.

Fig. 99. — Pétrissage aux bras.

M. Laffond met en parallèle des ouvriers boulangers travaillant au pétrin à bras et au pétrin mécanique.

La figure 98 représente un ouvrier de Marseille en train de pétrir les levains avec les pieds, comme il travaille dans un local appelé gloriette, entièrement clos à une température de 35 à 40 degrés, l'ouvrier est en nage, la sueur lui coule par tous les pores pour venir arroser la pâte, ce qui est plus ou moins hygiénique.

La figure 99 nous montre l'ouvrier pétrissant la fournée avec les mains, c'est un peu moins malpropre et aussi pénible et la sueur n'en continue pas moins à arroser la pâte, elle peut sortir d'un corps sain mais elle peut aussi contenir des germes de maladies de poitrine, de peau, etc.

Quelle différence si l'on regarde à côté l'ouvrier, habillé, conduisant son pétrin mécanique.

Si l'on veut jeter un coup d'œil sur notre chapitre des pétrins inventés pendant la première moitié du XIXe siècle, l'on verra que le Phénix (fig. 100) a quelque similitude avec le Rollet, expérimenté à Toulon. Sauf le manège placé au-dessous au lieu d'être en dessus, le principe du pétrissage est le même.

Ce pétrin s'inspire principalement du procédé de pétrissage de la panification marseillaise où le ferment artificiel ou levure, est absolument sinon inconnu, tout au moins inusité et le levain de pâte ne joue qu'un rôle absolument secondaire, c'est la fermentation naturelle obtenue par le pétrissage et le temps.

L'on conserve un maigre chef qui est toute la fondation du travail.

Sur ce chef l'on fait bien un levain, mais un levain qu'on ne laisse pas fermenter et qui, faut-il le dire, se travaille généralement avec les pieds comme le montre la figure 98.

Il est dans ce procédé un principe de travail dont MM. Chauvin et Laffond ont dû s'inspirer pour construire leur pétrin c'est le déchiquetage de la pâte, travail très lent qui laisse reposer la pâte et lui permet de concentrer son ferment naturel.

Tout cela est remplacé par cet appareil ; dans la cuve mobile, à fond plat sont placés en ligne diamétrale, quatre cylindres ovales tournant l'un sur l'autre et un cinquième rond, au milieu ; la cuve en tournant entraîne la pâte qui vient se faire prendre en petite partie par ces cylindres, c'est le déchiquetage. Ces cylindres sont creux, de sorte que, grâce à un réservoir servant d'entonnoir placé au-dessus, l'on peut y introduire de l'eau chaude pour remplacer la chaleur que les bras de l'homme communiquent à la pâte.

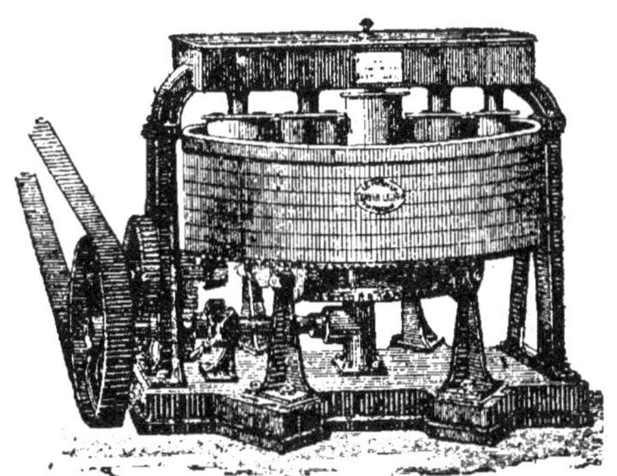

Fig. 100. — Pétrin Phénix.

Par la force de l'exemple, M. Laffond est arrivé à faire prendre ce pétrin dans une région où la routine est encore plus inféodée que partout ailleurs.

Pétrisseuse Somasco

La pétrisseuse Somasco, dont l'inventeur, M. Somasco, est directeur de la Société industrielle de Creil, possède un ingénieux mécanisme.

Le principe de la pétrisseuse Somasco, c'est le pétrissage continu, l'outil pouvant travailler sans interruption, sans que l'ouvrier ait à s'occuper du levain, du sel, de l'eau, de la farine.

L'hélice faisant fonction de pétrisseur, a 95 centimètres de longueur, elle est munie de petites palettes en diagonale qui prennent les matières à leur arrivée dans la cuve semi-cylindrique et les transportent à l'autre extrémité en les malaxant. Cette opération dure environ cinq minutes et la quantité de matières en travail est d'environ huit kilogrammes.

La force motrice nécessaire à assurer le fonctionnement de la machine est presque insignifiante, un moteur d'un demi-cheval-vapeur suffit largement.

Cela ne veut pas dire qu'il y ait grande économie de force, car l'opération quoique continue et plus active puisqu'elle ne dure que cinq minutes n'en est pas moins six fois plus lente, ce qui équilibre la consommation de la force.

Lors de l'apparition de la pétrisseuse Somasco, nous fîmes un voyage à Creil pour l'étudier. Nous fûmes charmé de la combinaison mécanique. réservoir à farine muni d'un taquet pour en assurer l'écoulement, réservoir à levain, à eau, à sel, avec distributeur mélangeur.

Toutefois dans une brochure traitant de la nécessité de créer des écoles professionnelles de boulangerie, nous écrivions ceci :

« La pétrisseuse Somasco deviendra l'outil du petit boulanger lorsque, réduit à une maigre fabrication par la concurrence des usines à pain, il sera obligé de travailler seul à la préparation du pain de luxe, unique clientèle qui lui restera ».

L'emploi de la pétrisseuse Somasco est pour ainsi dire mathématique. L'ouvrier devra calculer préalablement les proportions.

Doser la farine, le levain, l'eau et le sel suivant le travail que l'on veut obtenir.

La pâte reçue dans une corbeille ou un wagonnet, devra subir un mélange au bras, pour que la première pétrie, qui a pris un peu de ferment, le communique à la dernière.

Notons que l'action du pétrissage ne durant que cinq minutes, le ferment n'est pas oxygéné ; il faut donc un assez long pointage pour qu'il reprenne son activité. Environ une heure. C'est pourquoi le mélange est nécessaire. Dans un travail continu, pour obtenir un bon résultat sans arrêt, il faudrait opérer ces mélanges par parties d'environ cinquante kilogrammes, ce qui nécessite un assez grand matériel.

Le prix de la pétrisseuse Somasco, est encore assez élevé. Elle ne constitue pas par elle-même une grande dépense, ce qui augmente cette dépense, c'est l'installation des moyens d'approvisionnement.

Les réservoirs sont assez restreints, il faut donc les alimenter. Nous ne parlons pas de la force motrice nécessaire.

Fig. 101. — La Pétrisseuse Somasco.

L'alimentation du réservoir à farine n'occasionne pas grands frais, puisqu'on peut le faire par la manche ordinaire. Toutefois si la farine est trop tassée, l'on s'expose à ce qu'il se produise des vides qui laisseraient dans la pâte des parties fausses.

Il faut aussi alimenter le réservoir à eau après une production de 25 pains de 2 kilos.

Un appareil spécial est nécessaire, soit chauffe-bain soit bouilleur établi sur le four. Il faut aussi par l'apport de l'eau froide condenser la température. Dans une installation neuve cela ne coûte pas beaucoup. Dans une vieille installation, les frais sont plus élevés.

Pétrin Lamoureux-Mansiot.

M. Lamoureux-Mansiot a produit un pétrin mécanique composé d'une cuve à pivot en forme demi-sphérique et d'une hélice du genre Boland dans lequel, toute la masse de la pâte retombant toujours sur le centre plus profond, doit charger l'hélice.

Pétrin Dathis

On a pu voir aussi pendant plusieurs années, avenue de l'Opéra, à Paris, le pétrin Dathis où deux fourchettes soulèvent simultanément la pâte dans une sorte de cuvette tournante.

Pétrin Violet.

Le pétrin Violet est dû au boulanger de ce nom. La cuve en tôle galvanisée glisse sur deux rails à crémaillère présentant ainsi toutes les parties de la pâte au travailleur ; lorsque la cuve arrive à toucher le travailleur, un déclanchement s'opère et elle glisse en sens inverse.

Lorsque la quantité de pâte à pétrir est trop faible, pour employer tout le pétrin, on le divise au moyen d'une cloison qui sert aussi à fixer les levains dans un bout.

Pétrin Rationnel.

Le « Rationnel » est dû à M. Havet-Delattre, meunier-boulanger à Arras. Contrairement au précédent, au lieu de la cuve, c'est le pétrisseur qui voyage d'un bout de la cuve à l'autre.

Comme tout pétrin mécanique, il peut produire de bonne pâte.

Il existe, certes, en France, d'autres pétrins mécaniques, beaucoup qui peut-être de grande valeur, n'ont eu qu'une application personnelle ; d'autres auraient pu se produire si les inventeurs n'avaient été écœurés par l'indifférence ou l'aversion qu'ils ont rencontré chez les boulangers. Il n'est plus possible cependant d'hésiter ; lorsqu'on voit que dans le Nord de la France, suivant l'exemple

de l'Angleterre, de l'Allemagne, de la Belgique, des Etats-Unis, de
tous les pays enfin qui marchent en tête du progrès industriel, tous

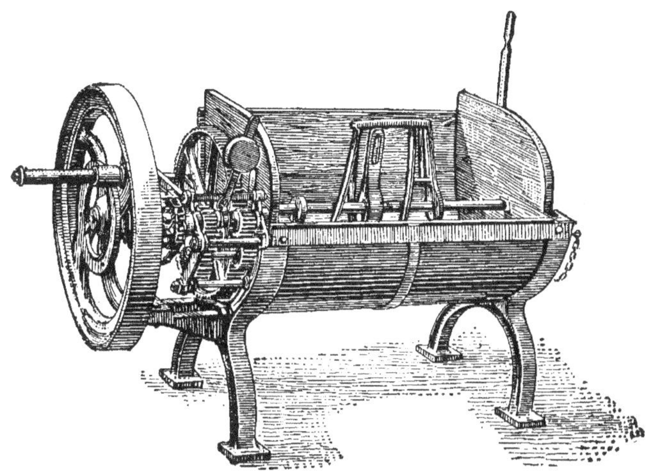

Fig. 102. — Pétrin « Le Rationnel ».

les boulangers emploient le pétrin mécanique, et l'on peut conclure que ceux qui refusent encore de se rendre à l'évidence agis-
sent à l'encontre de leurs deux principaux intérêts : financiers et
hygiéniques.

CHAPITRE XVII

FOURS AU BOIS

Ayant parlé précédemment des fours anciens, nous nous occuperons ici du four à bois ordinaire, le plus en usage encore de nos jours et celui dont la connaissance approfondie permettra mieux au boulanger d'envisager les améliorations industrielles venues ou à venir.

Quelle doit être la forme la plus pratique d'un four ?

Les constructeurs cherchent souvent à donner à leur travail une apparence élégante. Ils sont parfois obligés de tenir compte de l'emplacement dont dispose le boulanger.

Ils devraient modifier leurs modèles suivant les besoins du pays, c'est-à-dire du genre de pain que l'on y fabrique. Plus le pain que l'on devra cuire sera gros, plus il faut, pour que la mie cuise et se développe à point que la chapelle en soit élevée. Plus l'on aura de pains de fantaisie à cuire, plus il sera nécessaire de donner de pente à l'âtre. Si 0 m. 30 de chapelle à la clef suffisent pour cuire des pains de 1 kilo, il en faudra 35 pour des pains de 2 kilos et 38 à 40 pour des pains de 3 kilos.

L'on ne doit pas trouver extraordinaires des fours de 50 centimètres de chapelle pour la cuisson de pains ronds de 6 kilos, mais il est évident que des pains dits baguettes de 200 grammes y sécheraient trop.

Quelle forme doit-on donner au four ?

L'usage veut que l'on résume la forme des fours aux deux

manières, forme poire ou forme pomme, c'est-à-dire forme ronde, plus ou moins allongée, là encore existe une erreur.

La meilleure forme pour la chauffe et l'enfournement, est la forme rectangulaire arrondie des angles.

Si le four est rond comme une pomme les rives principalement seront plus difficiles à chauffer.

S'il est trop allongé en poire, en chauffant la bouche la flamme se dirigera directement vers les ouras, mais du centre au fond entre les ouras, il nécessitera un chauffage spécial.

Dans la forme rectangulaire les ouras placés vers les angles du fond, permettront à la flamme de bouche en se dirigeant vers eux de chauffer les rives.

Et, n'ayant pas besoin de chauffer les angles au fond, le tirage s'opèrera mieux sur la charge unique du fond placée entre eux deux.

Les constructeurs de fours ont le tort de compter 7 pains de 2 kilos, travail parisien, au mètre superficiel de sole ; c'est une erreur, car avec un travail bien développé il est impossible de mettre plus de 6 pains.

Un pain boulot cuit doit avoir en moyenne 0 m. 65 de hauteur et 0 m. 18 de largeur.

Un pain fendu, 0 m. 60 de hauteur et 0 m. 22 de largeur.

Nous ne parlons que de pains de dimensions ordinaires, car il est des maisons qui donnent aux pains boulots 0 m. 70 de hauteur et aux pains fendus 0 m. 65.

Il faut, en outre, pour que les pains ne se touchent pas, 3 centimètres d'écart sur la largeur et 2 sur la hauteur.

Nous employons le terme hauteur pour longueur, parce que nous parlons de pain cuit, qui se met toujours debout dans la panneterie, de fait au four ce serait plutôt le terme longueur qu'il faudrait employer.

Au point de vue superficiel un pain de 2 kilos prend donc en pain boulot 0 m. 1474, et en pain fendu 0 m. 1550. Si nous multiplions ces chiffres par 6, nous obtenons :

Pains boulots . . . . . $0,1474 \times 6 = 0$ m. 8844
Pains fendus . . . . . . $0,1550 \times 6 = 0$ m. 9300

Avec ces dimensions nous arriverions à 6 pains 1/2 au mètre

superficiel, ce serait réel si on plaçait les pains à la main sur l'âtre du four, mais il faut tenir compte que l'on enfourne au bout d'une pelle de 4 mètres de long et que si habile qu'on soit l'on n'arrivera jamais à une régularité absolue.

Il faut aussi tenir compte des emplacements perdus par les angles, et nous devons donc n'admettre que 6 pains au mètre superficiel, donc pour un four de 60 pains 10 mètres superficiels de sole sont nécessaires.

Voici comment nous conseillons (Planche 18, fig. *a*, plan de la sole) la disposition suivante :

Profondeur . . . . .   3 m. 60
Largeur . . . . . .   2 m. 90

L'on obtient ainsi une superficie de :

$$3 \text{ m. } 60 \times 2 \text{ m. } 90 = 10 \text{ m. } 4400.$$

Etant donné que les angles arrondis causent une perte d'un bon demi-mètre, il ne reste que la dimension voulue pour mettre aisément 60 pains attendu que l'on ne peut les approcher jusque contre le bouchoir.

Pour la construction de son four, le boulanger doit prendre toutes les garanties nécessaires sur l'épaisseur des murs la garantie de la chapelle, la dimension des ouras et de la cheminée, les pieds droits, le carreau, les armatures et le bouchoir.

L'on construit généralement les murs en moëllons il serait bien préférable de les avoir en briques, formant cadre et de 0 m. 44 cm. d'épaisseur dans toutes les parties.

LÉGENDE EXPLICATIVE DE LA PLANCHE 18

a. — Four. — A. Mur en briques. — B-B. Ouras. — C-C. Pieds droits. — D. Bouche. — E. Autel. — F. Tour de chat. — G. Carrelage.

b. — Bouche, dite Viennoise.

c. — Lanterne.

d. — Chaudière.

e. — Oura de façade.

f. — Porte de foyer de chaudière.

g. — Cheminée.

h-i. — Ouras de chapelle.

j. — Soupape d'étouffoir.

k. — Crapaud d'éclairage.

l. — Appareil à buée.

m. — Porte de chaudière.

La brique forme un mur moins sujet aux fissures, néanmoins ces murs devront être armés de bandes de fer reliées par des tirants boulonnés qui devront traverser la masse en dessus et en dessous du four, les coins et la façade armés également de fer à cornière.

La cheminée (Pl. 18 *g*) doit toujours être de dimension plus forte que l'ensemble des ouras, sans quoi le tirage ferait défaut et la cheminée s'emplirait souvent de suie ; elle doit être garnie d'une chaîne et de trappes de ramonage ; à part les carreaux du fond, qui peuvent être en carreaux dits de Paris, tout le reste du four doit être en réfractaire.

Le bouchoir doit être choisi par le boulanger, aussi étroit que possible suivant la dimension des pains qu'il fabrique.

Nous donnons ci-après le modèle de marché établi par le Syndicat de la boulangerie, mais nous conseillons aux boulangers de ne le prendre que comme base et d'en établir les détails d'après leurs besoins et leur expérience personnelle.

Marché à forfait

Entre les soussignés :

1º M.   , boulanger, demeurant à   ,
rue   , nº   :   d'une part ;

2º Et M.   , constructeur de fours, demeurant à   , rue
          , nº   ;   d'autre part ;

Il a été arrêté et convenu ce qui suit :

M.   s'engage à exécuter aux conditions suivantes, qu'il stipule, la construction d'un four de boulanger pour le compte de M.   , qui accepte, dans son établissement sis à   ,
rue   , nº   .

Le four aura une contenance formellement garantie d'au moins 65 pains courts.

Les murs au pourtour, en moellons durs hourdés en plâtre, n'auront pas moins de 50 centimètres d'épaisseur dans les parties les plus faibles. Les murs derrière et aux côtés de l'arcade n'auront que 40 centimètres.

L'arcade, de **1** m. 50 centimètres de profondeur, sera carrelée, en briques à plat, et la voûte construite en briques de **22** centimètres.

La façade, avec pile de **22** centimètres de large, sera tout en briques de Bourgogne frottées et jointoyées en creux.

Les pieds-droits de chapelle en carreaux réfractaires de **24** centimètres × **24** centimètres et **7** centimètres d'épaisseur.

Le premier rang au-dessus, posé sur un coussinet en tuileaux, sera en briques réfractaires posées à plat sur **22** centimètres d'épaisseur.

La chapelle sera en briquettes réfractaires. Elle aura **22** centimètres d'épaisseur de voûte, hourdée en terre à four à mi-hauteur et coulée en plâtre pour le surplus des joints. Toute la surface au-dessus, revêtue d'une forte chape en plâtre. Les briquettes et briques seront convenablement appareillées selon les besoins, avec toutes les coupes et délardements nécessaires.

Le carrelage du four sera en carreaux ordinaires, dits de Paris, à l'exception des cinq premiers rangs à bouche, qui seront en carreaux réfractaires de **24** centimètres et de **7** centimètres d'épaisseur.

La cheminée sera en briques de **11** centimètres sur les côtés, fond et plafond en double briquette enduite à l'intérieur, et à l'extérieur, et rejoindra le conduit montant. Elle aura **40** centimètres de section intérieure et soutenue par des colliers et cornières de soutient dans les parties suspendues.

Les conduits d'ouras seront en fonte de **16** centimètres avec de forts patins en briques, enduits en plâtre autour des jonctions.

Les murs sous et autour de la chapelle auront de nombreuses butées.

Si la place ne permet pas de donner plus de **35** centimètres d'épaisseur aux parties faibles des murs, on les construira tout en briques et on garnira avec des plaques de fonte au droit de la ceinture.

De chaque côté du four on placera deux barres en fer à **I** de **12** centimètres dans la hauteur des murs. Elles seront reliées, sous le carrelage et sur la chapelle, par des tirants en fer rond ou plat à tiges taraudées avec écrous. Dans le fond, il sera posé deux fers à **I** semblables. reliés de même avec l'armature de la face.

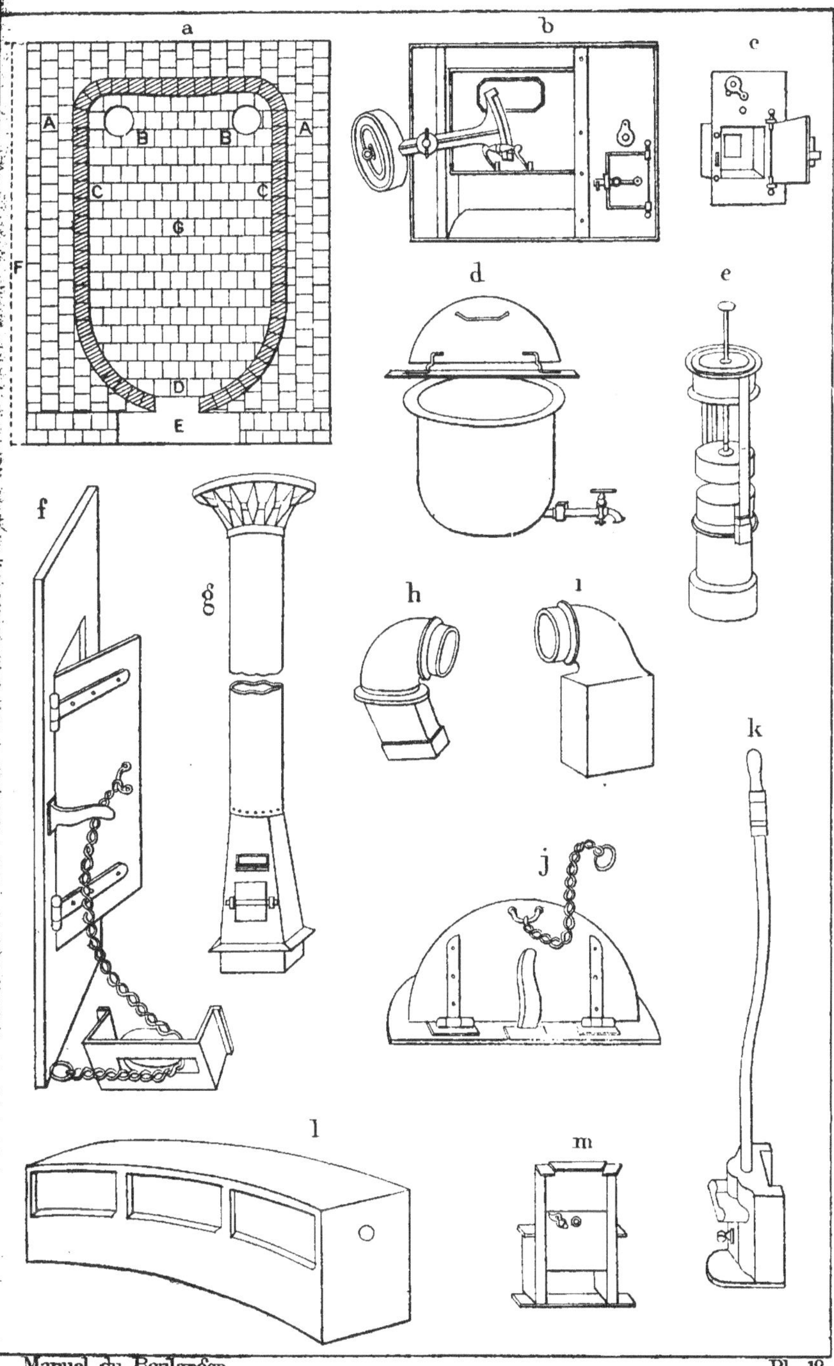

Manuel du Boulanger

Pl. 18.

Four au bois et accessoires.

La charge au-dessus du four sera tout en sable, ayant au moins 30 centimètres de haut au-dessus de la clef de la chapelle.

La chaudière à goulotte sera dans une masse en briques apparentes sur la face du four, avec les isolements, créneaux et conduits nécessaires.

La niche d'étouffoir sera aussi en briques apparentes jointoyées comme la face du four.

Les métaux employés pour ce four se composeront ;

1° D'une armature en fer cornière de 45 millimètres, montant jusqu'au couronnement, assemblée à mi-fer et entaillée dans la brique. Dans cette armature, la barre d'autel aura 11 centimètres de large en fer de 16 millimètres, le cintre d'arcade en cornière de 40 millimètres, le manteau de 11 centimètres en fer de 20 millimètres, la barre de 9 centimètres en fer de 10 millimètres supportant un porte-roulable en fer rond de 25 millimètres ; traverse de couronnement en cornière, 40 millimètres ;

2° De portes d'arcades en forte tôle, ferrées sur les cornières par des pentures avec gonds rivés ;

3° D'une bouche ordinaire à tôlette avec bouchoir mobile (1) ;

4° D'une plaque d'autel en fonte ;

5° D'une paire d'ouras de façade avec tampons en fonte système dit à triple fermeture ;

6° D'une paire d'ouras de chapelle en fonte ;

7° D'une soupape à chaîne avec sa poulie ;

8° D'une chaudière en fonte d'une contenance de 110 litres, munie de son couvercle en tôle galvanisée et d'un robinet en cuivre ;

9° D'une porte de chaudière ouvrant à crémaillère avec arrêt ;

10° D'une petite soupape d'étouffoir avec sa poulie ;

11° D'un manteau en fer pour la niche d'étouffoir, d'un autre pour la niche de chaudière, en fer de 11 centimètres $\times$ 20 millimètres, et d'un porte-pelles en fer rond scellé au plafond du fournil.

Enfin, il est dû tout ce qui est nécessaire au complet achèvement de ce four, la description ci-dessus n'étant que sommaire et le travail devant être achevé sans aucun supplément.

---

(1) Ce système de bouchoir n'est plus guère usité, il est remplacé avec avantage par le bouchoir à contre-poids, dit bouche Viennoise.

Le tout sera exécuté en matériaux de premier choix, chacun dans son espèce ; ils seront mis en œuvre suivant toutes les règles de l'art en observant les lois, prescriptions de voirie, règlements, coutumes en usages.

Les appareils et métaux seront ceux de la meilleure qualité en usage comme poids, forces, formes et dimensions.

L'entrepreneur sera responsable de ses travaux selon les lois et coutumes, et il garantit le bon et régulier fonctionnement du four dans les conditions normales. Il remplacera aussi les fontes qui se casseraient dans les deux premiers mois de service du four.

Les travaux seront commencés immédiatement, continués sans désemparer pour être livrés entièrement achevés vingt jours après la date du présent marché ; faute de quoi, l'entrepreneur payerait une somme de vingt francs par jour de retard : cette somme représenterait le préjudice quotidien causé par la non-exécution.

. Tous les travaux seront exécutés pour la somme unique et à forfait de
qui seront payés de la manière suivante : moitié dans le cours des travaux, quart à la réception et le dernier quart deux mois après.

Fait double entre les soussignés, à
« Le boulanger devra déterminer lui-même et la forme du four et les dimensions des carreaux et des pieds-droits et aussi s'il le désire que son carrelage soit entièrement en réfractaire, ce qui est préférable pour le gros pain, si l'on doit chauffer plus ferme au fond ; comme nous le disons plus haut un four doit être construit suivant les usages de panification, si l'on en veut obtenir un bon travail. »

Nous ajouterons qu'il est utile que le four soit muni d'un appareil à buée, d'une lanterne d'éclairage avec porte verre mica, d'un crapaud d'éclairage (voir planche 18).

CHAPITRE XVIII

LES FOURS MÉCANIQUES MODERNES

Nous abordons dans ce chapitre un des problèmes les plus complexes de la boulangerie. Sur ce point encore, comme pour le pétrissage mécanique, nous sommes obligés de constater que l'étranger nous a devancés ; nous devons toutefois avouer que les constructeurs ou inventeurs de fours ont trouvé les mêmes facilités parmi les boulangers étrangers que les constructeurs de pétrins. Il faut reconnaître qu'en France, le boulanger a été moins rebelle aux progrès des fours qu'il ne l'est encore aux pétrins mécaniques. Son grand tort est de rechercher dans une installation nouvelle l'économie immédiate, généralement illusoire, faite sur le prix d'achat, au lieu de rechercher l'économie réelle obtenue non sur une période de six mois, mais sur les dix années qu'il exploite en moyenne son commerce.

Depuis longtemps déjà l'Angleterre, l'Autriche, l'Allemagne, l'Amérique, la Belgique, etc., emploient le four aérotherme et le four à vapeur, dont on trouve, comme nous l'avons vu dans un précédent chapitre, l'origine en France, dans la première moitié du XIXe siècle.

En France, la région du nord compte déjà un bon nombre de fours aérothermes, parmi lesquels le plus répandu est le four Mahot.

Dans les autres régions, on ne connaît encore que le four à bois ordinaire, c'est à peine si depuis 25 années les fours à ouras dominent.

Dans beaucoup de contrées, le bois étant bon marché et la vente de la braise couvrant presque l'achat du combustible, l'on comprend aisément que l'on en soit resté au four à bois, qui possède, en outre, pour la cuisson du pain une *réelle* supériorité.

A Paris, le bois est très cher, le bois seigné, dit de Bordeaux, atteint jusqu'à 24 fr. le stère ; de plus le placement de la braise est devenu, depuis l'adoption du chauffage au gaz par les ménages, très difficile, c'est à peine si, en moyenne, le boulanger arrive à retirer 25 à 30 0/0 du prix du bois ; malgré cela, le four aérotherme, en raison, sans doute, de son prix, qui empêche d'apercevoir le bénéfice, n'y existe pas.

Des tentatives nombreuses avaient été faites et des résultats évidents obtenus, acquis par les fours Lamoureux, Biabaut, etc., mais ces fours coûtent, au minimum, le double d'un four au bois ordinaire, et, le boulanger, toujours dans l'attente d'un acquéreur, même au lendemain de son installation, ne s'inquiète que de ce qui peut flatter l'œil.

Néanmoins, depuis de longues années, il sent qu'il a besoin d'un four plus pratique, qui lui permette, tout au moins, d'éviter le séchage du bois, pour pouvoir, après le travail de la panification de nuit, produire au besoin un nouveau travail de petits pains chauds ou de pâtisserie.

C'est ce que les constructeurs français ont compris en créant plusieurs systèmes de foyers au bois ou au charbon, qui mis en communication directe avec la chambre de cuisson, ne modifient pas le four et n'exigent qu'une faible dépense.

Pour juger de la valeur d'un progrès, il faut partir d'un principe.

Nous avons établi ce principe dans un chapitre précédent par la dépense de calorique nécessaire à la cuisson du pain.

Le chauffage au bois, sur la sole, bien compris et bien dirigé par les ouras permet, par la braise obtenue, de diminuer généralement de 50 0/0 la dépense de combustible tout en chauffant toutes les parties du four, c'est cette régularité qu'il faut retrouver tout en recherchant l'économie de combustible et de réparation.

Le four aérotherme, comme nous le démontrerons, donne satisfaction à peu près complète, tandis que les différents systèmes de foyer à communication directe constituent plutôt une erreur, à cause de la perte de temps et de l'aggravation des inconvénients ou des réparations.

En fait, ce qu'il faut remplacer, c'est l'ancien four simple à bois, qui depuis des siècles nous donne, il faut le reconnaître, d'excellent pain.

Demandons-nous d'abord si le four à bois ordinaire chauffe également dans toutes ses parties.

Et constatons ensuite qu'il a besoin d'un combustible relativement pauvre, sa température ne devant pas dépasser 250 degrés (pour le chauffer les bois tendres sont préférables, parce qu'ils contiennent moins de calorique et que le bois dur étant plus lent à brûler donne généralement trop de sole et fait ferrer le pain).

Si, sur le premier point, nous mettons en présence le four à foyer, chauffant intérieurement ou le four aérotherme, aussi bien que le four à vapeur, nous serons forcément obligés de conclure en faveur des deux derniers.

La raison en est simple : avec le four muni d'un foyer en communication directe, il se produira forcément une irrégularité de température, toutes les parties du four avoisinant le foyer, ainsi que celles qui se trouvent en ligne directe avec les ouras d'appel, sont beaucoup plus chauffées que les autres parties, tandis que dans le four aérotherme comme dans le four à vapeur, la chaleur se répand par un rayonnement général dans toutes les parties du four, d'autre part l'ouvrier souffre moins de l'action de la température et de la poussière du charbon ou de ses déchets.

Sur le second point la question est également simple : si l'on emploie en général du bois tendre au chauffage des fours, c'est que le bois dur donnerait trop de calorique, ou qu'il faudrait le casser très fin pour en obtenir satisfaction, dans ces conditions c'est la perte de la braise qui vient compenser l'économie réalisée sur le bois.

Il faut, dans les régions où ce combustible est bon marché, brûler la houille ou le coke pour réaliser une économie réelle.

Si l'on emploie la houille ou charbon de terre dans un foyer en communication directe avec le four, l'on se trouve en face de très grands inconvénients, alors que, comme nous le signalons sur le premier point, il suffit pour cuire le pain d'une température de 250 degrés.

La houille dans son rayonnement autour du foyer, donne de cinq à six cents degrés ; le boulanger se trouve donc dans l'obligation de laisser refroidir son four, c'est pendant ce repos que la chaleur se communique aux rives du four, qui n'ont reçu qu'un rayonnement indirect, donc il y a économie réelle dans ce système de chauffage, cette économie se trouve diminuée par la perte forcée de calorique.

Il faut conclure que la houille a trop de puissance de calorique, pour être en communication directe avec la chambre de cuisson, en outre, comme presque partout en France elle est beaucoup plus chère qu'en Allemagne, en Angleterre ou en Belgique, elle ne doit être employée en boulangerie que si la construction du four permet d'emmagasiner tout le calorique qu'elle contient, pour ne l'utiliser que dans la proportion utile à la cuisson du pain.

Four Baker

Les fours à vapeur ou les fours aérothermes n'ont pas encore trouvé grâce devant le boulanger français. Les fours anglais à chauffage continu, dits fours à chaîne, se sont implantés dans toutes

Fig. 103. — Four Baker aérotherme et à sole fixe.

nos grandes biscuiteries, mais en boulangerie, quoique des essais en aient été faits vers 1880, à Saint-Denis, ils ne sont guère pratiques, la buée y faisant défaut.

La maison Baker, de Londres, dont nous avons signalé les ingénieux pétrins, construit un four aérotherme, chauffant au coke, très pratique pour la cuisson du pain. Des conduits ou gueulards pratiqués dans le four, en des endroits différents, permettent de conduire l'air chaud à volonté, de sorte que le boulanger peut, à volonté, obtenir plus de chaleur dans une partie du four que dans l'autre.

Quoique ce four soit très répandu en Angleterre, il n'en existe aucun en France.

Fig. 104. — Four Baker à chaine.

La maison Backer en avait installé un à l'Exposition de 1900, mais elle eut le tort de n'y point faire fabriquer du pain français, les petits pains ou biscuits anglais que l'on y cuisait ne pouvaient intéresser le boulanger français.

Se chauffant au coke, ce four est d'une très faible dépense de calorique.

Four Lerminiaux Siméon

Nous avons eu aux portes de Paris l'application d'un four aérotherme système Lerminiaux Siméon, de Bruxelles (Belgique).

Ce four, construit tout d'abord pour la cuisson du pain rationnel fut racheté par le représentant, qui le fit reconstruire à Saint-Denis, où il ouvrit une boulangerie.

Nous avons vu fonctionner ce four, qui donnait de beaux pains fendus et boulots, produisant une fournée de 70 pains de 4 livres à l'heure, et ne consommant que 3 fr. 50 à 4 francs de coke pour la cuisson de 10 fournées ; en outre, le four était toute la journée occupé à la cuisson de biscuits secs, petits fours, etc. Il y avait là un résultat qui eût dû attirer l'attention des boulangers ; il n'en fut rien.

Nos constructeurs français sont peut-être maladroits en n'essayant pas de démontrer les avantages d'un appareil (fût-il étranger) qu'ils pourraient construire ou améliorer, alors qu'ils s'attachent plutôt à les critiquer.

A ce jeu ils entretiennent uniquement la routine. Constatons encore que toutes les grosses installations françaises sont faites par des maisons étrangères, alors qu'aucune des grandes installations étrangères n'est faite par des constructeurs français.

Fours Werner

Nous avons déjà parlé au chapitre spécial des pétrins de la maison Werner et Pfleiderer. Cette maison a l'avantage d'avoir en France des fours en fonctionnement et donnant des résultats satisfaisants.

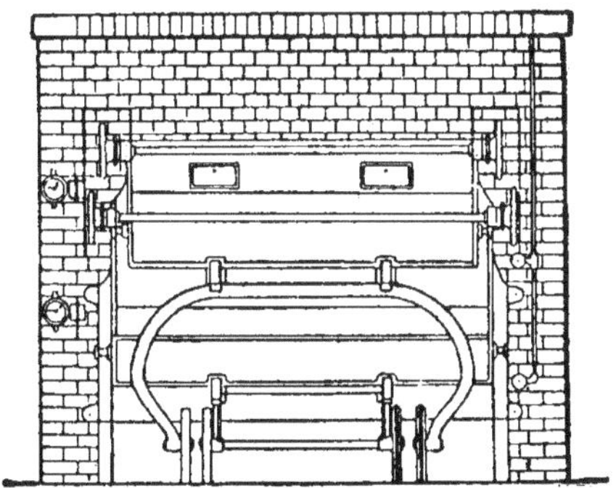

Fig. 105. — Four Telescocar (Werner et Pfleiderer) façade.

Le principe des fours Werner et Pfleiderer est le chauffage à vapeur par rayonnement tubulaire.

Cette maison construit deux sortes de fours : un four à sole sortante dit « Telescocar », four à un ou deux étages.

Ce four se construit de huit dimensions différentes depuis 1 m. 30 superficiel de sole jusqu'à 10 m. 50 pour les deux soles.

Dans ce dernier cas, chaque sole a 3 m. 25 de longueur sur 1 m. 62 de largeur.

Ces soles étant rectangulaires il n'y a pas de place perdue comme dans un four circulaire, l'on peut donc compter sur les deux soles 70 à 72 pains fendus de quatre livres en travail parisien. C'est la grandeur la plus pratique et la plus usitée.

L'emplacement pris par ce four est de 5 m. 025 de longueur sur 2 m. 86 de largeur.

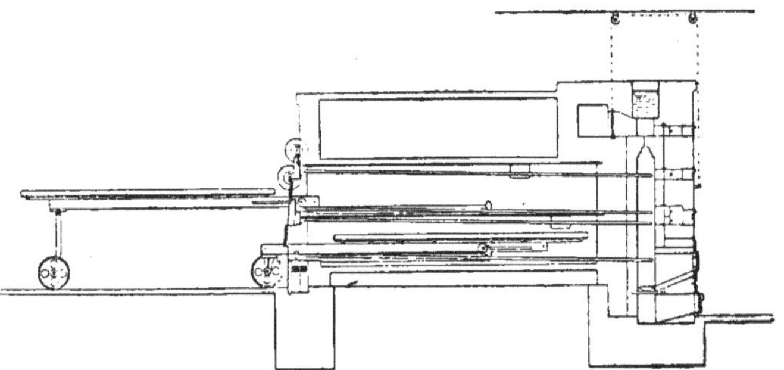

Fig. 106. — Coupe sole supérieure, sortie.

Ces deux soles métalliques sont superposées, elles sont placées sur des chariots mobiles roulant sur rails encastrés dans le sol du fournil.

Un homme seul, même lorsqu'elles sont chargées, peut les manœuvrer facilement ; chaque chambre de cuisson est munie d'appareils à buée perfectionnés et d'un appareil permettant l'échappement de la buée à volonté, grand avantage à signaler, puisque avec cet appareil les ouvriers n'ont plus à absorber au défournement cette buée si dangereuse. Un pyromètre indique la température et un cadran marque l'heure de l'enfournement.

Chaque chambre de cuisson possède un foyer absolument indépendant. Ces foyers sont placés derrière les fours, ils ne dégagent donc dans le fournil ni excès de chaleur, ni fumée, ni poussière. Ils sont munis de conduits à fumée très faciles à nettoyer.

Une installation de ces fours avait été faite à Paris, à la Société des boulangeries modernes ; si cette Société n'a pas réussi, il n'en faut pas attribuer la faute à l'outillage.

A Roubaix, la Société coopérative « l'Union », adopta le Telescocar et en obtint de bons résultats. Le travail du Nord se rapproche de celui de la Belgique, où ces fours fonctionnent en quantité. D'autres sociétés coopératives ont suivi « L'Union » et sont satisfaites.

Très pratiques pour les pains ronds ou longs à grand apprêt, sans coupures, ces fours sont excellents ; ils le sont moins pour le travail parisien : pains fendus, boulots et jokos, non pas qu'ils ne puissent produire ces pains, mais alors pour arriver à un bon résultat, il faut une direction de travail parfaite.

Four Viennara

Le deuxième genre de four construit par la maison Werner et Pfleiderer est un four à sole fixe dit « Viennara » construit à un ou

Fig. 107. — Four Viennara vu de face.

deux étages et du même principe de chauffage que le « Telescocar ».

Il n'existe pas de meilleur four, croyons-nous, pour la production des petits pains de fantaisie. La buée que l'on obtient à volonté permet de donner au pain de fantaisie un cachet et un vernis superbes.

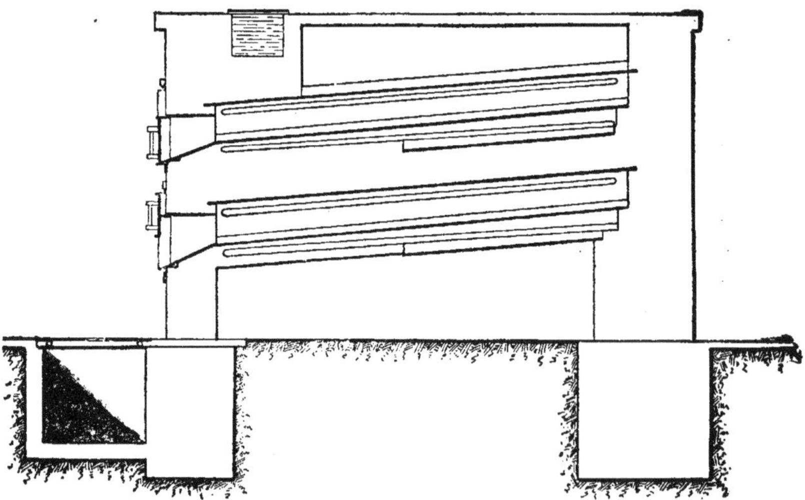

Fig. 108. — Four Viennara (coupe).

Ce four possède tous les avantages du « Telescocar », il est d'une conduite facile et, la cuisson s'opérant très vite, d'une grande production.

Un de ces fours est installé à la « Briochine », à Saint-Brieuc, à côté d'un Telescocar. Le Telescocar y est employé à la cuisson des gros pains de trois à douze livres : le jour il sert à la fabrication de la pâtisserie.

Le Viennara est employé à la cuisson des pains de fantaisie de toutes formes, de 50 grammes à 1 kilo.

La maison Werner et Pfleiderer construit également des fours à deux étages dont une sole sortante et une sole fixe, qui peuvent donner satisfaction pour les petites productions ; mais les fours Werner et Pfleiderer, de même que les pétrins de cette maison, sont plutôt des outils de grande production, bien que néanmoins, cette maison ait un grand nombre de petites installations à son actif.

Dans des installations comme celle de la Coopérative de Stuttgard,
un ouvrier est spécialement occupé à la chauffe des fours (Fig. 109)

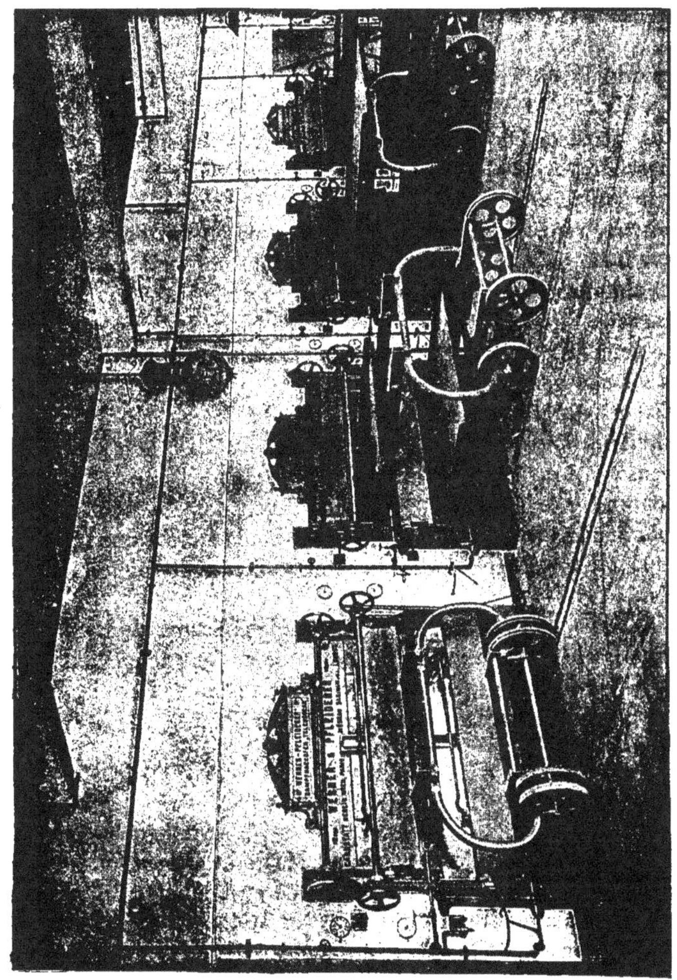

Fig. 109. — Salle des fours Telescocar d'une boulangerie de Stuttgard.

les autres ouvriers, affectés à la cuisson, n'ayant pas à se déranger,
peuvent alors produire des quantités considérables de pain.

A Belfast (Angleterre), la maison Werner et Pfleiderer a installé 14 fours Telescocar et 24 fours Viennara, et à Londres même (Nevill. H. W.), 16 Telescocar et 43 Viennara. On peut juger de l'importance de pareilles boulangeries.

La grande majorité des constructeurs de fours français habite Paris, c'est de là que part toute amélioration en boulangerie.

Nos constructeurs se sont donc trouvés dans l'obligation de rechercher, tout d'abord, les moyens de satisfaire le goût du boulanger parisien. Si d'un côté le boulanger parisien se trouve satisfait du four à bois ordinaire, pour la cuisson de son pain, il se trouve fort gêné de ne pouvoir disposer de son four dans la journée étant obligé de l'employer pour le séchage du bois. La concurrence, et par suite, la progression constante des frais généraux, ont obligé le boulanger à demander à la pâtisserie le bénéfice qu'il ne trouve plus dans la vente du pain.

Nos constructeurs se sont efforcés de lui donner satisfaction, lui permettant de cuire son pain la nuit et sa pâtisserie le jour, en le dispensant du séchage du bois.

Les uns se sont attachés à la construction des fours chauffés au charbon, mais la grande majorité des boulangers a une répulsion marquée pour l'emploi du charbon, qui, du reste, est cher à Paris.

D'autres constructeurs, connaissant mieux l'esprit du boulanger, ont recherché les moyens de lui procurer un four ne coûtant guère plus qu'un four ordinaire et chauffant au bois. Parmi ces derniers, nous donnons la priorité au système Bodu.

Four Bodu

Comme la plupart des inventeurs, M. Bodu n'a pas fait fortune ; si une maison sérieuse, connue et cotée en boulangerie, ne prend pas en mains une invention, elle végète et disparaît.

Le four, ou plutôt le foyer Bodu a survécu ; la maison Damerval s'est attachée à en étudier les inconvénients et à les faire disparaître ; aujourd'hui, ce système adopté par un grand nombre de boulangers parisiens, leur donne pleine satisfaction.

Voici comment le constructeur présente les avantages de ce four :

1° La dépense d'installation, même appliquée aux anciens fours, est plus économique que pour tout autre système ; l'entretien est presque nul, et les réparations qui peuvent être faites par n'importe quel ouvrier sont peu coûteuses ;

2° L'application du système peut se faire à toutes sortes de fours et au besoin sans interrompre le travail ;

3° Le chauffage peut être conduit par n'importe quel ouvrier avec certitude de réussite ;

4° La marche est plus accélérée que celle de tout autre genre de chauffage :

5° Il brûle toute essence de bois sans que ce bois ait préalablement besoin d'être séché, comme pour le chauffage ordinaire, on obtient de la braise à volonté ;

6° Le risque d'incendie par le séchage du bois disparaît ;

7° Le four est libre tout le temps qu'il n'est pas employé à la cuisson du pain ;

8° Le bois brûlant dans le foyer, la chapelle et le carrelage ne s'usent pas ;

9° La flamme du foyer entrant dans le four par un gueulard tournant qui se trouve placé sur l'un des côtés de la bouche, et pouvant être dirigée, par la position mobile du gueulard, dans toutes les parties du four, il en résulte que la régularité du chauffage est entièrement dans les mains du boulanger, qui peut faire une cuisson très régulière, même dans les parties les plus difficiles et les plus dures du four ;

10° Le gueulard étant placé dans les rives droite ou gauche du four, il n'y a pas de déperdition de place, non plus que de buée et le pain obtient une croûte fine, délicate et d'un goût excellent.

Après le chauffage du four, un conduit dit de dégagement sert à enlever la chaleur se dégageant du foyer et évite que le brigadier soit incommodé par cette chaleur.

La maison Damerval ajoute que ce système procure une économie de 25 à 30 0/0.

L'application du système ne coûte que 650 francs.

Notre devoir ici est de constater la satisfaction que le boulanger obtient de cet appareil, en lui permettant de disposer de son four toute la journée, la facilité de brûler toute essence de bois, et par conséquent certaines essences de même prix que le sapin tout en étant plus riche en calorique.

Il n'y a pas cependant économie réelle, car si l'on consomme 25 0/0 de combustible en moins, l'on retire aussi 50 0/0 de braise en moins, ce qui établi la compensation.

Un avantage réel est d'user moins le carreau de la sole, d'avoir toujours, par conséquent, une plus belle croûte en dessous du pain et d'éviter des réparations toujours désagréables.

Si ce n'est pas le four aérotherme, le four Bodu n'en constitue pas moins un progrès réel.

Nous croyons, en outre, que le boulanger qui fait appliquer cet appareil à son vieux four, commet une faute, il ferait bien mieux de faire le sacrifice de la reconstruction de son four.

Nous croyons que le système Bodu résume, à peu près, tout ce qui a été fait dans le même genre.

Four Merlet

Le four Merlet se chauffe aussi au bois au moyen d'un phare ; l'appareil en est un peu plus compliqué par conséquent plus sujet aux réparations.

Le phare, ou gueulard, au lieu d'être placé sur le côté, est placé au milieu, à quelques centimètres de la bouche, il est également mobile ; il se monte dans le four, de l'arcade où on charge le foyer et ou on l'allume, au moyen d'un levier-bascule.

Il présente au travail le même inconvénient que le Bodu : soins continuels du phare.

Comme tout appareil en fonte, en contact direct avec le combustible, il peut se dilater et occasionner des dérangements dans le fonctionnement du mécanisme.

M. Merlet, qui est boulanger, a obtenu de bons résultats de son four, mais ayant voulu exploiter son invention lui-même au lieu de la confier à une maison spéciale, il est peu répandu.

Four Rommé

M. Rommé s'étant rendu compte des inconvénients du phare et des inconvénients du foyer fixe, combina les deux systèmes, de façon à en éviter les défauts.

Au lieu d'un foyer fixe découvert, il fit un foyer couvert dans lequel il ménagea trois ouvertures sur lesquelles il appliqua trois petits phares ou gueulards, un dirigeant la flamme vers le fond du four et les deux autres vers les rives.

Son foyer placé au milieu sous la bouche, se charge par devant comme le Bodu et prend également l'air par dessous, avant d'allumer, on ouvre le bouchoir, on enlève les tampons des trois trous et l'on place les gueulards, puis on referme le bouchoir, on allume, on ouvre les ouras et l'on ferme la porte du foyer.

La flamme dirigée par les gueulards chauffe naturellement plutôt le fond que la bouche, mais au moment de l'enfournement la chaleur concentrée dans le foyer se répartit à la bouche à travers sa couverture réfractaire ; elle nécessite même un fort écouvillonnage. M. Rommé a abandonné la boulangerie pour la construction des fours.

Nous pourrions citer de nombreuses tentatives du même genre, mais qui méritent peu l'attention.

C'est pourquoi nous allons aborder la question plus ardue du chauffage par la houille ou ses dérivés, par le foyer fixe ou mobile.

En France, trois maisons de construction seulement se sont attachées à la construction de fours créés par elles : ce sont la maison Ressort, 9, quai d'Anjou, à Paris, ancienne maison Berl, autrefois maison Lamoureux et Mertet, inventeurs de fours aérothermes ; la maison Mousseaux et Cie, 175, quai Valmy, qui ne construit que les fours Mousseaux ; la maison Mahot, de Ham, construit exclusivement les fours aérothermes Mahot.

Ces maisons, abandonnant le côté mercantile du constructeur-commerçant, qui fait tout ce qui peut plaire au client pourvu qu'il y ait profit, sont restées fidèles à leur modèle original, sauf à l'améliorer sans cesse ; elles n'en ont pas plus mal réussi pour cela, ce qui suffirait à démontrer que l'on ne court pas toujours à la ruine, quand on se révolte contre la routine.

La maison Biabaud, rue du Roule, à Paris, a aussi tenté la construction d'un four aérotherme au coke.

La difficulté de rencontrer des ouvriers capables, a fait abandonner à M. Biabaud une œuvre qui couronnait cependant bien sa carrière de constructeur; il a eu plus de succès dans la pâtisserie, où l'on trouve beaucoup de ses fours à coke à deux et trois étages.

Nous avons passé en revue dans un chapitre précédent les inventions de la première moitié du xIXe siècle, nous n'avons donc pas à y revenir. Nous aborderons de suite les inventions françaises actuellement connues et qui mériteraient certainement un meilleur accueil que celui qui leur est fait.

Four Chevenot-Delmotte

L'invention de M. Chevenot est presque ignorée de la boulangerie. Si ce four n'est pas absolument parfait, il n'en constitue pas moins un outil économique et pratique digne d'attirer l'attention des boulangers.

Lors de l'Exposition de 1900, la maison Damerval acheta à M. Chevenot le droit de construction de ce four.

La maison Damerval ne fait pas les affaires à la légère, elle possédait déjà un modèle de four aérotherme qui lui était spécial, il lui fallait donc des raisons majeures pour abandonner son propre système et reprendre celui de M. Chevenot; ces raisons nous semblent justifiées par les déclarations de boulangers et la satisfaction générale de ceux qui emploient le four Chevenot.

Four Lamoureux

Plus heureux que M. Chevenot dont les brevets, comme nous l'avons dit, ont été repris par la maison Damerval, M. Lamoureux a su, à défaut de la boulangerie civile, faire adopter ses fours par nos administrations françaises : la guerre, la marine et l'assistance publique de Paris emploient ces fours depuis de longues années et s'en trouvent bien. Comme toute invention nouvelle, les fours Lamoureux laissaient, à leur début, beaucoup à désirer, c'est à l'usage que l'on perfectionne un outil.

M. Lamoureux a peu à peu perfectionné son four, il en a tiré un four mixte que son successeur, M. Berl, a beaucoup amélioré et que M. Ressort s'efforce encore de rendre plus parfait.

L'avantage de ce four est surtout la grande production, puisque la fabrication peut se faire sans discontinuer avec une grande rapidité et une régularité parfaite.

La dépense de combustible est d'autant plus réduite que la fabrication est grande.

On peut employer comme combustible le charbon de terre ou le coke, mais plus économiquement le coke.

Le chauffage s'opère au moyen d'un foyer placé sur un des côtés du four, sept conduits y prennent le calorique et le conduisent dans une chambre chaude construite en dessous de la sole de la chambre de cuisson ; cette chambre a la forme de la chambre de cuisson, mais les briquettes qui en composent la sole sont percées jusqu'aux deux tiers, ce qui leur permet d'emmagasiner le calorique ; la chapelle de la chambre de cuisson est également chauffée au moyen de conduits qui prennent la chaleur dans la chambre chaude.

Ce four est en outre muni de ouras d'appel, de registres, d'une chaudière, etc., qui en font un outil parfait mais un peu cher pour la petite boulangerie civile.

Four mixte Lamoureux

Pour donner satisfaction à la boulangerie, M. Lamoureux a construit un four à chauffage mixte mais direct, au lieu de chauffer sur la sole, ou au moyen de chambre de chaleur, le charbon ou le bois sont introduits dans un foyer de dimensions assez restreintes, d'où la flamme débouche dans l'intérieur du four au moyen d'un gueulard rectangulaire placé à l'entrée du four, à proximité de la bouche trois ouras d'aspiration sont placés au fond du four, dans

les pieds droits, la puissance du tirage est assez grande pour attirer la chaleur au fond du four.

L'avantage de ce four est que le foyer reste allumé pendant la
cuisson, ce qui permet de consommer les déchets de charbon du
cendrier, deux conduits en forme de V prennent le calorique qui
s'en dégage et le conduisent dans une chambre de chaleur qui
maintient la température du four.

Moins cher que le four aérotherme, ce système a trouvé beaucoup plus d'acheteurs, principalement parmi les Coopératives.

Le charbon de terre ayant trop de puissance de calorique, la
sole du four est généralement trop chaude et ferre le pain ; pour
éviter cet inconvénient il faut écouvillonner à plusieurs reprises.

Four mixte Berl

M. Berl, ayant succédé à M. Lamoureux, s'est attaché à améliorer le four précédent et a fait breveter ses perfectionnements.

Ce four est aujourd'hui le four préféré des administrations de la
guerre, de la marine, de l'assistance publique de Paris et de bon
nombre de Coopératives.

Voici les avantages que M. Bert attribue à son four :

Economie considérable de calorique. — Régularité du chauffage
et uniformité de la cuisson. — Rapidité du travail et, partant, augmentation de la production. — Simplicité de la conduite du four.
— Emploi comme combustible du charbon ou du bois à volonté.
— Suppression des risques d'incendie. — Réduction des emplacements pour le logement du combustible.

Un autre avantage, à notre avis, est que ce four n'a aucune
partie mécanique.

Dans ce four le foyer, au lieu d'être sur le côté de la façade, est
au milieu en dessous de la bouche.

Le reste de la construction diffère peu du précédent, sauf que,
au lieu de deux conduits en forme de V, il en possède sept, dont
cinq dans le sens longitudinal et deux dans le sens transversal, le
reste des accessoires déjà décrits est indispensable au bon fonctionnement.

De fait ce four est en partie aérotherme et en outre à chauffage

direct ; aussitôt défourné, l'on débouche le gueulard, on ouvre les
ouras, on ferme le registre communiquant avec les conduits, on
ferme le bouchoir et, du foyer que l'on a chargé préalablement,
s'échappe la flamme qui se répand à l'intérieur du four ; quelques

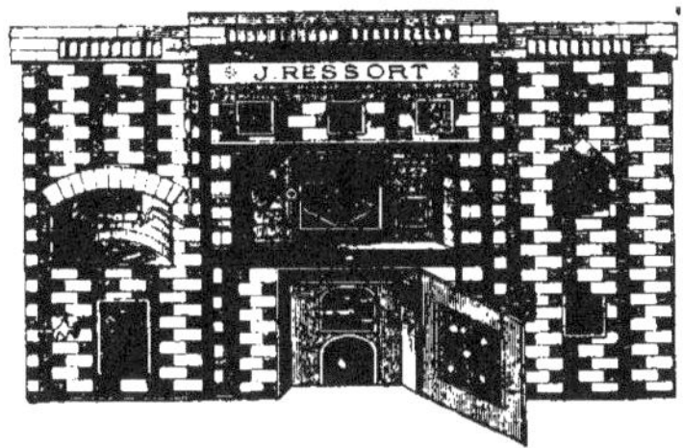

Fig. 110. — Four Berl.

minutes suffisent pour remonter le four à la température nécessaire, attendu que cette température a été presque maintenue pendant la cuisson, grâce au brûlage des escarbilles par la partie
aérotherme, ce qui tendrait à prouver la supériorité de ce principe de chauffage des fours.

Four Mousseaux à foyer mobile

De tous nos constructeurs de fours français nous pouvons considérer M. Mousseaux comme le plus actif.

Par les avantages immédiats qu'il leur offre, M. Mousseaux est
arrivé à convaincre un grand nombre de boulangers.

Les fours Mousseaux diffèrent complètement des fours Mahot et
Chevenot ; au lieu du chauffage aérotherme M. Mousseaux a per-
sisté dans le chauffage direct. Il tient aux boulangers ce langage :
A défaut d'un four complet, je vous vends un appareil de chauffage ou plutôt je vous le donne en échange des économies de combustible que vous réaliserez avec, soit en une année, quinze ou
dix-huit mois, suivant l'importance. Vous brûlez par exemple
200 francs de bois par mois ; au lieu de vous vendre mon appareil
1.000 francs, donnez-moi ces 200 francs pendant une année et je

vous donne mon appareil avec le charbon nécessaire à votre travail.

Le boulanger qui a en prévision une économie de *combustible* de 50 0/0 à la fin de l'année sans aucune dépense immédiate s'empresse d'accepter car, pour avoir un four aérotherme, il lui faudrait dépenser de suite 4.000 francs et il lui faudrait trois années pour amortir cette dépense par l'économie de combustible.

Le foyer Mousseaux est un appareil essentiellement mécanique qui, mal conduit, exige d'assez fréquentes réparations.

Si nous croyons le chauffage aérotherme supérieur, c'est au point de vue économique.

Pour ce qui est de la beauté du pain, le four Mousseaux, en raison de la puissance de calorique qu'il contient et de la quantité de buée qui s'y produit tant par l'écouvillonnage qu'au moyen de l'appareil, donne, principalement aux pains de fantaisie, aux pains boulots, ainsi qu'aux pains coupés, un cachet et un vernis superbes.

Ce résultat a beaucoup contribué à sa vogue en boulangerie.

Le foyer consiste en un récipient garni de réfractaire à l'intérieur et muni d'une grille spéciale, pour brûler charbon ou bois, suivant celui des deux combustibles que l'on veut employer, en général le charbon ; le devant de ce foyer est plus élevé, pour éviter que la flamme lèche trop la sole, ce qui constitue un avantage sur le foyer fixe dont le carrelage à l'entour chauffe toujours trop.

Le foyer Mousseaux est posé sur un bâti en fer placé dans l'arcade du four, qui se prolonge en avant jusqu'en dehors et forme une sorte de chemin de fer sur lequel on fait avancer le foyer, muni de galets, pour le charger ou le nettoyer ; dans les débuts il fallait que l'ouvrier se fourre sous l'arcade pour charger son foyer, c'était un grave défaut que M. Mousseaux a évité depuis.

Lorsque le foyer est chargé et allumé, on le repousse dans le bâti, on relève les barres de prolongement et on le monte jusqu'au niveau de la sole, soit au moyen d'une chaîne Vaucanson que l'on actionne au moyen d'une manivelle, soit au moyen d'une pression hydraulique ; dans cette dernière création très pratique, il suffit alors d'ouvrir le robinet d'eau alimentant l'appareil. Il faut sept litres d'eau à chaque fois pour monter le foyer.

Au début, pour livrer passage au foyer dans la sole, il fallait sortir par la bouche deux plaques garnies de réfractaire qui fermaient le passage ; M. Mousseaux a fixé ces plaques ou plutôt les a remplacées par deux portes de fermetures munies de paumelles.

Par un système de pression, les portes s'ouvrent à mesure que monte le foyer qui vient s'encastrer dans l'emplacement libre.

Les plaques primitives laissaient évaporer une grande quantité de buée ; les nouvelles portes sont garnies d'amiante et ferment hermétiquement, lorsque le foyer est en place on ferme le bouchoir et l'aération nécessaire à la combustion du charbon s'opère par le dessous ; pour obtenir un bon résultat, il faut surchauffer la première fournée, pour que le four prenne un bon fond on le laisse reposer une heure, temps nécessaire pour chauffer, il faut donc allumer deux heures avant d'enfourner la première fournée.

Pendant le repos, la chaleur s'égalise et pénètre dans les parois du four.

Si l'on se contentait de ne chauffer qu'à la température nécessaire pour cuire la première fournée en enfournant de suite, il faudrait autant de temps à chacune des autres fournées, l'on perdrait vingt minutes à chaque fournée et l'on ne parviendrait pas à avoir suffisamment de sole au fond du four ; lorsque l'on a pratiqué, comme nous l'indiquons pour la première fournée, il suffit d'un quart d'heure pour chauffer les autres, en ayant soin de préparer le foyer d'avance, on laisse reposer de 5 à 10 minutes et l'on enfourne.

Il faut compter de 70 à 80 minutes par fournée, soit une moyenne de 1 heure 1/4 après la première.

La dépense de combustible par fournée de 60 pains de 4 livres, travail parisien, est de 20 à 25 kilos de charbon pour la première, 12 à 15 pour la deuxième et de 8 à 10 pour les autres ; en admettant un travail de 5 à 7 fournées, car il est évident que si le travail se continuait il n'y aurait pas de première à chauffer.

Four aérotherme Mahot

Il y a à peine vingt ans que M. Mahot a construit son premier four ; n'étant pas spécialiste pour les fours, il ne s'est pas inquiété des caprices du boulanger ; constructeur-mécanicien, ayant pleinement réussi avec son pétrin, il a cherché à produire un outil capable de cuire économiquement du pain et de le bien cuire.

Si M. Lamoureux a pu convaincre les administrations, et, l'on sait combien c'est difficile, M. Mahot a réussi auprès des boulangers, qui souvent sont, de parti pris, hostiles à tout outil nouveau ; ce parti pris, M. Mahot l'a vaincu, il ne fait pas de réclame, et quand nous avons voulu étudier son four, il nous a dit : vous voulez connaître l'outil, rien de plus simple, j'ai des fours chez MM. X., Y., Z., allez-y de ma part, passez y la nuit, jugez vous-mêmes des résultats et si cela vous plaît, voici mes prix.

Nous avons vu ses fours à Ham, à Tergnier, à Chauny, et partout, nous avons constaté la même satisfaction. A Tergnier, M. Baillet dont nous avons visité le fournil, à trois reprises différentes, en plein travail, nous a tenu ce langage : je dépense au maximum 31 centimes de calorique par fournée de pain en brûlant du coke. Or, M. Baillet a un four de très grandes dimensions, pouvant contenir environ 85 pains de 2 kilos du travail parisien.

Ce four est muni de deux bouches, ce qui est très pratique pour les fours de grandes dimensions.

Le brigadier après avoir rempli un quartier du four passe à l'autre. Grâce à ce système plus de perte de temps au défournement, dans un four de cette dimension avec une seule bouche, les pains du fond seraient cuits quand le brigadier aurait fini d'enfourner, il faudrait alors déplacer les pains de bouche pour aller chercher ceux du fond.

M. Baillet nous a donné la dépense maximum de combustible, mais cette dépense peut descendre jusqu'à 0 fr. 23 par fournée.

Comme dépenses de réparation, M. Baillet nous a accusé de vingt à trente francs tous les deux ans pour le foyer, tant qu'au reste du four depuis douze ans qu'il existe le carrelage est toujours le même quoique cuisant dix à douze quintaux par jour.

Ce four pourrait être une exception parmi ceux construits par M. Mahot, il n'en est rien, et les modèles plus récents ont encore été perfectionnés.

Le plus proche voisin de M. Baillet, dont la fabrication est peut-être un peu moins importante, nous disait ceci : Quand j'ai vu les résultats obtenus par mon collègue, je n'ai pas hésité un instant à faire démolir mon ancien four pour en avoir un Mahot, et je vous affirme que je ne le regrette pas.

Quand dans la bonne saison je manque de pain, et que je suis obligé l'après-midi de faire une fournée, je n'ai pas besoin de chauffer, mon four est toujours assez chaud.

Fig. 111. — Four Mahot.

Dans cette même localité de Tergnier existe une boulangerie coopérative fondée par les ouvriers et employés de la Compagnie du Nord. Quatre années après avoir fait construire son premier four Mahot, elle en faisait construire un second, preuve évidente de satisfaction.

La boulangerie coopérative d'Amiens, après avoir employé divers systèmes de fours, français ou étrangers, en est arrivé aux fours Mahot.

Sur le rapport de M. J.-P. Castan, délégué pour la boulangerie et les parties similaires à l'Exposition de 1900, l'administration de l'asile des aliénés de Marseille s'est décidée à faire construire un four Mahot en remplacement de ses fours vieux, système d'antan. Les fours aérothermes à sole fixe de la maison Mahot, dit M. Castan, dans son rapport, présentent une supériorité incontestable sur ce qui a été fait antérieurement. Ils sont d'une très grande simplicité, d'un entretien presque nul et ne nécessitent jamais de réparations occasionnant de longs arrêts. Leur installation simple procure un travail facile, pas de bois à emmagasiner, pas d'étouffoir

14

ni d'écouvillon dans le fournil, facilité de mise au four qui permet de cuire en une heure, une fournée de pains de 3 kilos.

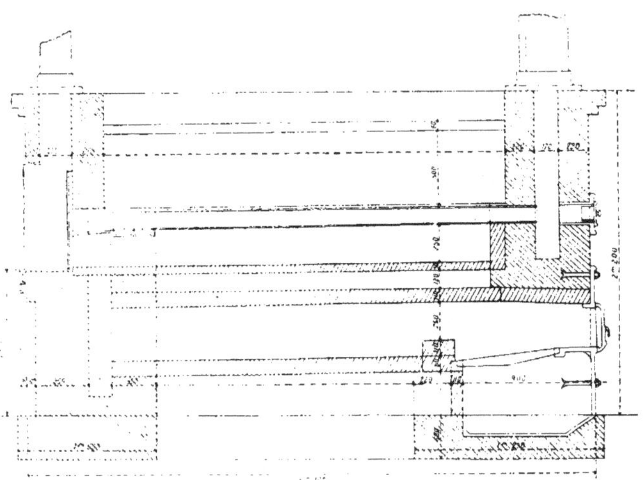

Fig. 112. — Four Mahot (coupe).

La puissance de cuisson est supérieure aux systèmes employés jusqu'à ce jour, car ils peuvent cuire des pains depuis **100 grammes** jusqu'à 5 kilos, etc.. et M. Castan se résume ainsi :

Les fours Mahot offrent les avantages suivants : 1° économie de combustible ; 2° emplacement restreint ; 3° cuisson garantie; 4° célérité du travail ; 5° propreté.

La compétence de M. Castan étant indiscutable, il serait superflu d'ajouter quoique ce fut en faveur d'un outil qui fait honneur à la construction française.

Le four Mahot est construit en briques et peut durer une moyenne de 25 à 30 années en parfait état de travail.

La sole en carreaux réfractaires repose sur un lit de sable spécial placé au-dessus d'une chambre chaude.

La chapelle est chauffée au moyen de conduits qui prennent la chaleur dans la dite chambre chaude, laquelle est chauffée au moyen de deux foyers ou d'un seul seulement suivant le cas, et la dimension du four.

Ce ou ces foyers se placent indifféremment sur le devant, les côtés ou le derrière, suivant l'emplacement dont on dispose pour la construction du four.

Il est préférable toutefois qu'ils soient placés sur le derrière, parce qu'ils ne dégagent pas leur chaleur dans le fournil, le four est muni d'une chaudière, qui assure les besoins d'eau chaude ainsi que d'un appareil enregistreur de la température (pyromètre) placé sur le devant du four. Un appareil à buée en complète les accessoires.

La conduite en est des plus faciles.

Si le pyromètre marque une température assez élevée on peut cuire la première fournée sans chauffer, sinon on chauffera pour le monter à la température nécessaire, à chaque fournée pendant que son pain finit de cuire, le brigadier recharge ses foyers, et tandis qu'il sort le pain du four, il ouvre ses registres d'appel, et la combustion du coke commence ; quelques minutes pour laisser évaporer la buée et le four est remonté à la température voulue.

Nous indiquons la température nécessaire dans le chapitre spécial à la cuisson du pain. Il faut tenir compte que, généralement, les pyromètres remontent assez difficilement pendant la chauffe, ceci est général à tous les systèmes de fours, mais aussitôt que l'on introduit un peu de buée dans le four, il remonte de 10 à 20 degrés, le brigadier doit en tenir compte.

Le pyromètre n'est pas un instrument marquant exactement la température comme le thermomètre ; il marque la différence de température, c'est-à-dire la perte et le gain de chaleur de l'appareil auquel il est appliqué.

Nous croyons devoir achever ici le chapitre des fours que nous avons traité avec la plus grande impartialité ; il est certain qu'un grand nombre de constructeurs pourraient nous reprocher de ne pas avoir parlé de leurs appareils ; s'il nous avait fallu les citer tous, un livre spécial aurait à peine suffi, nous nous sommes bornés aux principaux fours, tous les autres systèmes n'en diffèrent que par des points secondaires.

CHAPITRE XIX

PATISSERIE BOULANGÈRE FRANÇAISE

Pâtisserie boulangère

Nous avons constaté au début de ce manuel que, l'évolution industrielle et économique aidant, la boulangerie était appelée, au moins dans les grandes agglomérations, à se diviser à bref délai en deux parties bien distinctes: l'usine à pain, coopérative ou industrielle, produisant à bon marché, grâce à son outillage et à la puissance des capitaux dont elle disposera; et la boulangerie de fantaisie servant la clientèle de luxe exigente et capricieuse.

Réduites à une fabrication limitée, la moyenne et la petite boulangerie devront forcément s'adjoindre la pâtisserie.

La clientèle, devenue de plus en plus friande de pâtisserie, ne pouvant, à cause de son prix élevé, se satisfaire de pâtisserie fraîche, se rejette sur la pâtisserie sèche produite par des usines et vendue généralement par les épiciers.

Pour attirer ces acheteurs, il faudra que le boulanger, produise de la pâtisserie fraîche à un prix inférieur à celui du pâtissier proprement dit. Un grand nombre de boulangers, se sont déjà adonnés à cette fabrication, mais ne pouvant fabriquer eux-mêmes, ils sont contraints de prendre un ouvrier spécial, dont ils ne couvrent pas les frais que si la vente est suffisante.

Il faut donc que cet article, qui ne rapportera au boulanger que 20 à 25 0/0, au lieu de 50 à 60 0/0, taux actuel du bénéfice du pâtissier, vienne se joindre à la fabrication du pain avec le moins de frais possible.

L'ouvrier boulanger de l'avenir, qui voudra travailler dans la petite boulangerie devra connaître la pâtisserie.

Il en sera de même du petit patron qui pourra, grâce au profit que lui laissera la pâtisserie. s'adjoindre un ouvrier pour réduire ses fatigues et pouvoir surveiller la vente.

Donc, que le boulanger soit destiné à rester ouvrier ou devenir patron, il lui sera indispensable de posséder quelques notions de pâtisserie.

S'il s'agissait pour lui de devenir un véritable pâtissier, ce qui ne serait du reste pas de nature à lui nuire, nous lui dirions d'étudier dans les ouvrages spéciaux, aucun cependant ne traite la pâtisserie comme on la fabrique généralement en boulangerie.

Jamais un auteur n'aurait voulu dévoiler au public l'emploi de la margarine en place de beurre, l'emploi du jaune préparé en place d'œufs. Nous n'aurons pas les mêmes scrupules. C'est pourquoi nous n'hésitons pas à déclarer que la boulangerie, ne peut obtenir la pâtisserie aux prix actuels qu'avec la margarine pour remplacer le beurre, le jaune pour remplacer les œufs, les noisettes et les cacaouettes pour remplacer les amandes, les pommes sèches d'Amérique, qui permettent les chaussons au pommes en toutes saisons comme l'abricot sec trempé remplace l'abricot conservé au naturel.

Nous traiterons ici simplement les articles les plus courants.

Pains au lait ou pains russes

Les pains au lait ou pains russes sont une sorte de pâte à brioche, très moelleuse où le beurre et les œufs ne figurent que pour la dorure.

Soit entre les levains, soit après la première fournée pétrie, l'on prépare la pâte.

Pour cent pains au lait ou russes, délayer 50 grammes de levure dans un demi verre d'eau, avec, pour faire un petit levain, environ 100 grammes de farine pris sur trois kilos pesés préalablement ; faire une fontaine au milieu de cette farine, y placer 25 grammes à 30 au plus, de gros sel écrasé, 100 grammes de sucre en poudre 1 litre 1/2 de lait, une douzaine de gouttes de jaune, autant d'eau de fleur d'oranger, suivant la qualité, délayer le levain aussitôt qu'il est prêt, bien pétrir le tout et le rabattre deux heures ou trois heures après.

Mouler en pain long et rond, d'environ 50 grammes, 3/4 d'heure avant de faire cuire, dorer avec un œuf battu.

Saupoudrez de sucre en grain et couper aux ciseaux avant d'enfourner, après le pain cuit mettre au four sans chauffer, il suffit de 12 à 15 minutes pour la cuisson.

Brioches

La brioche peut se faire de toutes qualités il suffirait par exemple pour faire de la brioche très commune, de prendre la pâte à pains au lait que nous indiquons ci-dessus, et d'y mélanger 500 grammes de margarine préalablement un peu maniée pour l'assouplir.

Nous allons néanmoins indiquer deux moyens économiques.

Le premier consiste, après avoir préparé le levain, le sel et le sucre à joindre à un litre de lait, huit œufs, blancs et jaunes compris, un petit verre de rhum, en place de fleur d'oranger, cinq à six gouttes de jaune seulement, et 500 grammes de margarine, peser à 60 grammes pour 10 centimes, on obtiendra de belles brioches.

Le second procédé donne une brioche très fine et très économique, on réserve les blancs d'œufs pour être employés, soit à faire des méringues, soit à de la crème de St-Honoré, mettre douze jaunes d'œufs pour un litre de lait et le reste comme ci-dessus, moins le jaune artificiel.

Il faut toujours laisser apprêter la brioche vingt à trentes minutes avant de la mettre au four, prendre cinquante grammes de pâte pour une brioche de 0 fr. 10.

Nous fixons un poids moyen que l'on peut toujours modifier.

Si nous établissons les prix de revient on jugera des avantages que procurent nos procédés.

Dans l'œuf le blanc représente les 2/3 de la valeur.

Nous pouvons donc établir le prix de revient comme suit :

Levure.   0,05
Sucre et sel   0,10
Lait.   0,30
Œufs 1/3 . . . .   0.40
Œufs pour dorure   0,10
Rhum   0,15
Farine 2 k. 150 gr. à 0 fr. 35 =   0,75
Margarine supérieure . . . .   0,75 = 2 fr. 60

Poids obtenus en pâte :

Levure   . . .   0 k. 050 gr.
Sucre et sel . .   0 k. 080 gr.
Lait   . . . .   0 k. 950 gr.
Œufs . . . .   0 k. 240 gr.
Farine. . . .   2 k. 150 gr.
Rhum . . . .   0 k. 035 gr.
Margarine · . .   0 k. 500 gr. = 4 k. 005

Si nous prenons même 60 gr. pour 0 fr. 10 nous obtenons 65 brioches produisant 6 fr. 50 pour une dépense de 3 fr., en tenant compte du chauffage du four et de l'usure des moules ou des plaques, laissant encore plus de 50 0/0 de bénéfice.

Brioche fine

Si l'on veut obtenir une brioche très fine, on supprimera le lait, on se contentera de faire le levain avec 1/3 de verre d'eau tiède, et on emploiera de 8 à 10 œufs, jaune et blanc compris, par livre de beurre ou de margarine, avec 1 kilog de farine et le reste comme il est indiqué précédemment.

Brioche viennoise

L'on peut fabriquer pour la vente au détail la brioche dite viennoise, que l'on produit en grosses couronnes.

Le procédé dont nous donnons le détail comme poids et prix de revient est le meilleur, car la brioche sèche moins sans blancs qu'avec blancs, il suffira d'ajouter 1 livre de raisin de Corinthe ou de Malaga par 20 livres de brioches ; en vendant à 1 franc la livre on arrive environ à 45 0/0 de bénéfice.

Babas et savarins

Pour obtenir des babas ou savarins il suffit de mouiller une livre de pâte à brioche, avec 2 œufs et 50 grammes de sucre en poudre pour obtenir une pâte douce bien allongée, ajouter pour les babas, un peu de raisin de Corinthe, placer à raison de 30 grammes pour 10 centimes dans des moules graissés au beurre, laisser pousser, un peu plus du double de la grosseur primitive qui doit être presque quadruplée à la sortie du four ; pour la brioche le four est bon à 150 degrés, pour le baba de 100 à 120 ; préparer un sirop de sucre à raison de 250 grammes de sucre par litre d'eau, tremper les babas dans ce sirop tiède, arroser avec rhum ou kirsch ; pour économiser le rhum, on mélange 1/4 de litre de thé assez fort à 3/4 de litre de rhum, à 45 ou 50 degrés.

Le goût n'en est que plus agréable et l'arrosage moins coûteux.

Nous obtenons encore le taux de 50 0/0, comme bénéfice.

Feuilletage

Il faut au feuilletage une pâte un peu plus ferme : 1 kilo d'eau pour 2 kilos de farine, pour le feuilletage commun, à 0 fr. 05 cen-

Légende des figures de la Planche 19. — Accessoires de pâtisserie.

a. Rouleau servant à abaisser les pâtes.. — *b-b*. Pinceaux à dorer et graisser. — *c*. Pinces en cuivre pour décorer les bords. — *d*. Bassine en cuivre pour monter les blancs d'œufs. — *e-e*. Poche et douille pour coucher et décorer. — *f*. Moule à pain de mie. — *g*. Fouet pour monter les blancs d'œufs. — *h-i*. Plaques et tourtières en tôle pour cuire. — *j-k*. Moules à babas et savarins. — *l*. Spatule pour pâtes à biscuits. — *m*. Râclette pour nettoyer. — *n*. Série de coupe-pâte. — *o-o*. Cercles à tartes et flancs. — *p*. Moule à Kugelhof en terre cuite vernie. — *q*. Moule à mophine. — *r*. Glacière pour glacer et saupoudrer. — *s*. Moule à manqué pour biscuit et génoise.— *t*. Moule à brioches viennoises.— *u*. Moules à madeleines.— *v-v*. Moules à tartelettes. — *x*. Moule à couronnes pour pain ou brioche.— *y*. Moule à biscuits. — *w*. Moule à brioches.

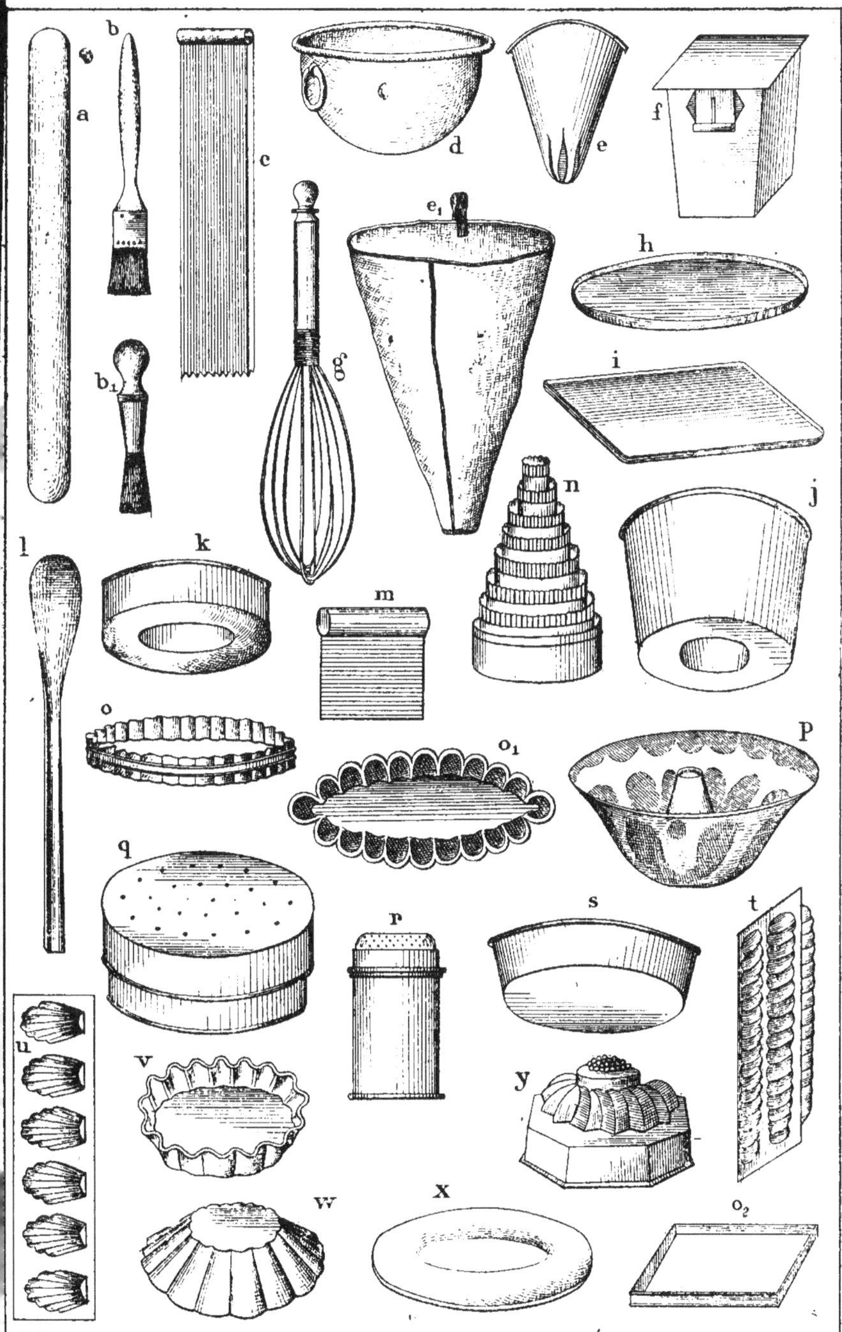

Accessoires de pâtisserie.

times le morceau, on emploie un kilo de farine par 500 grammes de margarine, on donne 4 tours 1/2 comme pour la galette, mais en ayant soin de les égaliser, pour le feuilletage fin, servant à faire les gâteaux aux amandes, on n'emploie que 700 à 750 grammes de farine par livre de margarine ; l'on donne de 5 tours 1/2 à 6 tours, pour les bouchées à la reine ou vol-au-vent 650 grammes de farine seulement, avec 6 tours de rouleau.

Galette des rois

La galette des rois n'est autre que la galette qu'offre le boulanger à ses clients à Paris comme étrennes, s'il la fait bonne généralement il en vend une deuxième qui paie les frais de la première.

Trop souvent ne sachant pas la faire lui-même il l'achète à des marchands qui le servant mal, mécontentent sa clientèle.

Rien pourtant n'est plus facile à faire.

L'on détrempe une certaine quantité de farine, à raison, vu la saison, de 11/10 de litre d'eau par 2 kilogrammes de farine et environ 30 grammes de sel.

Si on fait la galette au beurre on prendra 1 k. 400 à 1 k. 500 de cette pâte par 500 grammes de beurre, à la margarine, on ne prendra que 1 k. 200 à 1 k. 300.

Après avoir préalablement manié un peu pour l'assouplir le beurre ou la margarine on le place au milieu de son pâton applati avec le poing à l'épaisseur de 3 centimètres environ ; on relève les bords des quatre côtés de façon à bien couvrir le beurre, on prépare ainsi cinq ou six pâtons : suivant la quantité que l'on veut faire ou le nombre de plaques de tôle que l'on possède ; on reprend ensuite un à un ces pâtons que l'on étale au moyen du rouleau, on abaisse le pâton à l'épaisseur de un centimètre environ, on reploie ensuite le pâton en trois.

On recommence quatre fois cette opération, à la cinquième on ploie le pâton en deux, on le divise à la dimension que l'on veut obtenir, on reploie les coins sur le centre on tourne sens dessus-dessous et on moule légèrement pour arrondir.

Après un instant de repos, on applatit à l'épaisseur de 7 à 10 millimètres selon la dimension de la galette.

Chaque pâton à la vente doit produire au beurre, de 4 fr. à 4 fr. 50 ; à la margarine, de 3 fr. 50 à 4 fr.

On dore à l'œuf, jaune et blanc mélangés, on décore à la fourchette ou au couteau et l'on enfourne.

Il faut de 15 à 25 minutes pour la cuisson.

On obtient à l'aide du feuilletage quantité de petits gâteaux.

Condé

S'obtient en plaçant une crème quelconque que l'on nomme appareil entre 2 bandes de feuilletage, on glace avec de la confiture d'abricot et on saupoudre les bords de sucre en grains, on coupe par tranches.

Palmiers

Le feuilletage doit avoir 6 tours dont les 4 derniers auront été saupoudrés de sucre, on reploie le pâton en 4, les deux bouts à l'intérieur ; on coupe, par tranches de 6 à 8 millimètres, on place sur plaque sur le côté c'est à dire en sens opposé du feuilletage, au four, le sucre en fondant élargit le feuilletage et le colle, tout en lui donnant le doré.

Mirlitons

On fonce des moules à tartelettes en feuilletage, l'on passe au pinceau un peu d'abricots au fond.

On pile 1 partie d'amandes avec 2 parties de sucre, on mouille avec des œufs.

Exemple : 50 grammes d'amandes, 100 grammes de sucre poudre, 2 œufs ; on garnit les moules, on couvre avec 3 moitiés d'amandes émondées, on saupoudre et on cuit au four moyen.

Conversations

Le même procédé pour le fonçage, mais l'on garnit de pâte d'amandes, l'on couvre de glace, et l'on croise 2 petites bandes de pâte sur le dessus.

Mirliton anglais

Se fonce également au feuilletage, mais se garnit de pommes et se recouvre de glace.

Jalousies

Se font comme les condés. mais se garnissent en pâte d'amandes.

Dartois

Même procédé, se garnit avec de l'abricot, au lieu de pâte d'amandes, et se glace.

Flanc

Le véritable flanc doit se faire à froid, et se cuire au four, il demande beaucoup de soins ; il est préférable de procéder par la cuisson préalable, on obtient un très bon flanc de la manière suivante :

Délayer **100** à **120** grammes de farine avec **2** œufs et une pincée de sel ; ajouter en commençant, par petites doses, en continuant à délayer **1** litre de lait : cuire au feu sans laisser bouillir ; lorsque la pâte durcit on retire du feu et l'on remue activement pour éviter les marrons et obtenir une crème bien lisse, on ajoute **60** à **70** grammes de sucre en poudre, en remuant toujours on laisse refroidir un peu et l'on coule dans les moules ou cercles préalablement foncés, on met au four de **100** à **120** degrés, jusqu'à ce que le dessus se colore, on laisse refroidir avant de démouler.

Gâteaux aux amandes ou Pithiviers

Pour faire quatre gâteaux aux amandes, prendre **100** grammes d'amandes que l'on jette dans l'eau bouillante pour en détacher la peau, après les avoir émondées les hacher très fin, prendre un peu de pâte à flanc si on en a, ou en préparer avec **1** œuf, quelques grains de sel, **30** grammes de farine, 1/3 de litre de lait, ajouter

60 grammes de sucre et les amandes ; après avoir préparé un pâton de feuilletage à 5 tours 1/2, comme il est indiqué, le couper en huit parts, suivant la grosseur que l'on veut obtenir, quatre parts pour le dessous, quatre parts pour le dessus, les parts du dessous un peu plus faibles que celles du dessus.

On abaisse le dessous, à l'épaisseur de 3 à 5 millimètres, selon dimensions.

On place au centre la quantité de la pâte d'amandes obtenue, de 5 à 8 millimètres d'épaisseur jusqu'à 3 centimètres des bords.

On mouille avec le pinceau le tour de la pâte d'amandes pour que le dessus colle au dessous, on coupe en rond avec le couteau, en dentelant si l'on veut, et l'on décore au couteau après avoir doré à l'œuf.

Le gâteau doit monter au four de 3 à 4 fois son épaisseur en pâte.

Pâte à choux — Saint-Honorés — Eclairs

La pâte à choux sert à fabriquer les couronnes grillées, les pains de la Mecque, les choux grillés et à la crème, les éclairs et les saint-honorés.

L'on met bouillir dans une casserole 1 litre d'eau, 20 grammes de sel, 30 grammes de sucre, 1 livre de margarine ou de beurre ; lorsque ce mélange bout, on le retire du feu, on le laisse reposer quelques minutes, on verse dessus de 5 à 600 grammes de farine, et l'on remue à la spatule avec vigueur, pour finir de sécher, on remet à feu doux quelques minutes toujours en remuant, l'on mouille ensuite avec 14 ou 16 œufs, que l'on casse quatre d'abord puis le reste deux par deux, en remuant chaque fois jusqu'à absorption, l'on couche ensuite sur plaque au moyen d'une poche en toile munie d'une douille, après avoir introduit la pâte dans la poche on tortille le haut avec la main droite et on presse, la main gauche dirigeant la douille ; au four la bonne pâte à choux donne cinq fois son volume.

Pour les saint-honorés on prépare préalablement des fonds en pâte à foncer, l'on couche une bande sur le bord et un peu au milieu ; l'on dore, avant d'enfourner, les petits choux devant servir à mettre autour des saint-honorés, on sème, après avoir doré, un peu de sucre granulé, de même sur les couronnes et les choux grillés.

Dans les choux-crème, on coupe le dessus du chou que l'on retourne sens dessus dessous, dans le dessous, on garnit de crème avec la poche.

L'éclair se garnit de crème ; à défaut de crème fouettée on prend de la crème de flanc, puis il se glace au café ou au chocolat ; cette glace s'obtient, en faisant fondre sur un feu doux du sucre très fin avec un peu d'eau, on y ajoute de l'essence de café ou du cacao fondu, l'on trempe l'éclair dans la glace et on lisse au doigt pour qu'il n'en reste pas en excès.

Le saint-honoré comme le chou-crème se garnit de crème fouettée ; sur le fond du saint-honoré on colle sur le bord, formé de la bande de pâte à choux, les petits choux garnis de sucre, au moyen de sucre caramélisé c'est-à-dire cuit au collant.

On peut aussi les coller avec la crème.

Voici comment on obtient la crème de saint-honoré :

Si on a à garnir par exemple 3 saint-honorés, 12 éclairs et 12 choux, on aura fait 1/2 litre de pâte à choux.

Si on a eu la précaution de conserver sur la brioche des blancs d'œufs, on en prendra 12 à 14 suivant la grosseur, que l'on mettra dans une bassine en cuivre pour les monter au fouet ; préalablement on aura préparé une crème comme pour le flanc, en délayant 60 grammes de farine dans 4 ou 6 jaunes d'œufs, un peu de sel et 1/2 litre de lait. En été, surtout dans les temps orageux, on pourra ajouter quelques feuilles de gélatine, laisser cuire en remuant, sans bouillir ; ajouter 120 grammes de sucre en poudre et bien remuer ; lorsque les blancs sont montés on vide cette crème dessus, encore tiède, en remuant légèrement avec la spatule jusqu'à complet mélange, on garnit le saint-honoré avec une cuillère à bouche.

On peut cuire le sucre avec la crème mais ne pas laisser bouillir.

Pâte à foncer

On nomme pâte à foncer une pâte brisée qui sert à foncer tous les gâteaux qui ont besoin d'un soutien, tels que flancs, saint-honorés, tartes, etc.

On prend 3 livres de farine, même un peu plus si l'on veut, on ajoute 15 grammes de sel, 100 à 120 grammes de sucre, une livre de margarine et l'eau nécessaire pour en faire une pâte assez ferme, sans être trop sèche, on brise bien ce mélange avec la paume de la main.

Tartes

On fait avec la pâte à foncer, les tartes aux cerises, aux abricots, aux mirabelles, aux fraises, à la purée de pomme, etc; pour les trois premières, après avoir foncé un cercle avec la pâte spéciale à l'épaisseur de 3 millimètres et pincé les bords au moyen de la pince, on garnit, de fruits frais dans la saison, après les avoir énoyautés, et de fruits de conserve en hiver, et l'on met au four après avoir doré le bord ; pour les fraises on ne met les fruits que lorsque la pâte est cuite.

Mais pour qu'elle ne se déforme pas à la cuisson, on la garnit de noyaux de cerises ou autres produits qui se détachent bien après la cuisson ; les tartes aux pommes se font ou grillées ou garnies, c'est-à-dire, qu'après avoir garni la tarte de purée ou marmelade on la recouvre ou de petites bandes de pâte croisées, ou de tranches de pommes superposées coupées très minces ; pour les tartes aux poires, on garnit le fond de la tarte avec de la marmelade de pommes, et on dispose les poires que l'on fait cuire préalablement dans de l'eau garnie de carmin pour les rougir, à défaut de carmin, après cuisson, on les couvre de sirop rouge ou de confitures aux groseilles.

Sirops

Les tartes une fois cuites doivent être garnies de sirop ou de confitures pour remplir les vides et couvrir les fruits.

Les confitures étant généralement d'un prix assez élevé et d'un emploi plus difficile, le sirop est préférable ; on peut le faire moitié glucose ou tout sucre.

Pour les cerises et les fraises, même les poires on emploie le jus de cerises, que l'on peut remplacer par du carmin, on fait cuire dedans du sucre en morceaux en y ajoutant quelques feuilles de gélatine, qui rendent le sirop liant ; pour les abricots, pommes, mirabelles, etc., on peut employer le jus de ces fruits, à défaut un peu de jaune, et toujours de la gélatine.

Toutes ces données sont très économiques, le boulanger pourra les modifier, suivant sa clientèle, c'est une base que nous lui indi-quons et un moyen d'autant plus pratique d'opérer qu'il est écrit dans un langage courant.

Nous compléterons pour terminer par quelques données sur les secs.

Sablés

Le sablé est un petit gâteau sec très apprécié, plus délicat au beurre qu'à la margarine, mais qui alors reviendrait trop cher pour être vendu à 0 fr. 05 centimes.

Or l'acheteur de pâtisserie chez le boulanger veut beaucoup pour pas cher.

On prépare :

1 kilo de farine ;

500 grammes de sucre ;

500 grammes de margarine ;

2 grammes de carbonate d'ammoniaque ;

Quelques gouttes d'essence de citron ou autre, l'on pétrit comme pour la pâte à foncer, mais sans ajouter d'eau.

Cependant si la pâte était trop ferme, on allongerait en arrosant très peu à la fois, d'eau ou de lait ; cette pâte n'a pas besoin de repos et peut être débitée de suite.

Biscuit et génoise

La pâte à biscuit varie à l'infini ; elle peut se faire depuis **12** œufs par livre de sucre, jusqu'à **20** œufs.

Si l'on supprime les œufs, on les remplace par le lait et le car-bonate.

Nous allons donner un procédé assez avantageux, qui permet une grande variété d'entremets : biscuit de savoie, mokas, nouga-tine, etc.

On prend 16 œufs, que l'on casse en séparant les blancs que l'on place pour être battus dans une bassine en cuivre ; on met dans les jaunes 500 grammes de sucre en poudre que l'on travaille bien. On peut ajouter un peu d'essence de citrons ; on prépare 500 grammes de farine, ou 250 grammes de farine et 250 grammes de fécule ; on en met une partie dans les jaunes et l'on remue à la spatule, mais il faut qu'ils restent toujours coulants.

On monte les blancs comme pour la crème fouettée.

On verse les jaunes en remuant lentement, puis la farine en mélangeant lentement à la spatule.

L'on met au moule, beurré à chaud et saupoudré, pour les petits servant aux mokas, on coule à la poche sur plaque saupoudrée.

Génoise

La génoise donne une pâte à biscuit plus moelleuse que la précédente on prend les mêmes quantités, on casse blanc et jaune dans une bassine avec le sucre et l'on monte au fouet, sur un feu très doux, on mélange ensuite la farine, et l'on coule au moule ; si l'on veut obtenir une pâte très fine on peut ajouter un peu d'amandes broyées et un peu de beurre.

Crème moka

La crème moka sert à garnir les biscuits de pâte génoise ; on les fend généralement au milieu pour y introduire une couche de crème, on les recouvre autour et dessus d'une légère couche, on recouvre le tour de sucre granulé, et au moyen d'une poche munie d'une douille à décorer, on peut obtenir des dessins variés.

Pour la crème moka, on fait cuire 250 grammes de sucre en poudre avec 8 jaunes d'œufs ; il ne faut pas que ce mélange chauffe jusqu'à ébullition, on remue tout le temps de la cuisson, on ajoute un petit verre de café fort ou une demi cuillerée à café d'essence, suivant la teinte plus ou moins foncée que l'on veut obtenir ; on laisse refroidir une dizaine de minutes, on ajoute ensuite 250 grammes de beurre que l'on mélange au fouet ou à la spatule jusqu'à ce que le tout ne forme qu'une crème souple et légère.

Variétés de génoise

La pâte génoise sert à toutes sortes d'entremets, on en fait des biscuits montés que l'on glace au sucre, et décore de fruits, on la garnit d'amandes sur glace ou de méringues de couleurs diverses, en un mot c'est un peu la pâte universelle ; il suffit d'appliquer un nom au gâteau qu'elle sert à fabriquer (amandine, parisien, lamballe, etc.).

Pâtes sèches diverses

On obtient par le même procédé toute pâte sèche que l'on désire avec ou sans beurre ou margarine, avec ou sans œufs.

Le carbonate d'ammoniaque est la base du développement, il agit sur le sucre pendant la cuisson, plus il y a de sucre moins il en faut ; on en doit mettre moins pour les pâtes au beurre que pour celles à la margarine, par contre il en faut davantage pour celles à base d'œufs, le blanc d'œuf offrant une résistance à l'action du carbonate, analogue à celle du gluten vis-à-vis de la levure.

Dans les secs très bon marché le glucose peut être employé en place de sucre mais il est d'un emploi plus difficile.

Croquet de Bordeaux

Le croquet dit de Bordeaux se vend très bien, il est préféré par les personnes qui possèdent de bonnes dents ; sa base est le sucre, il ne supporte donc pas de carbonate, et veut un four doux ; il doit se faire aux amandes, mais on les remplace généralement par les noisettes.

On prend :

500 grammes de sucre ;

250 grammes de farine ;

250 grammes d'amandes non émondées.

On mouille très légèrement, au fur et à mesure que l'on pétrit, pour obtenir une pâte ferme ; après un peu de repos, on coupe par morceaux de la grosseur du petit doigt, morceau d'environ 40 grammes ; on les place sur plaque assez éloignés les uns des autres pour qu'ils puissent s'étaler.

Nous croyons devoir terminer par quelques recettes de petits gâteaux secs qui sont à Paris de vente courante.

Madeleines

La madeleine est d'une bonne vente.

On en détermine la qualité à volonté, on peut la produire depuis 2 fr. 50 le cent, jusqu'à 6 francs.

La madeleine extra-fine, se fait en quatre parties égales, 1 partie sucre, 1 partie œufs, 1 partie farine et 1 partie beurre, on y ajoute 1/200 partie de carbonate d'ammoniaque.

Plus la qualité est fine moins il faut de carbonate, dans la madeleine commune on pourra joindre 1/100 partie de carbonate.

Nous allons donner un procédé pour une madeleine du prix de 5 centimes, revenant à 3 centimes 1/2 au maximum.

On mélange, à la spatule ou au fouet, 500 grammes de sucre avec 6 œufs et 1/4 de litre de lait, 6 grammes de carbonate d'ammoniaque ; le mélange bien opéré on ajoute 550 grammes de farine, que l'on mélange doucement à la spatule, puis 125 grammes de beurre clarifié, c'est-à-dire fondu tiède, les impuretés tombent au fond du vase on ne verse donc que le clarifié : 60 madeleines de bonne qualité coûtent environ 1 fr. 75.

Méringues

La méringue ne se compose que de blancs d'œufs et de sucre, on l'aromatise soit à la fleur d'oranger, au citron, à la vanille, etc.

Monter ferme au fouet dans une bassine de cuivre, 8 à 10 blancs, auxquels on ajoute 500 grammes de sucre en poudre, on couche à la poche sur papier ou sur plaques fleurés de la grosseur d'un œuf.

Croquet de Paris

On mélange sur le tour comme pour de la pâte à foncer :

1 kilo de farine, 500 grammes de sucre, 250 grammes d'amandes entières et non émondées, 5 œufs, 8 grammes de carbonate d'ammoniaque. On mouille suivant besoin ; on étale à l'épaisseur de 7 millimètres, on dore à l'œuf, on raye le dessus et l'on pique ; l'on coupe par tranches après cuisson, environ 30 grammes ; cette pâte est meilleure reposée.

Crèsini

500 grammes de farine, 250 grammes de sucre, 4 œufs, une pincée de carbonate. Couper en petits bâtons roulés de 30 à 35 grammes, coucher sur plaques graissées, dorer à l'œuf, dix minutes suffisent à la cuisson ; c'est un excellent biscuit sec, on l'aromatise généralement à la fleur d'oranger ou au citron.

Comme nous l'avons dit, les pâtes sèches varient à l'infini la base en est toujours le sucre, la farine, les œufs et le carbonate.

L'œuf se supprime au besoin et se remplace par du lait et du jaune ; les arômes diffèrent à volonté, et le beurre n'est que le moyen d'améliorer la qualité, par contre il nuit à la conservation.

CHAPITRE XX

BOULANGERIE ET PATISSERIE ÉTRANGÈRES

BELGIQUE

La petite boulangerie prédomine comme nombre, mais comme production c'est l'industrie boulangère sous forme de grosses installations qui l'emporte.

Ces importantes maisons existent dans les villes importantes : Bruxelles, Anvers, Gand, etc.

Un fait caractéristique est que ces fabriques de pain sont fréquemment revêtues d'une étiquette politique, par exemple : « boulangerie libérale ouvrière d'Anvers, boulangerie socialiste, etc. » Chacune de ces grosses fabriques prépare au moins 10.000 kg. de pain par jour.

La farine de blé est de beaucoup la plus employée, soit provenant du pays, soit venant d'Amérique. Le seigle est très peu consommé.

Le pain de ménage de 1 à 2 kg. se prépare en très grande quantité ; il a peu d'apparence, mais sa pâte est de bonne qualité. Dans les restaurants on consomme le pain genre français long.

La planche 3 représente les différents pains fabriqués en Belgique : 1. Galette. — 2. Pain complet. — 3. Flûte. — 4 et 5. Pains de ménage. — 6. Pain noir au raisin de Corinthe. — 7. Pain royal, se fait avec du lait. — 8. Pistolet, petit pain très utilisé pour le déjeûner du matin. — 9. Pain blanc au raisin de Corinthe.

HOLLANDE

Les farines employées en Hollande proviennent soit du pays, soit aussi en grande quantité d'Amérique ; c'est surtout la farine de blé qui est employée en boulangerie. La fabrication comprend un grand nombre de petites installations, mais dans les villes il y a de grandes boulangeries et la production totale de ces dernières dépasse certainement la production des petites maisons.

En Hollande on consomme surtout du pain blanc au lait ; dans les provinces de Groningen, on fait beaucoup de pain de seigle.

A Rotterdam, Dordrecht et Schweningue on ne fait pas de pain blanc au lait, mais du pain blanc à l'eau, analogue à celui fabriqué en Belgique. Il est vendu meilleur marché.

La fermentation panaire a lieu exclusivement en pétrissant avec la pâte une quantité convenable de levure de bière.

Les spécialités du pays sont les « Kadetjes » petits pains tendres au lait, le pain de seigle de « La Haye » et le pain de seigle doux de « Haag » préparé avec du sirop.

Les principales sortes de pains hollandais sont les suivantes ; un certain nombre sont représentés dans le tableau ci-joint (Planche 4).

1. — Pain de froment au lait cuit dans des formes, poids 1 kg., n° 1 de la planche.

2. — Pain de froment à l'eau, cuit au four, poids 0 kg. 750.

3. — Le même pain, du même poids en forme de flûte, appelé « fluit ».

4. — Pain Viennois dit « Casino », pesant 500 gr.

5. — Pain de farine non blutée, poids 500 gr., n°s 5 et 5 a de

6. — Pain français au froment et au lait, à la surface duquel on remarque des lignes parallèles.

7. — Pain de seigle doux de « La Haye ».

8. — Le même petit pain, mais à l'eau, coûtant également un sou, nommé « Waterkadet ».

9. — Petit pain au lait coûtant un sou, nommé « *Melkkadet* ».

Recettes pour la préparation des pains 1, 2, 3, 6, ci-dessus indiqués

100 kg. de farine blanche de froment blutée ; 2 kg. de levure ; 2 kg. de sel et 50 litres de lait non écrémé.

Le pain dit « fluit » est cuit deux fois ; c'est-à-dire qu'on le retourne dans le four pour qu'il se forme un croûte uniforme partout.

Recette pour les pains 4 et 5

100 kg. de la même farine que ci-dessus, 2 kg. de levure et 2 kg. de sel. Ce pain se prépare comme en Belgique.

Recette pour les pains 7 et 8

1 kg. de farine, 30 gr. de levure, 20 gr. de sel, 20 gr. de sucre et 20 gr. de beurre.

Recette pour le pain 10

Ce pain se cuit dans des formes en fer-blanc. Son nom de « Casino » est celui de son inventeur. Il s'emploie pour la préparation des sandwiches.

Pour 10 kg. de farine on emploie 8 litres de bon lait non écrémé; les autres substances comme pour les pains 1, 2, 3 et 6.

Recette pour le pain 11

100 kg. de farine composée de parties égales de farine de froment blutée et de farine non blutée, 2 kg. de sel et 2 kg. de levure.

Recette pour le pain 9

Le pain de seigle doux de St-Gravenhag est un pain qui s'obtient en pétrissant de la farine de seigle grossière avec du sirop. On le cuit au four pendant 18 heures et on le saupoudre avec du son de maïs.

ANGLETERRE

En Angleterre la petite boulangerie est plus importante que l'industrie boulangère en grandes installations. Ces grandes installations n'existent que dans certaines parties du pays, notamment au Nord, en Écosse et en Irlande. La proportion des petites boulangeries aux grosses est comme **30** est à **1**.; à Londres comme **80** est à **1**.

En général en Angleterre, les sortes de pains ne sont pas nombreuses ; notamment on prépare peu de petits pains.

Les petits pains pour le déjeûner du matin sont généralement désignés « *Vienna bread* » « pain viennois » ; ce n'est donc pas une spécialité anglaise. Il en est de même de la plupart des petits produits de la boulangerie : ils ne présentent aucune originalité nationale.

La méthode de travail dans les petites boulangeries anglaises ne mérite pas beaucoup d'éloges ; au contraire, dans les grosses boulangeries l'organisation est parfaitement comprise : les ouvriers sont divisés en brigades ; chacune, commandée par un « foreman » doit assurer le service de plusieurs fours et une quantité donnée de pains à produire. Dans beaucoup de ces maisons, on prélève sur chaque fournée une *miche-échantillon* qui est numérotée et remise au patron ou à une personne désignée, afin de l'examiner au point de vue de la cuisson, de l'humidité et des défauts qui peuvent s'y rencontrer ; s'il y a lieu le brigadier coupable de négligence est puni.

Les farines employées sont toujours très fines, sans exceptions, et toujours de froment. Ce sont soit des farines locales, soit des farines américaines.

Les méthodes de fermentation sont différentes en Angleterre, en en Écosse et en Irlande.

En Angleterre on emploie généralement la levure de bière ou de distillerie, on fait un levain qui fermente 3 à 10 et même 12 heures puis on le pétrit avec la pâte et après l'avoir laissé lever 1 heure 1/2 on façonne les pains et on cuit. Cette méthode, cependant, tend à être remplacée par la suivante qui a pris naissance après les expositions de Londres et de Manchester en 1897 : on pétrit directement la pâte avec la quantité de levure nécessaire sans passer par un levain préalable et on laisse fermenter de 3 à 8 heures. Nous envisageons que le moment est proche où ce procédé sera employé à l'exclusion de tout autre, il présente en effet l'avantage de faire une économie de temps, de donner un pain jugé plus savoureux et d'éviter l'aigrissement accidentel de la pâte.

Fig. 113. — Boulangerie anglaise (Vue d'ensemble).

Cependant ce procédé n'est surtout avantageux que pour les boulangers qui ont une fabrication continue, de nuit et de jour.

En Irlande on emploie le procédé du levain, ainsi qu'en Ecosse. Ce levain se prépare en laissant pendant longtemps fermenter de la pâte et porte nom de « Parisian barm » ou levain parisien.

Une certaine spécialité écossaise, le pain de Coburg, dont nous reparlerons plus loin, et qui a la forme d'un bonnet d'évêque est préparée en utilisant une quantité de sel double de celle qui est généralement employée en Angleterre, afin de prévenir l'aigrissement du pain.

Comme nous l'avons déjà fait remarquer, le nombre des spécialités anglaises n'est pas aussi grand que dans les autres pays :

Les sortes les plus employées, qui sont représentées *planche 5,* sont :

Les *Tins* (n° 4 de la planche) pain cuit dans des formes.

Les *Coburgs* (n° 2) en forme de bonnet d'évêque.

Le *Crusty Cottage* (n° 3) pain rond très croustillant.

Le *Long* (n° 7) pain long.

Le *Square* (n° 1) pain carré.

Le *Cottage* (analogue au n° 3) pain généralement consommé par les habitants des campagnes.

Les *Brick-loaves,* ainsi nommés en raison de leur forme qui rappelle celle des briques.

Et enfin le *Hearth bread* (n° 5) ainsi nommé parce qu'il se préparait autrefois dans les ménages et qu'il se cuit sur le foyer du four.

Nous citerons en outre, les pains de luxe dits « fancy bread » pains de fantaisie qui se préparent également, mais qui n'ont aucune espèce d'originalité anglaise. On trouve entre la brioche nattée de 2 livres (plaited twist) et le petit croissant d'un sou, presque tous les pains intermédiaires préparés par la boulangerie viennoise.

Au centre de l'Angleterre c'est surtout les « *Crusty Cottage* » (pain long croustillant) de 2 et 4 livres qui se consomment concurremment aux « *tin-loaves* » et au « *Coburg* ». Au nord de Manchester on ne prépare guère que les « *tins* » et les « *pan breads* » (ces derniers sont des pains cuits à la poêle, en forme de gâteaux). Liverpool consomme environ 2/3 de « *tins* » et de « *pan breads* » et 1/3 de « *square* » ainsi que tout le nord de l'Angleterre jusqu'aux limites de l'Ecosse. En Ecosse, au contraire, il se prépare un pain tout à fait spécial, tout aussi caractéristique du pays que les cornemuses et les jupons courts. C'est un pain national ; on le consomme concurremment au « *pan bread* » et à quelques pains de fantaisie.

En Irlande on prépare à peu près en égale quantité un pain assez sec, s'émiettant beaucoup, le « *clumby bread* » et le « *pan bread* ». C'est une spécialité de l'Irlande de donner à ses pains souvent la forme hexagonale. On prépare également un pain dit « *lump* » qui pèse 4 livres et qui se prépare en roulant sur elle-même une galette de pâte, sur une longueur de 31 centimètres et en la faisant cuire sur le foyer du four sans lui donner d'autre forme.

En un mot les pains varient surtout dans leurs formes, mais non dans leur composition, les deux procédés que nous donnons ci-dessous sont d'ailleurs typiques au point de vue de la composition de la pâte des pains fabriqués en Angleterre.

Recettes de pains anglais

Voici la recette de deux sortes de pains l'un à pâte tendre, l'autre à pâte dure qui peuvent être considérés comme typiques.

Tin-loaves

Il est préparé avec une pâte tendre et se cuit dans des formes en tôle. Voici les proportions de matières qui entrent dans sa composition :

Farine	127 kg.
Sel	1,360
Eau.	76,500
Beurre et graisse. . .	0,908
Levure hollandaise. .	0,425
Sucre	0,454
Température du local	30° centigrade
» de l'eau	27-28° »
» de la farine . . .	17-18° »

Hearth-bread ou pain de ménage

C'est un pain à pâte dure qui se prépare avec :

    Farine . . . . . . 127 kg.
    Eau . . . . 60 »

et les autres substances indiquées pour le *tin-loaves*. Ordinairement on prépare une seconde qualité de ce pain, dans laquelle on supprime le beurre et le sucre.

La méthode de préparation est la suivante :

On délaye la levure dans 4 litres 500 d'eau à **27-28°** centigrades puis on ajoute **227** gr. de sucre et **1** kg. **800** de farine. On laisse ce mélange en repos pendant une demi-heure puis on incorpore le reste de la quantité d'eau, de farine et d'autres ingrédients nécessaires. Le beurre doit être fondu doucement, il s'incorpore plus facilement.

Puis on laisse la pâte reposer 4 heures en tenant la température vers **37-40°** cent. dans le local. On la divise alors en pains que l'on façonne et qui doivent encore fermenter pendant **40** minutes. On leur donne alors la forme définitive, les *tin-loaves* sont cuits dans des formes, la durée de cuisson est pour toutes les sortes à peu près la même et varie de 45 à 50 minutes.

Ce procédé s'emploie pour les pâtes tendres comme pour les pâtes fermes, il n'y a que la quantité d'eau qui change.

ARABIE

Pain de Palestine.

Le pain représenté, fig. 6, planche 5 est un pain de froment consommé dans la province de Jérusalem, il pèse environ 190 grammes. On le nomme pain des fellahs ou pain de caravane ; le pain des familles arabes composé de farine de moindre qualité pèse **120** à **150** grammes, il est également de forme ronde.

LEGENDE:

1. Pain Impérial — 2. Pain à Sandwiches — 3. Galette berlinoise — 4. Pain de Ménage
5. Pain de restaurant — 6. Petit pain, dit Schrippe — 7. Croissant — 8. Pain bis
9. Petit pain riche — 10. Petit pain fantaisie — 11. Pain au lait

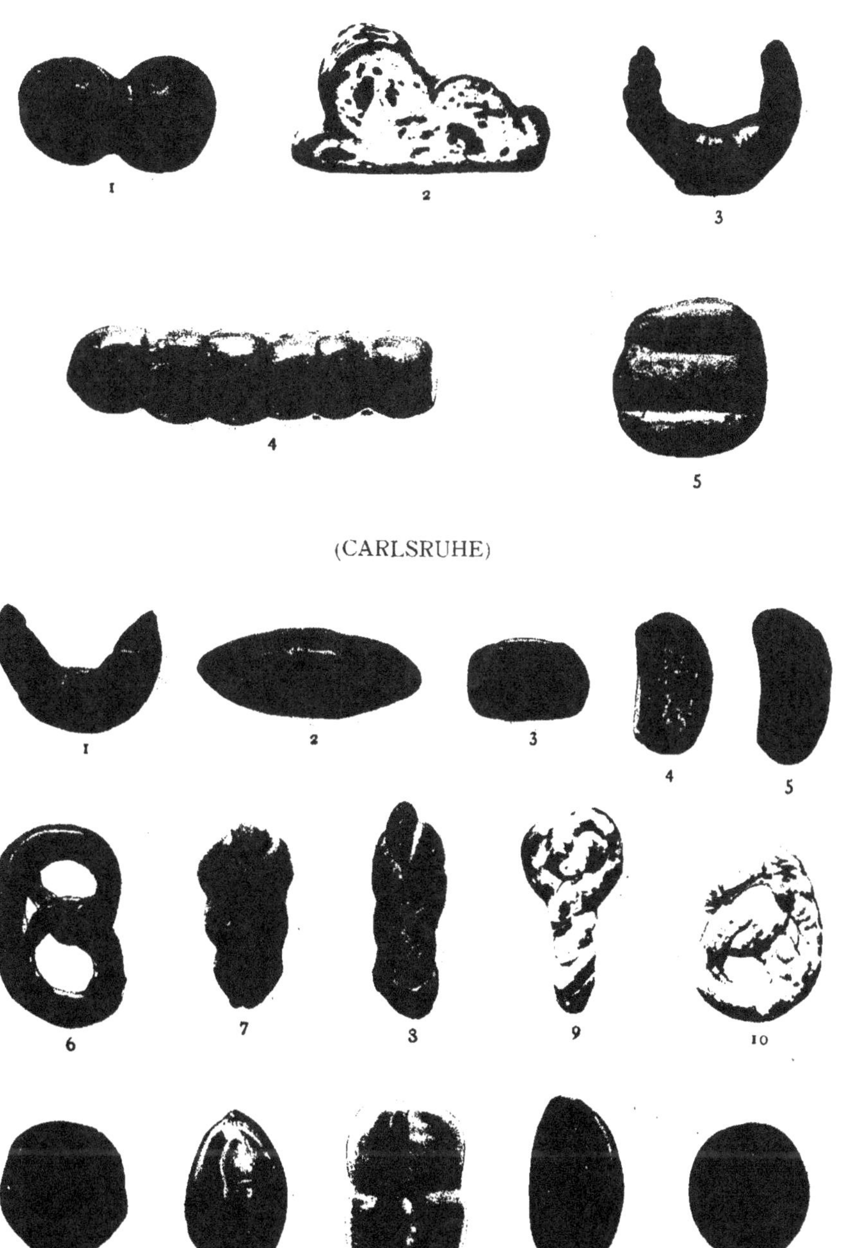

(CARLSRUHE)

ALLEMAGNE

Boulangerie berlinoise

Les *Kaiser Semmel* (fig. 1, planche 6) est le pain de luxe dit pain impérial (Kaiser : Empereur, Semmel : fleur de farine) on le sert dans les grands dîners. Il est à base de farine très fine.

Le *Kastenbrot* (fig. 2) est employé principalement à la préparation des sandwiches.

Le *Berliner Salz Kuchen* (fig. 3) qui signifie : galette salée de Berlin, est l'un des pains préférés des berlinois. Il se fait avec les farines 0 et 00 provenant de Silésie et des provinces du Nord de l'Allemagne.

Le *Fünf groschenbrot* (fig. 4) dont le nom peut se traduire par : pain de 50 centimes, est un pain bis très consommé à Berlin ; il pèse de 4 à 5 livres.

Le *Buffet brot* (fig. 5). Pain de restaurant moyen.

Le *Berliner Schrippe* (fig. 6) intraduisible. Ce pain se fait avec les farines 0 et 00.

Le *Berliner Hœrnchen* (fig. 7). Corne de Berlin. Se consomme avec du café, du thé, du chocolat. Article pour la classe aisée dans la composition duquel entre du beurre. Le Berliner Schrippe ne renferme pas de beurre, c'est le pain du petit déjeûner pour la classe moyenne.

Le *Schwarz Dreierbrot* (fig. 8) est un petit pain bis qui vaut 0 fr. 15 environ, le plus petit des pains bis.

Le *Berliner Knüppel* (fig. 9). Petit pain rond, pesant de 30 à 50 grammes suivant les quartiers ; c'est le pain de choix que l'on trouve partout aussi bien dans la plus petite auberge des faubourgs que dans les plus grands restaurants, hôtels et cafés. Il s'en fait une énorme quantité.

Le *Berliner Semmel* (fig. 10). Pain fait avec de la farine 0 ou 00. C'était autrefois un article de grande consommation.

Le *Dampfmilchbrot* (fig. 11). Pain léger au lait, pour le petit déjeûner.

SAXE

Dresde possède une spécialité renommée qui s'expédie dans le monde entier ; ce sont les *Stollen* de Dresde, autrement dit *brioches* ou *christstollen* brioches de Noël, parce que c'est surtout à cette époque de l'année qu'on en prépare. Ces brioches se conservent très bien par les temps froids et supportent l'expédition dans les pays éloignés. Voici quelques recettes pour la préparation de ces brioches :

Brioches aux raisins de Corinthe

Matières employées pour la préparation de la pâte :
8 kg. de farine, 2 kg. 1/2 de beurre, 1 kg. de sucre ; 6 kg. de raisins de Corinthe, 1 kg. de cédrat, 300 gr. d'amandes amères, l'écorce râpée de 2 citrons et 20 grammes de muscade.

Brioches aux amandes

8 kg. de farine, 3 kg. de beurre, 1 kg. 1/4 de sucre, 2 kg. d'amandes ¦douces, 300 gr. d'amandes amères, 2 kg. de cédrat, 20 gr. de muscade.

Brioches saxonnes

Faites une pâte levée avec 1 kg. 1/2 de farine et de la levure. Préparez cette pâte le soir et le lendemain matin ajoutez-y 250 gr. de beurre fondu, 125 gr. de sucre, 6 œufs ₍chauffés₎ et du sel en quantité nécessaire. Travaillez énergiquement cette pâte et ajoutez-y à nouveau : 250 gr. d'amandes râpées et pelées, 125 gr. de sucre en poudre, 250 gr. de raisins de corinthe, 250 gr. de cédrat coupé en long, 300 gr. de raisins de Damas qui sont plus gros que les raisins de Corinthe. Ces raisins doivent être préalablement lavés, épluchés et privés de pépins ; ajoutez encore, en outre, l'écorce d'un citron 1/2 et travaillez à nouveau énergiquement la pâte.

Laissez lever cette pâte dans un endroit chaud puis façonnez en brioches que vous cuisez ; au sortir du four beurrez la surface des brioches avec de bon beurre et saupoudrez fortement d'un mélange de sucre et de cannelle en poudre.

Pumpernickel

La Westphalie est renommée pour son « *Pumpernickel* » ou *pain noir de Wesphalie*. Voici comment on le prépare : 265 kg. de farine de seigle sont travaillés avec 150 litres d'eau, environ 15 livres de levain et le sel nécessaire. Laissez fermenter 2 à 3 heures puis façonnez les pains que vous laissez 30 minutes à 1 heure et que vous enfournez ensuite.

Le four à pumpernickel doit être de préférence construit en briques tendres. Le foyer en argile réfractaire ne comporte pas de grille. Il n'y a pas de tirage. On chauffe pendant 3 à 4 heures. Lorsque le bois est consumé, on remue la braise avec un ringard tous les quarts d'heure jusqu'à ce qu'elle soit entièrement consumée et qu'il ne reste plus que les cendres. On ferme hermétiquement le four et ce n'est que 2 heures seulement après qu'on y introduit la fournée de pains. On le laisse tout d'abord ouvert pendant 1 demi-heure à 1 heure, puis on le bouche hermétiquement avec du plâtre ou un ciment analogue et on abandonne les pains dans le four pendant 16 à 30 heures.

Il existe aussi d'autres méthodes, différant un peu de celle-ci pour préparer le pumpernickel, mais elles sont moins réputées.

Zwieback

La grande spécialité du nord-ouest de l'Allemagne et de Brême est le *Zwieback* (planche 7 fig. 4-5), genre de biscuit dur préparé avec de la pâte levée, du saindoux et du sucre. Après cuisson on le fait griller au fur et à mesure de la consommation. Il se conserve d'ailleurs facilement plusieurs jours sans changer de goût. Après qu'on l'a fait rôtir on le couvre de beurre et on le consomme posé sur une tartine de pain de seigle. C'est le déjeûner et le goûter ordinaire des habitants de Brême.

Légende de la planche 7. — (Saxe). — 1. Franz semmel (fleur de farine). — 2. Couche d'une brioche saxonne. — 3. Croissant. — 4. Zeileusemmel. — 5. Dreier-brötchen.

Grand duché de Bade (Carlsruhe). — 1. Hornlé, Corne. — 2. Pain de table. — 3. Pelote de Carlsruhe. — 4-5. Zwiebach. — 6. Bretzel. — 7-8. Stritzel. — 9. Pain natté. — 10. Bretzel fine. — 11. Pain de luxe. — 12-13-14. Petits pains de table. — Pain léger.

Légende de la planche 8. — (Bavière). — 1. Pain bis. — 2. Pain très fin. — 3. Petit pain blanc. — 4. Petit pain bis. — 5. Miche. — 6-7. Croissants. — 8. Pain violon. — 9. Hutzelbret.

(Wurtemberg). — 1-2. Pains au lait. — 3. Pain tendre. — 4. Galette salée. — 5. Pain à thé. — 6. Bretzel. — 7. Flute pour le thé. — 8. Gâteau de Pâques (Lièvre pondant un œuf). — 9. Pain blanc de ménage. — 10. Pain bis.

Recettes de pâtisserie

Biscuits en forme de cœurs

Mélanger 500 gr. d'œufs avec 250 gr. de sucre en poudre, ajouter 190 gr. de farine et, soit une écorce de citron bien divisée, soit de la vanille. Assembler en forme de cœur et cuire.

Biscuits au chocolat

Prendre 250 gr. d'œufs, 190 gr. de sucre, 80 gr. de farine, 30 gr. d'amandes râpées, 150 gr. de chocolat en poudre et un peu de vanille.

On peut aussi supprimer le chocolat dans la pâte, cuire celle-ci à la manière habituelle, puis la diviser en petits carrés plats que l'on glace ensuite au chocolat.

Biscuit-tarte glacé au punch

Battre pendant 3/4 d'heure 20 jaunes d'œufs avec 450 gr. de sucre. Ajouter alors le jus et l'écorce d'un gros citron, 14 blancs d'œufs battus en neige et 225 gr. de farine très fine. Après la cuisson, et toute chaude encore, placez la tarte sur une plaque et glacez-la avec le sirop suivant : sucre en poudre très fine 250 gr., ajoutez le jus d'un gros citron et du rhum en quantité suffisante pour faire un sirop épais. Le glaçage sèche de lui-même en quelques heures.

Quantités pour une tarte plus petite

Sucre 300 gr., jaunes d'œufs 14, farine 140, blancs d'œufs battus en neige 9, le jus d'un citron et la moitié de l'écorce environ, 200 gr. de sucre pour glacer, opérer comme ci-dessus.

Pain au raisin de Corinthe

On bat 3 blancs d'œufs en neige et on y ajoute 250 gr. de sucre fin, l'écorce d'un citron et un peu de zeste. On bat fortement à nouveau et on introduit 100 gr. de raisins de Corinthe, préalablement lavés et séchés et 125 gr. de farine. On donne la forme de petits pains ronds et on cuit au four sur une plaque de tôle.

Couronne (1).

Faites une pâte avec 1 kil. 250 de farine fine préalablement chauffée, 375 gr. de beurre et la quantité de lait nécessaire. Ajoutez 100 gr. de sucre, du sel, l'écorce d'un citron bien divisée, 6 jaunes d'œufs et une quantité suffisante de levure. On opère de la façon suivante : on prépare, le soir, la pâte avec 5 cuillerées à soupe de levure ; le lendemain matin on y incorpore les autres matières, beurre, sucre, sel, citron, jaunes d'œufs et on la travaille soigneusement jusqu'à ce qu'elle prenne de la légèreté et qu'elle se détache facilement des doigts. On la couvre alors avec une toile et on la dépose dans un endroit chaud ; au bout de 1 heure 1/2 à 2 heures la pâte a levé et son volume est double du volume initial. On lui donne une dernière façon puis on la divise en couronnes que l'on dispose sur des tôles enduites de beurre et saupoudrées de farine. On laisse encore lever au chaud pendant quelque temps, puis on vernit le dessus avec du jaune d'œuf mélangé d'un peu de sucre en poudre, on place des amandes coupées en long que l'on enfonce légèrement, et enfin on cuit dans un bon four.

(1) Quantités pour deux.

Pâte feuilletée ou pâte au beurre

Voici les proportions pour préparer une grosse galette feuilletée : 500 gr. de beurre frais, 500 gr. de farine la plus fine, une bonne pincée de sel, 2 jaunes d'œufs et environ 250 gr. d'eau (1/4 de litre). On fait un tas de la farine sur la table, on l'étale et on fait un trou au milieu, dans lequel on met un morceau de beurre gros comme un œuf, le sel et les jaunes d'œufs. On mélange le tout et l'on ajoute alors l'eau pour former, petit à petit, une pâte bien travaillée, souple et tendre. Si elle était trop ferme on y ajouterait encore un peu d'eau, et on la retravaillerait à fond avec les deux mains, jusqu'à ce que sa consistance soit parfaitement satisfaisante. On obtient ainsi la pâte préalable que l'on abandonne, en boule, sur la table, recouverte avec une serviette. On n'a employé pour sa préparation qu'une partie du beurre, le reste du beurre est alors façonné en forme de galette épaisse de deux doigts. Pour qu'il y ait la consistance nécessaire il est bon, en été, de le refroidir dans l'eau glacée. La pâte étant étalée avec le rouleau, en forme de disque, on place le beurre au milieu et on rabat les bords de la pâte de façon qu'il y ait la même épaisseur de pâte des deux côtés du beurre. Puis au moyen du rouleau, on étale rapidement la pâte de façon à lui donner une longueur d'environ 65 centimètres sur une largeur d'environ 32 centimètres. Ceci doit se faire adroitement en saupoudrant la table de farine pour éviter que la pâte n'y adhère. Pliez ensuite la couche de pâte en trois et pressez-la légèrement. Au bout de cinq minutes reprenez l'opération précédente, avec le rouleau et étalez-la dans les dimensions ci-dessus. Repliez-la encore en trois, pressez et couvrez d'une serviette. **Enfin** faites l'opération une troisième fois : la pâte est alors bien à point ; on la laisse reposer 1/4 d'heure. On doit pendant toutes ces manipulations y toucher le moins possible avec les mains, surtout en été. La consistance du beurre doit être aussi voisine que possible de celle de la pâte. En été, après chaque étalage il est bon de la placer sur de la glace et d'opérer dans un endroit frais, dans une cave par exemple. L'hiver, au contraire, opérer dans un endroit où la température n'est pas trop basse. Le jus d'un demi-citron, ajouté à la pâte la rend plus blanche. Les quantités que nous avons **indiquées** dans cette recette sont calculées pour un très grand gâteau. Voici des proportions réduites :

Farine 190 gr., eau 1/2 verre, une pincée de sel, 1 cuillerée de kirsch, beurre, gros comme une noix ; faire la pâte préalable et ajouter 190 gr. de beurre. Le travail de la pâte exactement comme ci-dessus.

Pâte pour petits pâtés

On emploie la pâte feuilletée dont la recette a été donnée précédemment. On l'étale tout d'abord en couche très mince, à peu près l'épaisseur du dos d'un fort couteau de table ; puis à l'aide d'emporte-pièces on découpe deux ronds, dont l'un est le fond, l'autre le couvercle du pâté. Avec une bande de pâte roulée sur elle-même on façonne alors le pâté, en assemblant le fond par la pression des doigts ; puis on le badigeonne avec du jaune d'œuf et on le cuit au four durant 15 minutes. On les remplit alors avec de la garniture à pâté très fine, de préférence des ris de veau. Avant de servir il est bon de remettre au four quelques instants pour réchauffer.

Pâte tendre, pour tartes aux fruits

Prenez 500 gr. de farine, 2 cuillerées à soupe de sucre fin, 375 gr. de beurre divisé en petits morceaux, 4 jaunes d'œufs, une pincée de sel, 5 cuillerées d'eau ou de vin blanc. On dispose la farine sur la table de pétrin, en rond, avec un creux au milieu, dans lequel on place les autres ingrédients. On ajoute ensuite un peu de sucre citronné. On travaille bien la pâte en la pétrissant avec la paume de la main, on l'abandonne au repos dans un endroit frais puis on la moule dans une forme de tôle. On y place ensuite les fruits et on badigeonne le tour et les bords avec du jaune d'œuf étendu d'eau.

Seconde recette

Prenez 500 gr. de farine, 160 gr. de beurre, 1 demi-litre de crême et un peu de sel. Même travail de la pâte que ci-dessus, sauf qu'il est bon de l'étaler et de la rabattre sur elle-même à plusieurs reprises, comme il a été dit pour la pâte feuilletée.

Troisième recette

Mélangez 380 gr. de beurre et 500 gr. de farine. Faites un trou au milieu, dans lequel vous mettez 4 jaunes d'œufs, 6 cuillerées à soupe de crême aigre et du sel en quantité suffisante. Travaillez la pâte pour l'obtenir feuilletée.

Quatrième recette

Même travail que précédemment avec les quantités suivantes : sucre 185 gr., beurre 250 gr., farine 375 gr., 1 œuf, un peu de citron coupé en tranches très minces. Avec un peu de cette pâte, découpez de petites bandes étroites que vous disposez en réseau au-dessus de la tarte.

Tarte aux amandes amères

Elle se compose de 3 œufs complets et de 7 jaunes d'œufs que l'on bat avec 500 gr. de sucre. On y ajoute 160 gr. d'amandes douces et 30 gr. d'amandes amères épluchées et râpées finement et enfin on pétrit avec 250 gr. de farine. Ensuite on bat 7 blancs d'œufs en neige et on les incorpore à la pâte. Cette pâtisserie se cuit dans des formes beurrées, soit en tôle soit en croûte de pain cuit d'avance.

Gâteau de cerises au pain noir

Mélangez 200 gr. de sucre avec 125 gr. de beurre et 8 jaunes d'œufs. Ajoutez-y ensuite 100 grammes d'amandes râpées avec leur pelure, 30 grammes d'écorce d'orange et de citron, 100 gr. de pain noir grillé et humecté de Xérès ou de rhum, 1 cuillerée à thé de cannelle et 8 blancs d'œufs battus en neige, enfin ajoutez 1 kil. 1/2 de cerises dépouillées de leurs noyaux.

Tarte dite « linzer tarte »

On prend 500 gr. de farine, 250 gr. de beurre, 250 gr. d'amandes épluchées et broyées avec du blanc d'œufs, 250 gr de sucre écrasé, 4 jaunes d'œufs, 2 cuillerées à soupe de rhum, 10 gr. de cannelle et un zeste de citron. On pétrit en pâte et on couvre avec une serviette en laissant reposer une heure.

Puis on prend un moule et l'on y dispose de la pâte pour former le fond de la tarte qu'on lisse avec une cuillère. Avec les doigts et un peu de pâte on fait les bords, puis on remplit l'intérieur avec de la marmelade de frambroises, ou de la confiture de cerises, et on dispose un réseau entre-croisé de bandes de pâte très fines ; enfin on badigeonne le tout avec du jaune d'œuf ou du caramel. On cuit au four assez chaud.

Gâteau de pommes, au rhum

Disposez dans un moule de tôle de la pâte à tarte que vous recouvrez d'une couche de marmelade de pommes, aux raisins de Corinthe, froide. Placez-y des amandes épluchées et coupées en long, et arrosez de rhum à volonté. Sur le tout on dispose un réseau de petites bandes de pâte, puis on badigeonne la pâte avec du jaune d'œuf étendu d'un peu d'eau. On peut remplacer la marmelade de pommes par la gelée de pommes.

Pyramide aux amandes

Prenez 200 gr. d'amandes pelées, 125 gr. de sucre et broyez-les avec un peu de blanc d'œuf. D'autre part faites une pâte avec 750 gr. d'amandes, 200 gr. de citron découpé en tranches longues et fines, 680 gr. de sucre écrasé, 130 gr. de farine fine, 5 à 6 blancs d'œufs et un zeste de citron. Il faut surtout veiller à ne pas faire cette pâte trop molle et trop humide. Mélangez ces deux pâtes et placez en rond, sur des pains azymes préparés à l'avance. Ces pains azymes (pâte sans levain) qui ont la forme de couronnes plates, doivent être de grandeur décroissante. On les assemble par 4, dont le plus petit doit pouvoir passer au travers du plus grand. Après avoir étendu circulairement sur chacun une couche de pâte on les cuit soigneusement mais à douce chaleur et on les superpose après cuisson. On a ainsi une petite pyramide dont le sommet pour plus d'agrément peut être décoré soit d'une fleur soit d'un fruit confit.

Gâteau à la crême

On mélange intimement 125 gr. de sucre et 6 jaunes d'œufs, puis
on y incorpore 1/4 de litre de crème fraîche et la même quantité
de crème aigre, et enfin 100 gr. de farine et 6 blancs d'œufs battus
en neige ainsi que quelques grains de raisin de Malaga. Préparez
de la pâte feuilletée dans une forme à tarte et remplissez avec la
préparation ci-dessus. Cuire lentement.

Tarte éclair

Pesez 12 gros œufs et ajoutez-y une quantité égale de sucre ;
puis la moitié de ce poids de farine, le quart de beurre (c'est-à-dire
le poids de 3 œufs) ; 250 gr. d'amandes, le jus d'un citron ainsi que
l'écorce.

On bat les œufs avec le sucre pendant une heure et demie, puis
on ajoute la farine et le citron et enfin le beurre qui doit être préalablement rafraichi pour le durcir. On beurre la plaque de tôle
qui sert de moule, on la saupoudre avec les amandes découpées en
long puis on y place la pâte et on cuit au four.

Gâteau aux fraises

On place de la pâte feuilletée dans un moule à tarte et on passe
au four sans toutefois cuire complètement. Ensuite on dispose dans
cette tarte des fraises bien sucrées en assez grand nombre et des
œufs battus en neige bien sucrés. On remet alors au four jusqu'à ce
que la mousse d'œufs soit légèrement caramélisée à la surface.

On peut remplacer les fraises par des baies de Myrtilles ou de la
marmelade de pommes, mais il est bon dans ce dernier cas de parfumer les œufs battus en neige avec un peu de vanille.

Biscuit roulé

Prenez 6 œufs entiers et 6 jaunes d'œufs et battez-les avec
250 gr. de sucre. On abandonne au repos pendant 2 heures en
agitant de temps en temps. Au bout de ce temps on reprend ce
mélange et on le remue sans discontinuer pendant une heure au

Autre recette d'oublies

On emploie les quantités suivantes :

Farine 175 gr., un œuf entier, 50 gr. de sucre et un demi-litre
de lait. Faites une pâte bien travaillée, découpez en ronds et mou-
lez dans un moule à gaufrer.

Couronnes d'amandes

Prenez 375 gr. d'amandes pelées et râpées : 375 gr. de sucre en
poudre, 125 gr. d'écorce d'oranges râpées fin, 125 gr. d'écorce de
citrons coupée un peu moins fin, le zeste d'un citron et 6 blancs d'œufs
battus en neige, faites une pâte du tout. Disposez cette pâte en
couronnes sur de larges pains azymes et cuisez à petit feu.

Cœurs aux noisettes

Battez en neige 9 blancs d'œufs, ajoutez-y 750 gr. de sucre en
poudre et battez à nouveau. Puis prenez 500 gr. de noisettes
fraîches (l'amande seulement) que vous épluchez et broyez dans un
moulin et 250 gr. d'amandes épluchées et râpées. Ajoutez cette
poudre d'amandes et de noisettes aux œufs à la neige et laissez
reposer toute la nuit la pâte ainsi obtenue. Le lendemain, étalez la
pâte sous une épaisseur de 1 centimètre au moyen du rouleau et
découpez au moyen d'un emporte pièce en forme de cœur. Les
cœurs, placés sur une tôle sont badigeonnés avec une glaçure
composée de trois petits blancs d'œufs battus en neige avec 250 gr.
de sucre très fin et 30 gr. de sucre vanillé. Cuire dans un four peu
chaud.

Petites pyramides d'amandes

Battez 3 blancs d'œufs en neige et ajoutez-y 250 gr. de sucre en
poudre. Puis pelez 250 gr. d'amandes, coupez-les en petits cubes
et faites-les légèrement rôtir avec une petite poignée de sucre en
poudre. Après refroidissement, incorporez les amandes rôties aux
œufs à la neige. La pâte est placée ensuite en petits tas sur des
pains azymes. On cuit à petit feu.

Coquilles au chocolat

Pour cette pâtisserie, on emploie comme moule une petite coquille de bois. On prend 1 kilogr. d'amandes râpées avec leur écorce, 1 kgr. de sucre, 140 gr. de cacao, 30 gr. de sucre vanillé, 12 blancs d'œufs battus en neige. La pâte bien travaillée et bien homogène est abandonnée au repos pendant quelques heures puis moulée dans les coquilles de bois à cet usage (épaisseur de la coquille : environ 1 centimètre) et cuite à une douce chaleur, sur une plaque de tôle.

Etoiles à la cannelle

On hache, très fin, avec leur écorce 1 kgr. d'amandes que l'on passe ensuite au tamis. Puis on bat en neige 12 blancs d'œufs, auxquels on incorpore ensuite 1 kgr. de sucre en poudre et 25 gr. de poudre de cannelle de Ceylan ; enfin, on ajoute les amandes et on travaille bien la pâte. On laisse reposer une nuit et le lendemain matin on étale la pâte sur la table au moyen du rouleau en une couche de 1 centimètre d'épaisseur. On découpe avec un emporte-pièce en forme d'étoiles à 4 branches et sur chaque étoile on dépose sous forme de points très rapprochés la glaçure suivante :

Glaçure

Battez en neige 3 blancs d'œufs, 250 gr. de sucre fin et 8 gr. de la plus fine cannelle. Avant de glacer les étoiles, placez-les sur une tôle beurrée. Cuire dans un four presque refroidi.

Pyramides aux amandes

3 œufs battus en neige avec 250 gr. de sucre en poudre sont ensuite additionnés de 125 gr. d'amandes préalablement coupées en petits cubes et roussies légèrement ; incorporez également l'écorce d'un demi-citron, 8 gr. de cannelle et 250 gr. de farine. Faites une pâte que vous divisez en petits tas de la grosseur d'une noix et que vous faites cuire sur une plaque beurrée et saupoudrée de farine.

Petit pain hongrois

Ajoutez à trois blancs d'œufs battus en neige, **290** gr. de sucre et le jus d'un citron de moyenne grosseur ; battez longuement, ajoutez de la vanille pour parfumer et **375** gr. d'amandes pelées et râpées. On peut mouler cette pâte dans une tasse à thé ou l'étaler au rouleau et la découper à l'emporte-pièce. On cuit sur une tôle enduite de beurre ou de cire pure. Le four doit ne pas être très chaud.

Macarons au chocolat

Battez pendant 1 heure 4 blancs d'œufs à la neige, **250** gr. de sucre en poudre et le suc d'un petit citron. Râpez **70** gr. de chocolat et **250** gr. d'amandes et ajoutez-les à votre pâte. On fait de petits macarons ronds ou ovales que l'on cuit sur une tôle légèrement beurrée. Chaleur modérée.

Bretzels de Worms

Battez 4 œufs et ajoutez-y **500** gr. de sucre, puis 65 gr. de beurre fondu, **70** gr. de chocolat, un peu de cannelle et une pincée de clous de girofle. Incorporez ensuite assez de farine pour que la pâte ait une consistance qui se prête à la confection de petites bretzels. On doit les faire aussi petits que possible. C'est ce qui caractérise les bretzels de Worms. On les badigeonne d'un peu de jaune d'œufs additionné de caramel et on les cuit sur une plaque légèrement beurrée à chaleur modérée.

Petits gâteaux de Souabe

Les petits gâteaux de Souabe sont des petits fours de formes particulières très variées ; il y en a qui représentent des bouquets, des oiseaux, d'autres un moulin, un cygne nageant, etc. Pour les réussir, il est donc tout d'abord nécessaire d'avoir le matériel nécessaire, c'est-à-dire les moules ; ceux-ci sont de petits blocs en bois dur dans lequel l'empreinte du gâteau est gravée en creux.

On bat 4 œufs avec 500 gr. de sucre fin pendant une heure ; on ajoute une petite cuillerée de kirsch, un peu d'écorce de citron râpée et 500 gr. de farine de première qualité. On fait une pâte bien travaillée et on la laisse reposer quelques heures. La tôle de cuisson est beurrée, saupoudrée d'anis, puis reçoit les petits gâteaux que l'on a moulés dans les formes en bois dont il a été question plus haut. Ces moules doivent être saupoudrés de farine pour éviter l'adhérence. Pour que ces gâteaux soient bien réussis, il est nécessaire qu'ils aient des contours et un moulage bien nets.

Pain d'épices blanc

Battez en mousse 1 kgr. 1/2 d'œufs avec 1 kgr. 1/2 de sucre en poudre, puis incorporez 560 gr. d'amandes que vous aurez pelées, découpées et rôties légèrement (de façon qu'elles prennent une coloration jaune), 560 gr. d'écorce de citron ou d'orange râpée, 25 gr. de cannelle fine de Ceylan, 8 gr. de girofle, 8 gr. de cardamome (semences de l'*amomum cardamo*) et enfin 1 kgr. 1/2 de farine. Faites une pâte bien travaillée et cuisez dans des moules en papier.

Pain d'épices brun

Prenez 1 litre de bon miel, sur lequel vous prélevez 4 cuillerées à soupe que vous réservez ; ajoutez-y 500 gr. de sucre pulvérisé et chauffez dans une casserole. Lorsque la masse est prête à bouillir ajoutez-y 500 gr. d'amandes non pelées et coupées en petits morceaux, 375 gr. d'écorce de citron ou d'orange râpée, le jus d'un citron, 30 gr. de fine cannelle, un peu de girofle et la moitié d'une noix de muscade. Avec les quelques cuillerées de miel mises à part et chauffées, ajoutez 6 fortes pincées de potasse (*carbonate de potasse*). Mélangez intimement puis versez dans la casserole en agitant de façon à répandre la potasse dans toute la masse. Vous ajoutez alors 4 grandes cuillerées de kirsch et enfin 1.070 gr. de farine. Le mélange doit être travaillé énergiquement sur un feu doux pour le rendre entièrement homogène. Il est avantageux de faire sa pâte le matin et, le soir. après refroidissement, de l'étaler sur la table et d'en faire des pains que l'on dispose sur une tôle bien beurrée et que l'on cuit dans un four très chaud.

Pain d'épices fin

Ayez deux litres de bon miel, dont vous réservez 6 cuillerées, et chauffez-les avec 1 kilogr. de sucre. Ayez soin que tout soit fondu mais évitez l'ébullition ; enlevez du feu et ajoutez : 1 kgr. d'amandes coupées en travers, 500 gr. d'écorce de citron. 500 gr. d'écorce d'orange, l'écorce et le jus de 4 citrons moyens, 65 gr. de cannelle de Ceylan que vous aurez pilée et tamisée vous-même, 4 cuillerées de kirsch, une pincée de girofle, 16 gr. de potasse (carbonate de potasse) délayés dans les 6 cuillerées de miel réservées précédemment et chauffées, et enfin, graduellement 2 kgr. de farine. Faites, de préférence, la pâte le matin ; le soir, travaillez-la sur la table et divisez-la en pains que vous disposez dans des moules de papier et que vous placez sur une plaque de tôle beurrée. Le lendemain, cuisez dans un four bien chaud.

Noisettes de pain d'épices

Battez 560 gr. de sucre avec 4 œufs entiers, 125 gr. d'écorces de citron et d'écorce d'orange coupée en petits carrés fins, 10 gr. de vanille, un peu de girofle et 500 gr. de farine. Travaillez bien la pâte, étalez-la au rouleau, puis découpez-la en petits morceaux que vous arrondissez. Cuisez sur une plaque bien beurrée.

Pain sucré à l'anis

Prenez et brouillez 10 œufs, ajoutez 500 gr, de sucre et, durant une demi-heure, laissez reposer, en agitant seulement de temps à autre. Le sucre et la farine doivent, comme pour toute pâtisserie d'ailleurs, avoir séjourné quelque temps dans un endroit chaud. Au bout de ce temps, battez les œufs et le sucre pendant une heure ; ajoutez alors à une cuillerée à café d'anis finement broyé le zeste d'un citron et mêlez le tout à la pâte, ainsi que 500 gr. de fine farine. Travaillez soigneusement la pâte. On a précédemment préparé des moules en papier, on les remplit de pâte à peu près à moitié et on les cuit dans un bon four. Quand les pains sont refroidis on arrache le papier, on les découpe en tranches fines (la largeur du petit doigt), puis on les passe au four une seconde fois jusqu'à ce que la surface ait acquis une belle couleur jaune.

Petits fours d'Ettlinger

Faites une pâte avec 500 gr. de farine, 250 gr. de beurre, 125 gr. de sucre et 6 jaunes d'œufs ; étalez cette pâte au rouleau, de l'épaisseur d'un dos de couteau de table et, avec des emporte-pièces ronds ou de toute autre forme, découpez-la. Ensuite, battez 4 blancs d'œufs en neige, ajoutez 125 gr. de sucre, 125 gr. d'amandes en morceaux pas trop fins, 125 gr. d'écorce de citron ou d'orange râpée finement, le zeste d'un citron et avec cette crème faites un petit tas sur chaque petit gâteau découpé. Cuisez dans un four moyennement chaud.

Petits gâteaux à la vanille

Battez en mousse 7 œufs avec 500 gr. de sucre très fin pendant une heure. Hachez une gousse de vanille avec 20 gr. de sucre pilé très fin et mélangez à la masse, en outre, 500 gr. de farine. Disposez cette pâte sur une tôle bien saupoudrée de farine en petits tas de forme régulière, laissez reposer quelques heures avant de passer au four et cuisez dans un four moyennement chaud. On peut badigeonner ces petits gâteaux avec une glaçure à la vanille.

Biscuits anglais

Battez 90 gr. de beurre, ajoutez-y 3 petits œufs, puis au bout de quelque temps, 280 gr. de sucre, 25 gr. de sucre vanillé (très parfumé), 4 cuillerées de crême aigre préalablement battue avec 10 gr. de potasse, et, finalement, 750 gr. de farine. Au moyen du rouleau, étalez la pâte bien travaillée en une galette mince, faites à la surface l'impression de quelques dessins réguliers au moyen d'une râpe par exemple et découpez en petits biscuits.

Beignets de Munich

Mesurez 2 litres de farine, 5 cuillerées de bonne levure, 1/4 de litre de crême douce, 12 jaunes d'œufs, 65 gr. de beurre fondu, un peu de sel, 2 ou 3 cuillerées de sucre et enfin quelques cuillerées de rhum. Faites-en une pâte bien travaillée puis laissez-la lever dans un endroit chaud jusqu'à ce que son volume soit doublé. Puis étalez la pâte avec le rouleau en lui donnant une épaisseur de un demi-centimètre au plus, découpez-la avec un emporte-pièce en petites galettes rondes que vous garnissez de marmelade de fruits et que vous recouvrez ensuite avec d'autres galettes découpées de même grandeur. On obtient ainsi des beignets sandwiches que l'on fait frire dans du beurre ou du saindoux moyennement chaud. On frit jusqu'à coloration jaune foncé et on saupoudre de sucre et de cannelle.

Gâteaux dits : S

Cette pâtisserie est ainsi nommée parce qu'on lui donne la forme de la lettre S.

On prend 1 kil. de farine, 500 gr. de sucre en poudre, 625 gr. de beurre frais et l'écorce d'un citron et demi et on en fait une pâte en y incorporant 18 jaunes d'œufs ; on doit opérer rapidement puis laisser reposer la pâte pendant un temps assez long dans un endroit froid. On l'étale alors en une couche ayant l'épaisseur du petit doigt et on la découpe en petites bandes de 6 à 7 centimètres de long auxquelles on donne la forme d'S que l'on vernit au blanc d'œuf, que l'on saupoudre de sucre cristallisé et que l'on cuit dans un four bien chaud.

Pains à l'orange

Battez en mousse 4 œufs, 4 jaunes d'œufs et 500 gr. de sucre. Prenez ensuite 65 gr. d'écorce d'orange que vous hachez fin et que vous ajoutez, ainsi que 500 gr. de farine au mélange précédent. Découpez en petits pains longs la pâte obtenue, décorez-les de rayures obliques avec le dos d'un couteau et disposez-les sur une tôle bien beurrée et saupoudrée de farine. A cuire dans un four modérément chaud.

Biscuits fins

Pesez un poids de 750 gr. d'œufs et battez-les avec 375 gr. de beurre pendant une heure de façon à obtenir un mélange épais auquel vous incorporez ensuite 375 gr. de farine préalablement séchée et l'écorce d'un citron finement râpée.

Biscuits hongrois

Pesez 8 œufs, la moitié de leur poids de sucre et le quart de leur poids de farine. Battez d'abord les blancs en neige, puis ajoutez les jaunes et la farine et enfin un peu de cannelle ou de citron. La vanille est encore préférable.

Petites galettes dites « Geduldszeltchen »

Première recette : Battez en neige 14 blancs d'œufs, 500 gr. de sucre en poudre, 440 gr. de farine et un peu de vanille. Cuisez les galettes, aussi petites que possible, sur une plaque de tôle enduite de cire.

Deuxième recette pour une plus petite quantité : 6 blancs d'œufs, 250 gr. de sucre, dont 30 gr. vanillé.

Pain au son

190 gr. de beurre, 375 gr. de sucre et 6 œufs sont mélangés intimement. On y ajoute 1 k. 1/2 de farine, l'écorce d'un citron et un peu d'anis. Avec cette pâte faites de petits pains soit rectangulaires, de la grandeur d'une moitié de carte à jouer, soit d'autre forme découpés à l'emporte-pièce et badigeonnez-les avec du jaune d'œuf. Saupoudrez d'amandes hachées mélangées de sucre. Il est nécessaire de mettre dans la pâte une pincée de carbonate d'ammoniaque.

Gâteau de mardi-gras

Mélangez 250 gr. de farine et 50 gr. de sucre. Faites-en un petit tas avec un creux au milieu, dans lequel vous mettez 65 gr. de beurre, 2 œufs entiers, 2 jaunes d'œufs et une pincée de sel. Travaillez bien cette pâte et laissez-la reposer dans un endroit frais. Après une demi-heure étendez-la au rouleau en une couche ayant l'épaisseur d'un dos de couteau et découpez-la avec une molette en petits morceaux carrés de 7 à 8 centimètres de côté, ou rectangulaires ou bien encore triangulaires que vous ferez frire ensuite dans du saindoux. Après qu'ils sont bien égouttés, saupoudrez-les de cannelle ou de sucre.

Seconde recette : 3 œufs, 90 grammes de beurre, 4 cuillerées de sucre pilé, une pincée de sel, un peu de cannelle, environ 250 gr. de farine ; travaillez bien cette pâte de façon à lui donner la consistance d'une pâte de nouille légère, puis passez au rouleau et réduisez à une épaisseur très faible et comme il est dit dans la première recette, découpez, faites frire et saupoudrez de sucre et de cannelle.

Petits gâteaux pour le café au lait

Faites fondre 125 gr. de sucre et 190 gr. de beurre dans un demi-litre de lait, sur le feu. Lorsque le lait entre en ébullition, ajoutez-y petit à petit 250 gr. de farine fine et triturez la pâte jusqu'à ce qu'elle acquiert de la consistance et se détache des parois ; laissez refroidir, incorporez progressivement 7 œufs et un peu d'écorce de citron. La pâte est divisée en petits gâteaux de la grosseur d'une bonne noix, disposée sur une plaque bien beurrée et saupoudrée et enfin parsemée de sucre et d'amandes coupées en long.

Bretzels russes

Prenez un demi-litre de lait que vous divisez en deux portions : l'une de 1/3, l'autre de 2/3. Aux 2/3 ajoutez 30 à 40 gr. de levure, puis 120 gr. de beurre, 120 gr. de sucre, 2 œufs et un peu de citron. Faites une pâte avec de la farine à laquelle vous incorporez maintenant le reste du lait. Puis, pour chaque livre de pâte ajoutez 60 gr. de beurre et passez plusieurs fois au rouleau comme cela se pratique pour faire la pâte feuilletée. Finalement étalez la pâte de l'épaisseur de un demi-centimètre, humectez-la légèrement d'eau, saupoudrez-la de raisins de Corinthe et de cannelle au sucre et finalement découpez-la en bandes de la largeur d'un couteau que vous façonnez ensuite en forme de bretzels Ces bretzels doivent être ensuite vernis avec des œufs et cuits à chaleur modérée et pendant qu'ils sont encore chauds recouverts d'une glaçure préparée avec de l'eau, du sucre et un peu de rhum.

Couronne aux noisettes

On prépare la même pâte que pour les bretzels russes ; lorsqu'elle est feuilletée on l'étale en rectangle sur lequel on place 50 gr. de noisettes épluchées et finement moulues avec 50 gr. de sucre et un peu d'eau. On passe le rouleau, puis on roule la pâte sur elle-même, on courbe le pâton de façon à en former une couronne et on cuit dans un four moyennement chaud. Avant refroidissement de cette pâtisserie, glacez-la avec la glaçure dont la formule est indiquée pour les bretzels russes.

Spirale

Même pâte que pour les bretzels russes, mais la forme de la pâtisserie est différente. On peut obtenir celle-ci de deux manières :

1° Coupez des bandes de pâte comme pour les bretzels mais un peu plus longues et les enrouler en spirale sur elles-mêmes.

2° Ou bien faire avec toute la pâte un rouleau en spirale que l'on coupe ensuite en tranches.

Gaufres

On emploie les matières suivantes :

250 gr. de beurre, une forte pincée de sel, 9 jaunes d'œufs et un demi-litre de crème aigrie. Lorsque ceci est bien mélangé, incorporez-y 250 gr. de farine et 9 blancs d'œufs battus en neige. Si la pâte était trop épaisse, on pourrait ajouter un peu de crème fraîche. Le moule à gaufres doit être bien graissé. Les gaufres chaudes sont saupoudrées de sucre vanillé.

Gaufres à la cannelle

Pour cette pâtisserie il est nécessaire d'avoir le moule spécial usité ordinairement. La pâte se prépare avec 185 gr. de beurre, 250 gr. de sucre et 4 œufs et 16 gr. de cannelle que l'on incorpore peu à peu. On ajoute alors l'écorce d'un citron et de la farine en quantité telle que la pâte puisse se façonner en petites boules. On chauffe alors le moule, on le graisse, on y introduit une boule de pâte et on cuit jusqu'à ce que la gaufre ait acquis une coloration jaune-brun clair. L'opération doit-être conduite rondement.

SUISSE

En Suisse les petites boulangeries sont en très grand nombre. C'est seulement dans les grandes villes, Bâle, Zurich, Lausanne, Saint-Gall, Lucerne et dans quelques autres endroits où la population ouvrière est très dense que l'on trouve des grosses boulangeries par actions et des sociétés de consommation.

On emploie en grande quantité la farine de blé de diverses qualités, qui est importée en général de l'étranger. La farine de seigle est également employée mais peu, et toujours en mélange avec du blé.

La fermentation varie suivant la nature des pains :

Pour les gros pains on emploie le levain en général, mais quelquefois aussi la levure. Pour les petits pains on utilise exclusivement cette dernière. La préparation des levains est absolument la même que dans le sud de l'Allemagne.

La planche 9 montre les pains les plus intéressants fabriqués en Suisse : 1. Pain de brasserie, dont la forme rappelle l'attribut des brasseurs ; 2. Pain à l'eau ; 3 et 4. Pain de table ; 5. Pain genre anglais ; 6. Zwiebach ; 7. Leckerlis, de Bâle ; 8. Pain de ménage.

En outre on prépare du *pain de Graham*, du *pain d'Aleuronate*, du *pain de seigle*, de *maïs* et des pains de luxe à la mode française, viennoise et allemande.

Le *pain de ménage* suisse se distingue spécialement des autres en ce qu'il est d'une pâte très légère, obtenue en lui faisant absorber, par un pétrissage spécial, le plus d'air possible.

AUTRICHE

Voici les procédés employés principalement à Vienne, et se rapportant aux différentes sortes de pains qui sont consommés dans cette ville.

Pain tendre, à pâte très souple, très bien travaillée

Quantités pour 10 litres d'eau.

On prend 4 litres d'eau dans lesquels on délaye 300 gr. de levure, puis on en fait un levain épais que l'on ne laisse pas fermenter complètement. On ajoute alors 10 litres d'eau et l'on pétrit énergiquement la pâte. Il est inutile de peser la farine : on en prend la quantité nécessaire au jugé.

Pain riche

Quantité pour 50 litres d'eau :

25 litres d'eau et 1.250 gr. de levure bien délayée sont pétris avec de la farine. On fait un levain tendre et on le laisse lever complètement, c'est-à-dire jusqu'à ce que après avoir augmenté de volume jusqu'à son maximum, le centre du pâton commence à s'affaisser. Ajoutez alors 25 litres d'eau et pétrissez avec la quantité de farine nécessaire pour obtenir une pâte moyennement ferme.

Pâte pour la miche de pain

Quantité pour 30 litres d'eau :

Faites un levain très tendre avec 20 litres d'eau et 450 gr. de levure ; laissez-le fermenter, puis s'affaisser de la largeur d'un doigt ; ajoutez alors 10 litres d'eau, de la farine, et faites une pâte peu ferme.

Cette pâte doit toujours subir deux fermentations ; la première fermentation ne doit jamais être complète, elle doit au contraire

farine qu'on veut employer, ces 2/3 renfermant toute la farine de blé. On le laisse lever entièrement puis on ajoute le tiers manquant de petit lait, le reste de la farine de seigle, 20 gr. de sel par litre puis on fait à nouveau fermenter. Ce pain a un goût très savoureux.

Pain tendre, à pâte très souple, très travaillée

Pour un litre de lait (exclusivement) employez 30 gr. de levure, 25 gr. de sel, 10 gr. de sucre, 150 gr. de beurre fondu et 100 gr. de margarine fondue. La matière grasse s'incorpore en dernier, pendant le pétrissage.

Kugelhupfe

Les Kugelhupfe sont de petites boules de pâte fermentées ; on les prépare avec les proportions suivantes :

Pour 1 litre de lait, 60 gr. de levure, 5 jaunes d'œufs, 200 gr. de sucre, 20 gr. de sel, 300 gr. de beurre, l'écorce ou le jus d'un citron, 1 k. 200 de farine n° 0 et 100 gr. de raisins confits ; on fait une pâte homogène dont on remplit, aux 2/3 les moules à *Kugelhupf*. On fait fermenter à température modérée ; en levant la pâte remplit complètement les moules.

Pain fin aux pommes de terre

Prenez 1 litre de lait et 350 gr. de pommes de terre cuites à l'eau et bien écrasées ; avec la moitié du litre de lait et 40 gr. de levure faites un levain et mélangez-le aux pommes de terre, puis laissez lever complètement. puis incorporez le reste du lait, 150 gr. de graisse de bœuf, 100 gr. de margarine, 60 gr. de sucre, 25 gr. de sel, 2 jaunes d'œufs, 80 gr. de raisin de Corinthe et la quantité de farine suffisante pour faire une pâte assez ferme. Cette pâte doit fermenter une seconde fois. Façonnez en miches de la grosseur que vous désirez, mais ne les laissez pas fermenter outre mesure en raison de la teneur élevée en amidon provenant des pommes de terre.

Recettes diverses

Le goût et l'aspect agréable des produits de la boulangerie dépendent de plusieurs causes : la nature de la fermentation, la qualité des matières premières mises en œuvre, la température de cuisson. La fermentation panaire, elle-même est influencée par la température de la boulangerie et la température de cuisson. Aussi il est nécessaire d'entrer dans des détails précis au sujet de ces conditions de travail.

1° — *Préparation du pain de seigle*

Farine de seigle n° 1. . . . 90 0/0
— de blé n° 4 . . . . 10 0/0

Température de la farine 18 0/0
— du local. 30 0/0
— de l'eau. 30 0/0
Total 78 0/0

2° — Si les conditions de température étaient :

Température de la farine 15 0/0
— du local. 36 0/0
Il faudrait employer de l'eau à une température de. 27 0/0
Total 78 0/0

Ainsi donc on doit toujours arriver pour les 3 températures à la somme de 78° et pour cela on modifie si c'est nécessaire la température de l'eau. Cependant la température du local ne doit jamais s'abaisser au-dessous de 24°, ni monter au-dessus de 36°.

3° — Dans une boulangerie nouvellement installée, ou si l'on fait pour la première fois du pain de seigle, prenez 100 gr. de levure, 4 litres d'eau, 6 kg. de farine de seigle n° 1, aux températures indiquées au n° 2. Travaillez énergiquement cette masse puis laissez la fermenter complètement, c'est-à-dire jusqu'à ce qu'un creux fait au sommet ne se relève pas au bout d'un certain temps.

Cette fermentation demande au moins 5 heures.

4° — Aux quantités indiquées en 3) ajoutez 16 litres d'eau et 6 kg de farine de seigle n° 1 puis laissez fermenter jusqu'à ce que le centre s'affaisse ce qui exige environ 3 heures.

5° — Ajoutez maintenant 40 litres d'eau et 20 kg. de la même farine, pétrissez et laissez fermenter complètement pendant 3 heures.

A partir de ce moment la fabrication continue peut commencer, c'est-à-dire qu'on emploie à chaque fournée la quantité de levain nécessaire et qu'on en prépare de nouveau pour la fournée suivante.

Les détails qui suivent sont donc relatifs à la fabrication courante :

6° — Aux quantités indiquées en 5 on ajoute 40 litres d'eau et 20 kg de farine de seigle n° 1 et on travaille énergiquement ; on laisse fermenter comme en 4) ce qui n'exige que 1 heure 1/2.

7° — Après la fermentation n° 6, on prend 100 kg. de levain obtenu, on les met dans un pétrin ou dans la machine à pétrir avec 34 litres d'eau, 1/2 kg de cumin, 2 kg. 1/2 de sel, 15 kg de farine de froment n° 4 et environ 100 kg de farine de seigle n° 1. Ces proportions sont calculées pour une mie moyenne, si on la désire compacte il faut augmenter la proportion de farine, si on la désire plus spongieuse la diminuer. Il faut de nouveau une fermentation de 1 heure 1/2, ensuite on procède à façonner les miches, celles ci doivent encore une fois fermenter pendant une heure et demie. Cette fermentation n'est pas facile à décrire : elle repose surtout sur l'habileté de l'ouvrier. Si la pâte est longue il faut qu'elle lève plus que si elle est courte.

Avec les proportions ci-dessus indiquées on obtient environ 320 kilogrammes de pain, quantité qui est calculée pour un four de taille moyenne.

La température du four de cuisson doit être de 250 à 270°.

Si le pain cuit possède des soufflures rouge-brun, il faut ajouter 5 kg. de farine de seigle de plus dans la fermentation n° 6 et si malgré cette correction les soufflures continuent à se montrer il faut ajouter graduellement de plus en plus de farine de seigle jusqu'à concurrence d'un maximum de 40 kg. ; de plus si les soufflures ne sont pas encore évitées, diminuer la quantité d'eau au n° 6, mais en ayant soin de soustraire l'excès d'eau ajouté au n° 6, des 34 litres qu'on ajoute ensuite au n° 7, aux 100 kg. de levain.

8° — Avec ce qui reste de levain au n° 7, après le prélève-des 100 kg. on ajoute 65 litres d'eau et 35 kg. de farine et on fait fermenter comme il est dit au n° 4. Après la fermentation on procède à nouveau comme au n° 7. D'après ce procédé on peut faire en 24 heures, 16 fournées, dans le cas d'un travail ininterrompu.

Si le travail doit être interrompu pendant 6 heures, par exemple, on s'arrêterait aux quantité citées au n° 5.

Pour une interruption de plusieurs jours on emploie tout le levain, sauf 3 kg. que l'on melange avec 5 kg. de farine de seigle. La masse ainsi obtenue est divisée en petits morceaux et conservée. Elle remplace le levain lorsque l'on veut recommencer la fabrication. Dans ce cas là on recommence comme il est indiqué au n° 3.

Préparation du pain viennois de luxe

Voici les conditions de température :

Température de la farine	15°
— du local	25°
— du liquide	20°
Total	60°

On emploie de la farine fleur de froment n° 0, environ 35 kg pour une quantité de 20 litres de liquide.

Faites un premier levain avec 500 gr. de levure, 5 litres d'eau, 5 litres de lait et 6 kg de farine, laissez lever jusqu'à ce que la pâte commence à s'affaisser. Ajoutez ensuite 10 litres de lait à 15°, 500 gr. de sel, 200 gr. de sucre, pétrissez et laissez fermenter 3/4 d'heure. Repétrissez et laissez à nouveau lever pendant une demi-heure, puis nouveau pétrissage suivi d'un repos de 1/4 d'heure. A ce moment on divise la pâte en pâtons de 40 à 60 gr. au bout d'un quart d'heure on les décore de 5 fentes et un autre quart d'heure après on cuit au four à 200°.

Pain à pâte tendre

(Planche 10, fig. 4, 15 et 17)

On emploie les quantités suivantes :

10 litres de liquide pour 17 kg. de farine de froment n° 0.

Prenez 300 gr. de levure, 4 litres de lait et 2 k. 500 de farine, faites lever complètement puis incorporez 2 k. 500 de graisse de bœuf pure ou de margarine, ou 3 kg. de beurre, 200 gr. de sucre,

250 gr. de sel, 6 litres de lait et 13 kg. de farine Pétrissez énergiquement et pour la suite procédez comme pour le pain de luxe.

On prépare des morceaux de 25 à 35 gr. et de 120 gr. que l'on cuit à bonne température.

Kugelhof

(Planche 10, fig. 1)

On emploie les quantités suivantes :

1 litre de lait, 50 gr. de levure, 8 jaunes d'œufs, 300 gr. de graisse de bœuf ou 350 gr. de beurre, 150 gr. de raisin, 25 gr. de sel, 1 k. 250 de farine. Faites une pâte bien homogène que vous divisez dans des formes de 1 à 2 kg. et que vous laissez fermenter pendant 1 heure à 1 heure 1/2.

Pain de pommes de terre

Planche 10, fig. 8)

Prenez 1/2 litre de lait, 1/2 litre d'eau, 200 gr. de graisse de bœuf ou 250 gr. de margarine, 300 gr. de pommes de terre cuites à l'eau et écrasées, 20 gr. de sel, 20 gr, de sucre et 1.650 gr. de farine.

Le pétrissage et la fermentation se font comme pour le pain de luxe.

(1) *Légende de la planche* 10. — 1. Kugelhof. — 2. Pain au pavot. — 3. Pain riche salé. — 4. Pain tendre. — 5. Pain commun. — 6. Pain tressé de Toussaint. — 7. Pain de ménage. — 8. Pain de pommes de terre. — 9. Pain au lait. — 10. Pain de déjeuner. — 11. Pain riche. — 12. Pain mélangé. — 13. Croissant. — 14-15. Pains de déjeuner. — 16. Pain d'auberge. — 17. — Pain de brasserie.

PATISSERIE DE BOHÉME

Gâteau de Noël

Pour 1 kg. de farine prenez 200 gr. de sucre, 160 gr. de bon beurre, 120 gr. d'amandes, 10 gr. de sel. Lorsque l'on emploie de la crème, on obtient une excellente sorte de gâteau. On prend 60 gr. de levure pour 1 kg. de farine et 2 gr. 50 de fine vanille. Dans beaucoup de pâtisseries on remplace la vanille par de la cannelle.

Biscuits de Carlsbad

Pour 1 kg de farine on prend 450 gr. de crême et 20 gr. de levure et l'on travaille bien la pâte ; on ajoute 10 gr. de sel et on laisse la pâte lever lentement. Ensuite on la cuit en forme de petits pains, on la laisse reposer deux ou trois jours, on découpe en rouelles qui sont ensuite grillées au rouge.

Bretzel à l'anis

On prend 250 gr. de farine, 80 gr. de beurre que l'on triture ensemble avec environ 200 gr. de sucre, l'écorce d'un demi-citron, un peu d'anis et on mélange le tout intimement. Ensuite on y casse 2 œufs entiers et on triture la pâte que l'on assemble ensuite en petits bretzels que l'on vernit avec des œufs et qu'on saupoudre avec du sucre. On les place sur du papier beurré et on cuit jusqu'à ce qu'il soient d'un beau jaune d'or.

Beignets de Linzer

250 gr. de farine, 120 gr. de beurre frais. On travaille bien la pâte et on la laisse reposer dans un endroit frais. On en fait ensuite de petit beignets que l'on fait cuire lentement.

Biscuits ordinaires

A 500 gr. de farine on ajoute 250 gr. de beurre on bat 3 œufs entiers et un jaune avec de la bonne crème, on ajoute 40 gr. de levure pressée, 80 gr. d'amandes épluchées, du sel et on confectionne une pâte épaisse que l'on travaille bien et qu'on laisse ensuite lever. On lui donne enfin une autre façon sur la table on la divise en bandes allongées et on laisse refroidir dans un endroit frais. Elles doivent se tenir et ne jamais couler. On les vernit avec des œufs et on cuit. Après la cuisson on attend de 3 à 4 jours, on les découpe en petites tranches, on saupoudre de sucre vanillé et on les rôtit lentement sur une plaque au four.

Beignets

Dans un kilo de farine, qui doit être légèrement chauffée, on casse un œuf entier et 20 jaunes d'œufs, on ajoute de la crême tiède et 160 gr. de beurre clarifié, 60 gr. de levure, 80 gr. de sucre écrasé, l'écorce d'un demi-citron, un peu de sel. On fait une pâte sans agiter, mais seulement en tournant. On étale la pâte, sur la table de travail, de la grosseur du doigt, on la découpe avec le moule en feuilles rondes au milieu de chacune desquelles on soude un petit tas de pâte ; ensuite on découpe un nombre égal de feuilles de pâte, on les recouvre une à une avec les feuilles préparées précédemment que l'on presse circulairement pour les souder ; puis on découpe les beignets à nouveau avec le moule. On les place ensuite sur une serviette saupoudrée de farine et on les laisse en repos quelque temps. Lorsque la pâte est levée, on jette les beignets dans la graisse bien chaude, le dessus tourné vers le fonds de la poêle. On couvre la poêle. Lorsqu'ils sont dorés sur un côté on les retourne mais cette fois on ne couvre pas. On peut ne pas prendre beaucoup de graisse, mais on obtient moins facilement la bordure blanche désirée.

Beignets Viennois

On bat le blanc de 10 œufs en neige, on prend 200 gr. de sucre 200 gr. de farine, 100 gr. de jaunes d'œufs et l'écorce d'un citron et on bat en pâte. On façonne de petits morceaux de pâte arrondis sur lesquels on étale de la marmelade d'abricots ou autre marmelade et on recouvre chaque morceau avec un autre morceau. On cuit dans la graisse chaude, on passe au four et on saupoudre avec du sucre.

Gâteaux de Noël

Pour 1 kil. de farine on prend 200 gr. de sucre finement pulvérisé, 160 gr. de beurre fin (sans odeur), 160 gr. d'amande écorcées et finement divisées, l'écorce d'un citron coupée en très petits morceaux, et 20 gr. de levure pressée. On fait une pâte, si l'on veut un goût plus fin on remplace le lait par de la crême. Après la confection des gâteaux on les vernit avec des œufs et on y place des amandes découpées en longs fragments.

Gâteaux au fromage blanc

Avec un œuf et un verre de lait faites une pâte de farine ferme, salez et laissez reposer. Pendant ce temps préparez la pâte de fromage blanc : prenez 250 gr. de fromage au lait, sucrez-le convenablement, ajoutez-y 2 œufs, un peu de petits raisins secs, quelques amandes bien divisées et mélangez le tout, et ajoutez à la pâte précédente. Découpez en morceaux et cuisez.

Beignets de Bohême

Prenez 120 gr. de graisse et 120 gr. de beurre frais, mêlez et ajoutez 6 jaunes, puis 40 gr. de levure pressée, 4 blancs d'œufs battus en neige, la quantité de lait nécessaire, 60 gr. de sucre, l'écorce d'un citron finement divisé, salez légèrement, travaillez la pâte et laissez reposer. Quand elle est levée étalez-la sur une table saupoudrée de farine et découpez-la en petits carrés, dans le milieu de chacun desquels vous placez un petit tas d'une pâte appropriée comme pâte de prunes, d'olives ou fromage blanc, reliez les 4 cornes du carré deux à deux, placez les gâteaux ainsi préparés sur une plaque beurrée, fourrez les avec des amandes épluchées et découpées, laissez en repos quelque temps et cuisez dans un four bien chaud. On peut aussi faire un gros gâteau sur la plaque entière, l'enduire avec de la pâte fraîche de prune et saupoudrer de sucre, puis cuire ; ou bien, avant la cuisson enduire les gâteaux de fromage blanc puis saupoudrer de fins raisins secs et cuire ensuite.

Beignets de Carlsbad

Mélangez 150 gr. de graisse et 150 gr, de beurre frais, cassez-y 9 jaunes d'œuf, ajoutez de bonne crême, 50 gr. de levure, 40 gr,de sucre pulvérisé, 50 gr. de farine et faites-en une pâte bien travaillée. Graissez un papier avec du beurre frais, placez-y un pâton que vous arrondissez et dans le centre duquel avec le couteau vous faites un petit trou dans lequel vous placez un fruit confit, glacez, saupoudrez avec du sucre, placez des amandes découpées, laissez reposer et finalement cuisez rapidement jusqu'à coloration blond pâle.

Gâteaux de Hanovre

250 gr, de beurre triturés avec 5 jaunes d'œufs, de bonne crême, 60 gr. de levure pressée, un peu de sel et 500 gr. de farine fine. Quand la pâte est bien faite, beurrez un papier, placez-y un léger pâton et étalez-le mince avec le doigt beurré, ensuite mettez-y du fromage à la crême préparez et recouvrez d'une autre feuille de pâte. Ensuite mélangez deux ou trois jaunes avec du beurre et graissez les gâteaux avec ce mélange et saupoudrez à volonté avec du sucre ; puis cuisez avec soin.

Gâteaux aux cerises

Pour ce gâteau on prend les matières ci-dessous : 1 kilog. de farine, 600 gr. de crême non bouillie, 6 jaunes d'œufs frais, 100 gr. de graisse, 100 gr. de sucre en poudre et 6 blancs d'œuf en neige. On mélange d'abord la graisse et les jaunes, puis on mélange graduellement un peu de graisse puis un peu de farine, jusqu'à épuisement de ces substances, et finalement on ajoute la neige. On graisse alors une plaque ayant un léger rebord avec du beurre, on la saupoudre de pain écrasé, on y verse de la pâte haut comme l'épaisseur du doigt et on y place des cerises serrées côte à côte et on cuit au four.

Gâteau au café

On prend un kilog de farine, 150 gr. de bon beurre, on ajoute 500 gr. de crême tiède, trois jaunes d'œufs frais 50 gr. de levure pressée et l'écorce bien divisée d'un demi-citron; on fait une pâte, on sale, puis on sucre convenablement, environ 250 gr. puis on travaille bien et on laisse lever. Ensuite on graisse un papier ou une plaque avec du beurre ; on confectionne de gros gâteaux que l'on saupoudre largement de cannelle et qu'on orne d'amandes découpées et épluchées. On cuit au four.

Cornets Martini

Prenez un kilog de farine, 80 gr. de graisse fraîche, 500 gr. de crême tiède, 50 gr. de bonne levure fraîche, 40 gr. de sucre écrasé et faites-en une pâte à laquelle vous ajoutez une écorce de citron et des fleurs de muscat, travaillez jusqu'à ce qu'elle lève et saupoudrez-la de farine et laissez en repos ; puis salez et divisez en morceaux du poids que vous désirez sur lesquels vous étalez des compotes de prunes ou que vous saupoudrez d'amandes et de sucre, roulez-les en forme de cornets, ensuite placez-les sur une plaque et vernissez-les avec des œufs, saupoudrez avec du sucre et des amandes en morceaux et laissez bien cuire.

Kugelhof

On triture 100 gr. de beurre et 100 gr. de graisse, on ajoute 10 jaunes et on mélange bien intimement, puis on ajoute 80 gr. de sucre imbibé de citron, 50 gr. de bonne levure, un peu de sel et de bonne crême, un peu de fleur de Muscat ou de fine vanille, et on mélange avec 250 gr. de fine farine ; puis on graisse les moules avec du beurre. Si la forme est celle d'une étoile, on garnit un rayon avec une amande coupée en long, une autre avec une amande coupée par la moitié, etc. On y verse la pâte et on l'y laisse au moins une demie-heure, puis on cuit lentement au four.

Bretzels fins

On prend 1 kg. de farine, on y ajoute 60 gr. de levure pressée, de bonne crême, un peu de sel ; on travaille la pâte et on la laisse lever. Puis 250 gr. de beurre, 4 jaunes d'œuf et on travaille à nouveau. On en confectionne de petits bretzels que l'on place sur une plaque beurrée, on cuit puis on vernit avec du blanc d'œuf, on saupoudre avec du sucre vanillé mélangé d'amandes divisées et l'on laisse sécher. Quand les bretzels sont refroidis on saupoudre à nouveau avec du sucre vanillé.

Légende de la planche 11. — 1. Pain des hôpitaux. — 2. Pain de pavot. — 3-4. Pains de Toussaint. — 5. Pain de Pâques. — 6. Pain riche. — 7. Pain fourré au beurre. — 8. Pain riche saupoudré de sel. — 9. « Bretzel ». — 10-11. Pain riche de restaurant. — 12. Pain au beurre. — 13. Pain bis de ménage. — 14. Pain de soldat. — 15. Pain riche. — 16. « Zwiebach » à la vanille. — 17. Couronne. — 18. Galettes. — 19. Pain de Noël. — 20. — « Zwiebach » de Karlsbad ». — 21. Pain israélite. — 22. Natte salée. — 23-24-25-28-29-31. Pains servis dans les brasseries. — 26. Pain au beurre. — 27. Pain au beurre dit de « Pagouini ». — 30. Croissant au beurre.

ORIENT

On peut diviser dans les contrées orientales de l'Europe les boulangeries en deux groupes :

a) Boulangeries indigènes, qui fournissent le pain aux gens du pays ;

b) Boulangeries étrangères, qui fournissent les étrangers et les voyageurs.

Les farines employées sont celles produites par les meuneries du pays, mais dans les bonnes boulangeries on emploie les farines hongroises qui sont d'excellente qualité. On emploie surtout celles de blé et de seigle, mais aussi un peu de maïs.

Les principales sortes de pain préparées (planche 12), sont pour le groupe :

a) Boulangeries indigènes :

Le Haremski Chleb ou pain du harem, fig. 1.

Le Simit, pain de luxe (excellent), fig. 2.

Le Pogocar, également nommé Flecken. Pain moyenne qualité, fig. 3.

Le Samun, pain oriental très estimé, fig. 4.

Le Tepsias ou pain de ménage, fig. 5.

Le Kaplanamala, pain pour le petit déjeuner du matin, fig. 6.

Le Kiseliak pogocar, pain très estimé, préparé avec les eaux froides acidulées du pays, fig. 7.

Et le Curek, pain de ménage pour les ouvriers, fig. 8.

Pour le groupe *b*). Boulangeries étrangères qui fournissent la population immigrée ce sont :

Pain de farine complète, forme ordinaire.

— rond mi-seigle, mi-blé.

Pain de Krahan, avec l'eau acidulée précitée de Kiseliak (Bosnie).

Un pain Viennois, pour le petit déjeuner, au Kümmel, composé par moitié de froment et de seigle.

De petits pains salés en forme de bâton court ou de corne.

De — — au beurre.

Des brioches saupoudrées de grains de pavot, et d'autres petits pains variés.

Les boulangers indigènes mêlent à leur pâte fraîche de la pâte aigre, les boulangers étrangers emploient exclusivement la levure de bière pressée.

Les principales spécialités de la boulangerie bosnienne, qui correspondent en général aux spécialités turques sont représentées planche 12.

En ce qui concerne la boulangerie turque nous donnons ci-dessous quelques renseignements généraux.

La préparation de la pâte se fait en général avec 20 à 25 kg. de farine auxquels on ajoute 50 grammes de levure, ou de la pâte aigre. On laisse lever pendant 3 heures, on en retire la moitié, on remplace par de la pâte faible non levée, on attend encore une demiheure et la pâte est alors prête pour l'emploi.

Le travail du pétrin diffère sensiblement de la méthode ordinaire. L'ouvrier s'assied les jambes en croix (à la turque), sur le pétrin qui est figuré par une table, et à côté de la pâte qui se trouve dans l'auge où elle a levé. L'ouvrier, qui ne doit pas fumer, saisit des fragments de pâte, les pèse sur une balance placée près de lui et les passe à un second ouvrier qui les travaille convenablement et commence à leur donner une forme.

Le four turc n'a aucune ouverture pour surveiller le feu, et aucune cheminée pour la fumée. La voûte est très haute et le boulanger, lorsqu'il dispose une nouvelle charge de combustible peut s'y asseoir à l'aise. Il est construit en matériaux réfractaires.

Après la cuisson du pain le boulanger s'occupe pour lui et quelques clients de la confection de divers aliments nationaux qui sont cuits dans le four.

RUSSIE

La petite boulangerie prédomine ; les grandes installations sont en très petit nombre : ce sont surtout quelques usines qui emploient beaucoup d'ouvriers, et les boulangeries de Moscou, St-Pétersbourg et Odessa, pour l'armée.

Comme pain noir on utilise un pain très grossier de farine basse de seigle. Le pain de seigle et le pain fin sont faits avec des farines de seigle blutées. Les farines de blé de meunerie sont des mélanges de blé d'été et de blé d'hiver 80 0/0 du premier, 20 0/0 du second ; on les emploie pour les pains blancs fins. La farine d'orge est également très en usage, mais c'est le seigle qui prédomine de beaucoup. On peut estimer qu'il se consomme 3/4 de pain de seigle et 1/4 de pains blancs de toutes les sortes.

Pour le pain noir on se sert de levain aigre ainsi que pour les *Barankis* (Voir 1, 2, 3, 4, 5, 6 planche 13) qui sont faits avec du blé. Pour toutes les autres sortes de pains on emploie la levure pressée. Le sucre, les raisins, le beurre et les œufs sont assez employés dans certaines pâtes russes.

Les principales spécialités sont figurées planche 13.

Le pain noir de Russie, qui n'est pas représenté sur la planche est un pain grossier, très compact. Sa cuisson dure 3 heures. On le vend au poids, en tranches. Il s'en fabrique aussi une sorte de meilleure qualité qui se saupoudre de cumin à la surface.

Le *Kalatsch* (figure 10) est également un pain national. Il se fait en grosseurs variées qui coûtent 3, 5, 10, 15, 20 kopeks et se mange chaud, assaisonné de caviar. On le sert aussi dans certaines circonstances, par exemple, lorsque, suivant l'usage antique, qui s'est perpétué en Russie, on offre comme bienvenue le pain et le sel.

Légende de la planche 13. — 1-2-3-4-5-6. Ronds « Baranki ». — 7. Bretzel. — 8 et 9. Pain au lait. — 10 Pain « Kalatsch ». — 11. Bretzel de « Wiborg ». — 12. Croissant au cumin, dit « fer à cheval ». — 13 et 14. Pains du clergé. — 15 et 16. Pains au lait. — 17. Pain blanc genre français. — 18. Pain salé. — 19. Pain « Sajka ». — 20. Pain Franz. — Pain « Rosenbrot ». — 22-23-24. Pains au lait. — 25-27-28-29. Zwiebach. — 26. Pains de seigle.

ITALIE

Il est difficile d'apprécier le nombre des boulangeries qui existent en Italie, il n'y a aucune statistique à ce sujet. Dans les campagnes, le pain se prépare beaucoup dans les ménages. Dans les grandes villes, surtout les ports, comme Gênes quelques grosses installations existent, installées d'une façon moderne, tandis que les petites boulangeries sont au contraire très primitives. Celles-ci seront difficilement supplantées parce que le pain se consomme en petite quantité et que le crédit est une de leurs conditions de vente les plus courantes. Le travail s'y fait ordinairement de nuit.

La farine de seigle n'est pas, ou presque pas employée ; on se sert surtout de blé et beaucoup de maïs du pays ; les farines les plus couramment consommées sont les n° 1 et 2 ; c'est avec celles-ci que se fabrique le pain ordinaire ; pour les pains fins et la boulangerie viennoise on emploie les farines 0 et 00.

La boulangerie italienne donne libre cours à la fantaisie dans la forme de ses pains ; celles-ci sont encore plus variées que dans le Tyrol et en Espagne ; c'est en Italie que l'on rencontre les pains les plus rares, les plus bizarres, les plus inattendus.

Les pâtes employées sont généralement très fermes : l'addition d'eau est d'à peine plus de 30 0/0. Pour travailler ces pâtes très fermes on emploie souvent des machines à pétrir, à cylindres analogues à quelques-unes de celles employées en Allemagne. Les pains étant très secs par nature et à base de froment doivent, pour éviter qu'ils ne sèchent, être en outre de petites dimensions : de gros pains deviendraient rapidement inutilisables ; aussi les pains ordinaires varient comme poids de 100-200 à 400 grammes, les pains de farine fine sont encore plus petits.

Ajoutons que l'Italie qui est beaucoup fréquentée par les étrangers, possède, surtout dans les grandes villes, des boulangeries qui fabriquent les pains étrangers, notamment les pains viennois, les pains de seigle, les *loaves* anglais, etc.

Pour faire lever la pâte on emploie généralement le levain ; celui-ci est renouvelé toutes les 4 heures ; pour les pains de fine qualité, on emploie au contraire la levure. Celle-ci provient de Paris; il y en a aussi une fabrique à Padoue.

Les principales spécialités italiennes ont été représentées planche 14.

Citons, en outre, les *pannetons de Milan* qui sont une véritable spécialité de cette ville et vers l'époque de Noël sont expédiés dans tous les pays en grandes quantités. A Milan on en consomme en tout temps; cette pâtisserie renferme des œufs, du beurre, du sucre, des raisins de Corinthe, et de la farine de la plus fine qualité.

ESPAGNE

L'industrie boulangère n'existe presque pas en Espagne. On ne connaît d'installations importantes pour fabriquer le pain que dans quelques grandes villes, notamment à Bilbao. A Barcelone, qui est pourtant un centre important, il n'y a que de petites boulangeries et les machines à pétrir et à diviser la pâte ainsi que les fours y sont pour ainsi dire inconnus.

Cependant on tient, en Espagne, à consommer du beau et bon pain. La plus grande boulangerie de Madrid emploie 25 ouvriers; mais, à part une machine à 2 cylindres pour le pétrissage, tout le travail se fait à la main. Les fours sont de construction peu moderne. On emploie concurremment les farines indigènes et les farines étrangères; celles-ci sont grevées d'un droit de douane protecteur de 12 pesetas (environ 10 fr.) par 100 kg. D'ailleurs, l'industrie meunière a fait depuis une vingtaine d'années des progrès considérables en Espagne, aussi bien comme procédés que comme outillage, et le temps n'est plus des moulins à vents contre lesquels Don Quichotte s'escrimait.

Les farines de seigle et de maïs sont très peu employées, si ce n'est dans les montagnes de la Galicie et des Asturies. En général, on emploie les farines de blé de belle qualité. Le pain ordinaire de ménage se vend environ 0 fr. 30 le kilo (*Pan de familia*).

La fermentation s'obtient par l'emploi du levain ; celui-ci doit, suivant la température, être préparé de 15 à 20 heures d'avance ; on rajoute de l'eau fraîche à trois reprises, à intervalles ; la dernière addition d'eau doit se faire 2 heures avant le pétrissage. La pâte pour le pain doit lever dans le pétrin pendant 20 à 30 minutes, pendant qu'on prépare le four. L'eau employée est fraîche, c'est-à-dire tirée directement à la fontaine.

La cuisson se fait en 40 à 45 minutes. Pour la préparation des *pains de luxe*, on emploie une levure artificielle dite *Levadura*, qui est expédiée de Paris presque journellement. Parmi les principales sortes de pains se trouve le *pan de castilla*, dont la consommation diminue vis-à-vis du *pan catalan*, espèce de pain qui se rapproche déjà plus des pains français et belges.

Le *pan de castilla* se fait avec de la farine du pays, du levain et *seulement* 30 à 35 0/0 d'eau ; il est compact, sans trous et assez mal pétri. La croûte n'est pas brillante et possède une coloration jaune pâle.

À Barcelone, on prépare un pain de ménage, *pan de casa*, en miches de 1, 2 et 3 livres, en forme ronde ou allongée ; en descendant plus au Sud, les pains deviennent plus petits. Les principaux pains espagnols sont représentés Planche 15. En voici le détail :

Légende de la planche 15. — 1. Pain d'une livre. — 2-3. Pains de Castille — 4. Pain de Christophe Colomb. — 5. Tricorne. — 6. Tresse. — 7. Pain fendu. — 8. Genre de bretzel. — 9. Pain d'auberge. — 10. Pain de table, préparé avec une farine moins fine que les pains précédents.

En général, le poids moyen des pains espagnols est de 250 gr.; ceux qui pèsent plus, comme par exemple le n° 1, sont peu courants et encore plus rares ceux qui pèsent plus de 500 gr.

Le *panecillo largo*, qui porte le n° 10, est un pain analogue aux pains français ; il est de plus en plus apprécié du public ; on le prépare trois fois par jour, tandis que les autres pains ne se préparent qu'une fois ; en général, les gens en Espagne, aiment à consommer leur pain chaud et le pain de la veille n'est plus de vente.

Pour la préparation des pains de luxe et des pains viennois, on emploie des ouvriers français ou autrichiens.

NORWÉGE

En Norwège, la petite fabrication est prépondérante ; cependant, depuis peu, dans beaucoup de boulangeries, on emploie des machines et des nouveaux fours.

Les farines employées sont des farines de seigle de la plus fine mouture et des farines de blé d'Amérique, de Hongrie et d'Allemagne.

Les sortes de pains les plus employées sont le pain de seigle, le pain de blé, le biscuit de seigle, le biscuit de blé. On peut ajouter que la boulangerie norwégienne est, de tous les pays, celle qui offre le plus de variantes, car dans ces dernières années beaucoup de sortes étrangères de pain, spécialement de luxe, ont été mises dans le commerce.

La méthode de fermentation, pour le pain de seigle, est généralement l'emploi du levain aigre. Pour les pains autres, on emploie exclusivement la levure de bière pressée.

Les principales spécialités norwégiennes sont représentées sur la planche 16.

A la suite de la publication d'un petit livre fort bien fait sur l'état de la boulangerie dans ce pays, par le Dr *J. Reichborn-Kjennerud*, qui constatait les conditions défectueuses au point de vue de la police sanitaire des boulangeries, un contrôle étroit a été exercé par les pouvoirs et la boulangerie a si bien profité de ses enseignements qu'il peut maintenant supporter la comparaison avec n'importe quel pays d'Europe.

Cet auteur a préconisé l'emploi du nouveau pain de troupes (n° 1 de la planche) qui a été récemment adopté. Ce nouveau pain a une certaine analogie avec le pain mélangé du Sud de l'Allemagne et de l'Autriche. Il est préparé avec de la farine de seigle à 23,5 de son. La fermentation se fait avec un mélange de levure et de levain aigri, on passe un jet de vapeur sur les pains, puis on cuit en ouvrant toutes les cheminées du four. Ce pain se répand et nous pensons qu'il remplacera le pain de ménage actuel, car il se prépare plus facilement et plus proprement.

Voici la recette du pain de ménage :

On emploie soit le levain, soit la levure de bière pour la fermentation. C'est un pain de forme allongée ; après une fermentation courte, on le place sur une planchette et on l'enfourne avec celle-ci dans le four où il cuit entre deux feux, ce qui permet d'obtenir une croûte mince ayant l'apparence du cuir. On coupe alors la miche par le dessous pour la retourner, on y fait trois ou quatre entailles en travers et on termine la cuisson dans un four assez chaud. C'est un beau pain, de saveur très agréable, mais difficile à conserver, car il sèche très rapidement du jour au lendemain. De plus, les planchettes sur lesquelles on le cuit sont toujours plus ou moins brûlées et on ne peut éviter que les boulangeries où se fabrique ce genre de pain n'aient une apparence de malpropreté.

Pain de Noël

On prend 1 litre de lait pur, 500 gr. de raisins confits, 500 gr. de beurre, 250 gr de sucre, un peu d'épices, de la farine hongroise ou américaine de la plus fine qualité et 2 kg. 1/2 de levure. On fait un pâton que l'on divise en pains de la forme représentée figure 6 de la planche et que l'on badigeonne avec du jaune d'œuf. On cuit cette pâtisserie après le pain dans le four encore chaud.

Pains épicés (Vorterkager).

On fait un mélange de 1/3 de farine de froment, 2/3 de seigle, 1/2 litre de sirop de mélasse, 1 litre d'eau et la levure suffisante.

Pains français

Ces pains qui, entre parenthèses, n'ont ni dans la forme, ni dans la composition, rien de français, si ce n'est le nom, se préparent avec la plus fine farine de froment et du lait.

Deux spécialités norvégiennes, que nous signalerons sont :

Les *Wasserbretzeln* ou bretzels à l'eau, qui sont très consommés dans la région de Berg, et le *Knakkebrot,* galette de seigle très farineuse percée d'un trou presque au milieu. Cette spécialité est consommée dans toute la Scandinavie, c'est-à-dire également en Suède. On en expédie également à l'étranger.

Légende de la planche 16. — 1. Pain de soldat. — 2-3-4-7. Pains dits « Français ». 5. Pain de ménage. — 6. Pain de Noël. — 8-9. Pains épicés.

CHINE

En Chine, les boulangers sont presque tous originaire de la province de Shantung et, d'habitude, colportent leurs produits par les rues Leur pain est fait de farine de froment et cuit de chaudes étuves. Ils font aussi une pâtisserie, le Po-Po qu'ils font griller sur des plateaux ainsi qu'une sorte de pain avec remplissage de viande.

Les pains à l'huile faits avec de la très bonne farine, passent pour bien plus succulents que le pain ordinaire et le Po-Po.

A Tien-Tsin il y a trois sortes de pâtisseries : le Samthe, le Ma-hu et le Ta-po-tsui ; ce dernier est saupoudré de sésame. A Pékin, les musulmans sont renommés pour leurs pâtisseries.

ÉTATS-UNIS D'AMÉRIQUE

Aux Etats-Unis, la boulangerie existe sous forme de très grosses installations d'une importance telle qu'on n'en trouve de semblables nulle part au monde. Ces installations dans les Etats et dans les villes, ont formé des trusts pour l'achat de machines perfectionnées, de matières premières, etc., et pour l'établissement d'un prix de vente uniforme. Naturellement, la petite boulangerie et la moyenne se trouvent fort compromises par cet état de choses, quoiqu'elles produisent plus de gâteaux que de pain.

On ne saurait parler d'une boulangerie particulière aux Etats-Unis. Chez une nation formée d'éléments aussi divers, on conçoit facilement que tous les genres de boulangeries soient représentés.

Beaucoup de pains allemands sont préparés, mais le pain principal, correspondant au pain de ménage, est un pain à base de froment assez analogue au pain anglais *loaves*. Comme pâtisseries, les *Tards*, petits gâteaux aux fruits (tartes), sont très estimés.

Dans les grandes villes, on emploie la farine de blé. Dans les campagnes, beaucoup de farine de maïs. La farine de blé est exclusivement tirée du blé indigène ; deux espèces principales sont en usage : le blé d'hiver et le blé d'été.

Bien que dans les grandes villes on fasse une énorme quantité de pains cuits au four, comme les pains viennois, pains parisiens, etc., la majeure partie du pain consommé est cuite dans des moules.

Le pain le plus courant est le *New england brot* ou pain anglais.

Voici une bonne recette pour sa préparation. La pâte doit être tenue assez au frais ; ne pas ménager la levure. Très souvent, cette pâte est préparée d'un seul jet, sans passer par un levain préalable.

Pain américain, genre anglais

Eau	12 litres 1/2
Lait	3 — 400
Levure	260 gr.
Extrait de malt	1/4 de litre.
Graisse	670 gr.
Sel	445 gr.
Farine indienne cuite . . .	5 kg. 250
Farine, mélange de 3/4 de blé d'été et 1/3 de blé d'hiver .	23 kg.

Après le mélange des liquides, la température doit encore se tenir dans les environs de 21° cent. En hiver, on peut fermer les issues du local pour élever la température ; en été, au contraire, il est bon de refroidir l'eau avec de la glace.

La quantité de pâte ci-dessus fournit 80 miches de 1 livre 1/4 environ.

Ce pain se cuit dans des formes en fer-blanc qui ont comme dimensions 200 à 225 mm. de long sur 112 mm. de large et 68 à 75 mm. de profondeur.

Ce genre de pain se fait d'ailleurs sous différentes formes qui sont indiquées planche 17, et donne lieu à une réclame considérable de la part des grandes boulangeries qui s'en constituent des spécialités par le dépôt légal des différents aspects sous lesquels il se présente. Cuit en formes longues, il sert beaucoup pour la préparation des sandwichs.

Pain au lait ou « Milkloaf »

Dans ce pain, la quantité de lait employée est plus grande que dans le précédent. Il se cuit également en formes et, pour que la croûte reste tendre, on recouvre les formes d'un couvercle également en fer-blanc pendant la cuisson.

Le *White Mountain* et le *Cottage bread* sont des pains qui se cuisent en formes rondes. Planche 17, figure 4.

Dans ces dernières années, on a lancé un pain nommé *Queen bread*, qui se cuit dans des formes côtelées et couvertes. On l'appelle également *Creamloaf*. On le prépare de la façon suivante :

On fait une pâte avec **216** litres de liquide composé d'eau et de lait, 4 k. 1/2 de sel ;

 7 k. 1/2 de graisse ;

 1 k. 750 de levure.

 3 k. 500 à 5 k. d'extrait de malt ;

 9 à 13 k. 500 de farine de maïs ;

900 à 1.400 gr. de sucre (qui peut être supprimé si l'extrait de malt est de bonne qualité) ;

Et environ 265 k. de farine.

Il faut tenir la température de la pâte vers 31° cent. On laisse la pâte lever jusqu'à ce qu'elle commence à s'affaisser puis on la pétrit, on la laisse à nouveau fermenter puis on la met en formes. Dans ces moules, la pâte lève encore un peu, mais on la laisse moins fermenter durant cette phase qu'on ne le fait pour le pain ordinaire. Dans la formule que nous avons donnée on peut se passer de farine de maïs.

Les pains viennois, les pains noirs et les pains de seigle sont généralement préparés selon les méthodes allemandes.

Il se fait une grande quantité de pains hygiéniques, parmi lesquels les plus estimés sont le pain complet *Entirewheat* et le pain de gluten.

Une maison de Boston vend aux boulangers une farine nommée *Old grist mill health flour* avec laquelle on fait un pain dont voici la formule :

> Eau . . .   13 litres 1/2
> Levure . .   220 gr.
> Sel . . .   37 gr.
> Mélasse. .   1 litre 135

Faites avec ce liquide une pâte tendre que vous ne laisserez pas trop fermenter. La meunerie qui livre cette farine fournit en même temps des prospectus avec lesquels le pain doit être enveloppé et vendu au public.

Le *Boston Brown bread* se consomme beaucoup avec les *haricots à la mode de Boston*. Il s'agit d'un mets national qui constitue le déjeuner matinal du dimanche d'un grand nombre de bourgeois des contrées de Massachusetts, Connecticut, Vermount, etc. Chaque boulanger prépare, et tient à la disposition des clients, le dimanche, des terrines de haricots cuits qui sont vendues avec le *Boston brown bread*.

La farine pour ce pain est déjà vendue par quelques meuniers comme une spécialité. Voici une bonne recette pour préparer ce genre de pain spécial :

> Farine de Graham. .   445 gr.
> — de seigle . .   890 —
> — de maïs. . .   1.335 —
> Mélasse claire . . .   2 lit. 250
> Eau . . . . . .   2 — 250
> Soude. . . . . .   24 gr.
> Crême de tartre. . .   37 —
> Levure . . . . .   37 —
> Sel quantité suffisante

Ce pain est cuit dans des moules mais il offre cette particularité qu'on le cuit au bain-marie pendant plusieurs heures.

Pain aux raisins de Corinthe

Prenez 11 litres 1/4 d'eau et 300 gr. de levure et faites un levain. Après fermentation ajoutez 61 litres 750 d'eau, 1 litre 800 de mélasse, 3 k. 1/2 de gros raisins confits, 1 k. 750 de raisins de Corinthe, 330 gr. de sel, 445 gr. de sucre, 670 gr. de saindoux et 19 gr. d'épices. Employez pour la pâte de la farine ordinaire, bon marché. Faites une pâte souple que vous faites fermenter à deux reprises en la travaillant dans l'intervalle. Ce pain se cuit comme le précédent, au bain-marie, en morceaux du poids de 500 gr. environ.

Levures

La levure la plus employée est celle de Fleischmann, que l'exposition de 1876 à Philadelphie a fait connaître dans toute l'Union. Il y en a des fabriques dans tous les grands centres. Le système de livraison de cette firme est si parfait que n'importe quel boulanger d'un Etat, même dans un petit endroit peut toujours y compter, ainsi que sur la qualité toujours uniforme.

Voici une bonne recette pour faire une levure. Faites cuire 220 gr. de houblon dans 27 litres d'eau pendant 5 minutes et laissez refroidir à environ 80° C. Ajoutez-y 2 k. 250 de malt et laissez reposer deux heures. Puis filtrez, laissez refroidir à + 21° C et ajoutez 1/2 litre de levure ancienne. En 24 heures, la levure est prête.

Légende de la planche 17. — 1. Twist loaf. — 2. Jersey cream Malt Bread. — 3. Kenna. — 4. Small White Mountain. — 5. Biscuit pour le thé. — 6. Soda biscuits. — 7. Queen loaf. — 8. Boston brown bread. — 9. Pain pour lunchs. — 10. Corn Muffins. — 11. Cottage. — 12. Old Grist Mill Health Bread. — 13. Milk rolls. — 14. Mothers Best. — 15. Split Loaf. — 16. Glacés au sucre.

Pâtisserie américaine

Corn Muffins

C'est une des plus populaires parmi les pâtisseries. On les a représentés planche 17, figure 10. Ils se cuisent en formes de 37 à 50 cm. de profondeur ; leur préparation est simple :

        220 gr. de semoule de maïs,
        145   —   sucre,
        145   —   beurre et de saindoux,
          4 œufs,
        1/2 litre de lait,
        600 gr. de farine de blé d'hiver,
         55   —   sel de boulangerie en poudre.

On fait avec ces éléments une pâte dont on remplit, un peu plus
que la moitié, les formes bien beurrées. On cuit rapidement au
four bien chaud.

Biscuits à thé

Dans beaucoup de boulangeries qui ont une clientèle exclusivement américaine ces biscuits se font deux fois par jour, le matin et
l'après-midi. Leur composition est la suivante :

Farine moyenne.	1 k. 500
Bicarbonate de soude	27 —
Crême de tartre.	55 —
Sel.	37 —
Saindoux.	220 à 300 —

Avec les éléments ci-dessus et 1 litre 1/4 de lait froid on fait une
pâte légère, non collante que l'on étend au rouleau en une galette
d'une épaisseur de 12 mm. environ et que l'on découpe à l'emporte-
pièce en petits morceaux ronds, un peu plus grands qu'une pièce de
5 francs d'argent, qu'on pique avec une fourchette, on trempe dans
du lait et on cuit dans un four à bonne température.

Les biscuits à thé sont représentés planche 17 (fig. 5). On peut
remplacer le lait frais par du lait caillé.

TABLE DES MATIÈRES

PREMIÈRE PARTIE

TABLE DES PLANCHES

LAVAL. — IMPRIMERIE PARISIENNE, L. BARNÉOUD & Cie.